新视野民航飞行技术专业规划教材

民用飞机飞行控制系统

高金源　　冯华南　　编著

北京航空航天大学出版社

内 容 简 介

本书针对民用飞机飞行技术专业的需要,在保持学习飞行控制所需的基础知识的条件下,注重通用的实践和实用知识的论述,并通过典型系统加以说明。全书共分 9 章,前 7 章为教材的基本内容,章节亦按飞行控制系统所包含的分系统设置,每章首先讲述系统的基本内容,并在此基础上,以现役飞机典型系统为例,讲述系统的实际构成和具体飞行实践的应用。后 2 章为自学补充参考资料,分别介绍了 A320 和 B777 飞机的飞控系统并概要地展望了未来民用飞机飞行控制系统技术的发展。附录中给出了本教材中常用的英文缩写的中英文对照索引及前 7 章自测题的答案。

本教材为民用飞机飞行技术专业理论培训用教材,可供相关培训单位教学使用,亦可供爱好飞机飞行控制技术的人员学习参考。

图书在版编目(CIP)数据

民用飞机飞行控制系统 / 高金源,冯华南编著. --
北京 : 北京航空航天大学出版社,2018.4
ISBN 978 - 7 - 5124 - 2694 - 8

Ⅰ. ①民… Ⅱ. ①高… ②冯… Ⅲ. ①民用飞机—飞行控制系统—高等学校—教材 Ⅳ. ①V271

中国版本图书馆 CIP 数据核字(2018)第 073656 号

民用飞机飞行控制系统

高金源 冯华南 编著

责任编辑 王慕冰

*

北京航空航天大学出版社出版发行

北京市海淀区学院路 37 号(邮编 100191) http://www.buaapress.com.cn
发行部电话:(010)82317024 传真:(010)82328026
读者信箱:emsbook@buaacm.com.cn 邮购电话:(010)82316936
北京建宏印刷有限公司印装 各地书店经销

*

开本:710×1 000 1/16 印张:17.5 字数:373 千字
2018 年 7 月第 1 版 2024 年 1 月第 3 次印刷 印数:3 001～3 200 册
ISBN 978 - 7 - 5124 - 2694 - 8 定价:59.00 元

前　言

飞机飞行控制系统是现代和未来民用飞机的核心系统,民用飞机的飞行驾驶人员,深入了解和掌握飞行控制系统的基本知识和使用技能,是提高飞机驾驶技术和保证飞行安全的必要基础。现代飞行人员的培训学院与单位,在培训飞行学员时均开设与飞行控制系统有关的课程。本书是为民用航空飞行技术专业培训飞行学员学习有关民用飞机飞行控制系统专业知识准备的入门教材。

本书为北京航空航天大学飞行学院"飞行技术"专业系列规划教材。按照规划教材的要求,本教材依据将本科学历教育和飞行学员执照教育有机地结合起来的原则,考虑到教材的针对性、职业性和先进性,既注重飞行学员基本理论知识的培养,又将教材内容扩展到了飞行实践过程。

本书是在北京航空航天大学飞行学院应用多年的《民用飞机飞行控制系统》讲义的基础上,依据上述原则,并参照民航局发布的《商用驾驶员执照理论考试知识点》要求,重新制定了教材编写大纲。针对民机飞行技术专业的需要,教材内容在保持学习飞行控制所需的基础知识的条件下,注重通用的实践和使用知识的论述,并通过典型系统加以说明。全书共分9章,其中前7章为教材的基本内容,章节亦按飞行控制系统所包含的分系统设置,每章首先讲述系统的基本内容,并在此基础上,均以现役飞机典型系统为例,讲述系统的实际构成和具体飞行实践的应用,在每章最后均提供一定数量的思考题和自测题。后2章为自学补充参考资料,第8章较系统地介绍了A320及B777飞机飞行控制系统的有关资料,第9章在介绍A380及B787飞机飞行控制系统新技术应用的基础上,重点概要地展望了未来民用客机飞行控制系统技术的发展。附录中给出了本教材及民用飞机飞行控制系统资料中常用的英文缩写的中英文对照索引及前7章自测题的答案。

本教材为民用航空飞行技术专业理论培训用教材,可供相关培训单位教学使用,亦可供爱好飞机飞行控制技术的人员学习参考。

本教材由北京航空航天大学飞行控制专业的高金源教授和南方航空公司特级飞行员冯华南先生共同编写。其中冯华南先生在百忙之中具体编写了第4章、第6章及第8章,其余各章由高金源教授编写并负责全书统稿。

本教材的编写得了北京航空航天大学飞行学院领导的大力支持,并得到丁瑶老师及王丹老师的具体帮助。此外,在教材编写过程中,还得到了本系列教材主编 王小宛 教授的具体指导和帮助,在其患病期间还不断地关心和询问教材的编写情况并整理和提供了很多参考资料。在编写过程中,南方航空公司飞行部资料室提供了有关资料,助力教材的编写,在此一并对他们的帮助与支持表示衷心的感谢。

教材中所引用的典型系统(B737 - NG 系列)的有关资料系参考和引自于参考文献[3]及[10]~[13]。此外,在编写过程中还学习和汲取了部分国内有关教材和资料的相关内容,受益匪浅,对此向其原作者表示深深的谢意。

南方航空公司殷超、朱英迪、孙劲轩、谢飞、何攀等多位专家对本书进行了审阅,他们认真的审阅有助于教材的完善,对此表示真诚的谢意。本书的出版得到了北京航空航天大学出版社的大力支持与帮助,在此对他们的帮助与支持表示衷心的感谢。

由于主要编写者的知识和经验有限,缺乏实践体验,书中不妥之处在所难免,期望得到读者的批评指正。

作　者

2017 年 12 月

目　　录

第 **1** 章

绪　论

1.1　概　述

为实现对飞机的飞行运动(重心的线运动及绕重心的角运动)和运动模态及性能的控制,在飞机上所安装的一些设备和装置的组合统称为飞机飞行控制系统。飞行控制系统通常是由一些机械、电气、电子和液压部件组成的。

1.1.1　飞机飞行控制系统发展概述

1903 年莱特兄弟在前人研究的基础上实现了动力飞机的首次飞行,最初,飞机都是由受训驾驶人员通过人工操纵进行飞行的。直到 1912 年,美国的爱莫尔·斯派雷(Eimer Sperry)研制成功了第一台可以保持飞机稳定平飞的电动陀螺稳定装置——自动驾驶仪,该装置利用陀螺测量飞机的姿态,通过飞机上的控制装置操纵飞机,实现对飞机俯仰角和滚转角的稳定控制。现代典型的自动驾驶仪的发展是在第二次世界大战期间。当时为了满足战争中长距离飞行的需要,美国研制了功能完善的 C-1 电气式自动驾驶仪,可实现对飞机的三轴姿态稳定控制。同时,在第二次世界大战后期,德国研制了无人驾驶的飞行器——导弹(如 V-1 飞航式导弹和 V-2 弹道式导弹),在这种全自动的飞行器上,自动驾驶仪不仅用来稳定导弹的姿态,而且与机上其他装置相配合控制飞机航迹。第二次世界大战后,飞机自动驾驶仪获得了较大的发展。自动驾驶仪与其他航空电子设备相耦合,实现了飞机航迹的自动控制。1947 年 9 月,美国 C-54 飞机完成了跨大西洋不着陆的自动飞行,从起飞到着陆实现了全过程的自动化。

随着飞机飞行速度的增加、飞行包线的扩大以及飞机自身特性的变坏,越来越复杂的飞行任务对飞机性能的要求也越来越高,仅靠气动布局和发动机设计所获得的飞机性能已经很难满足复杂飞行任务的要求。因此,从 20 世纪五六十年代以后,借助于自动控制技术来改善飞机稳定性和操纵性的飞行自动控制装置相继问世,在飞机上开始采用阻尼器系统和增稳系统或控制增稳系统,以实现对飞机的控制,改善飞机的性能。在此基础上,自动驾驶仪的功能得到进一步的扩展,逐步发展成为自动飞行控制系统。

20世纪70年代前,飞机自动驾驶仪或自动飞行控制系统的控制装置,主要是由模拟电路或模拟计算机为主的物理部件组成。自20世纪70年代以来,随着微电子和数字计算机技术的迅速发展,飞机已普遍应用数字式飞行控制系统,这为新技术的应用和更复杂更完善系统的综合提供了实现的可能性。例如,在控制增稳系统的基础上,发展和实现了电传飞行控制系统,在一些军用飞机以及大型民用飞机上开始取消了机械操纵系统,实现对飞机的操纵和控制,并可实现许多新的控制功能,极大地提高了飞机的飞行性能和飞行品质。

由于科学技术的发展和客观上的需要,对飞机的性能要求越来越高,在飞机总体设计时,只考虑气动布局、飞机结构以及发动机三方面的协调配合已无法解决它们之间的相互矛盾,很难设计出具有期望性能的飞机。从20世纪70年代以来,在电传操纵系统的基础上,又发展了主动控制技术,采用这种技术,在飞机设计初期就充分考虑和利用飞行控制系统,实现飞机气动布局、飞机结构设计、发动机选型和飞行控制四个方面的协调配合,保证飞机可以获得最佳飞行性能。例如,采用阵风减缓系统,突显了减少阵风载荷对飞机飞行的影响并改善了乘坐品质。

从20世纪70年代以来,中东石油危机的影响,促进了民用飞机的飞行管理系统的迅速发展,实现了飞机性能、导航、制导的自动管理,极大地提高了民用飞机的经济性能。

我国飞机的飞行控制技术发展较晚,但也取得了巨大的进步。20世纪60年代研制了"621"自动驾驶仪,70年代又开发了"708"型自动驾驶仪;近年来所研发的支线客机和大型客机均安装有先进的飞行控制系统。

1.1.2　飞机飞行控制系统功能

飞机,特别是民用飞机的主要任务就是要安全有效和经济地按要求的姿态和航迹完成规定的飞行任务。为此,飞机的飞行控制系统的具体功能可以归纳如下:

1. 实现飞机姿态或航迹的精确控制

特别是利用自动飞行控制系统,实现飞机姿态或航迹的自动控制。对现代有人驾驶飞机(如民用客机或军用飞机),虽然有人参与驾驶,但在某些飞机阶段(如巡航等),驾驶员可以不直接参与控制,而由飞行控制系统实现自动控制飞行,驾驶员仅完成对自动飞行指令的设置并监督自动飞行的进行,并随时可以切断自动控制而实现人工驾驶。采用自动飞行的好处主要是:

● 长距离飞行时缓解驾驶员的疲劳,减轻驾驶员的工作负担。

● 在一些恶劣的天气或复杂的环境下,驾驶员难以精确控制飞机的姿态和航

迹,自动飞行控制系统可以实现对飞机的精确控制。

● 有一些飞行操纵任务,如进场着陆,采用自动飞行控制则可以较好地完成这些任务。

2. 实现对飞机性能的改善

一般来说,飞机的性能和飞行品质是由飞机本身的气动特性和发动机特性决定的。但随着飞机的飞行高度及速度的逐渐增加,飞机的自身特性将会变差,如飞机在高空飞行时,由于空气稀薄,飞机的阻尼下降,致使飞机角运动产生严重的摆动,靠驾驶员人工操纵将会很困难。此外,现代飞机设计时,为了减轻重量,减少阻力和提高飞机的有用升力,常将飞机设计成是静不稳定的。对于这种静不稳定的飞机,驾驶员是难以操纵的。为了解决这类问题,可以通过在飞机上安装一定类型的控制系统,使静不稳定的飞机变成静稳定的,可以使阻尼特性不好的飞机变成好的。这种系统就是现代飞机上常用的增稳系统或阻尼器系统,该系统也是一种控制系统,但它不是用来实现飞机的自动飞行控制,而是用来改善飞机的某些特性,实现所要求的飞行品质和飞行特性。这种系统虽不实现自动飞行控制,但它们仍是一种用于飞行的控制系统,成为飞机飞行系统不可缺少的组成部分。此外,利用飞行控制系统还可以改善飞机对操纵输入信号的响应特性,即改善飞机的操纵特性。同时也可以利用飞行控制系统改善飞机对大气扰动的响应特性,提高飞机的抗扰性。

本章将重点介绍现代飞机飞行控制系统的分类、系统的控制原理以及系统各组成部件的主要功能和特性,最后以应用较广的 B737 - NG 飞机的飞行控制系统为例,概要地介绍飞行控制系统的各组成部件,为读者学习后续各章节提供必要的实例基础。

1.2 现代飞机飞行控制系统分类简介

飞行控制系统通常可分为人工飞行控制系统和自动飞行控制系统两种。按照 ATA100(Air Transportation Administration——ATA,航空运输协会)对飞机内部系统分类的编排,其中自动飞行控制系统归属 ATA100 - 22 章节,人工飞行控制系统归属 ATA100 - 27 章节,其构成如图 1.1 所示。自动飞行控制系统通常包含有自动驾驶仪、自动油门系统、飞行指引、偏航阻尼系统、配平系统及飞行管理系统等。

1.2.1 人工飞行控制(操纵)系统

由飞行员对驾驶杆和脚蹬或油门杆的操纵,通过不同的传输机构或装置实现对飞机飞行进行操控的系统,称为人工飞行控制系统。随着飞机技术的发展,人工主飞行控制系统大致有如下几种:

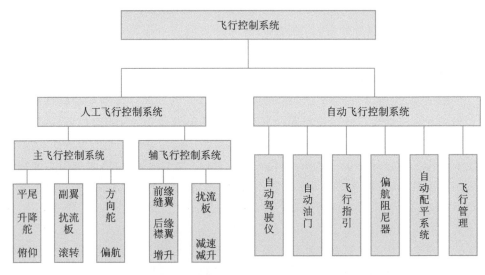

图 1.1　现代飞机飞行控制系统的分类

1. 人工飞行机械控制(操纵)系统

早期的飞机,驾驶员的操纵指令通过特定设计的机械杆系或钢索(简称机械传动链),依驾驶员输入杆力直接操纵飞机相应舵面,以实现对飞机的控制,如图 1.2 所示。

图 1.2　人工飞行机械控制(操纵)系统

为此,飞行员操纵驾驶杆控制飞机运动时,必须克服作用于舵面上的气动力矩。早期飞机,由于飞机尺寸较小,速度较慢,飞行员的杆力是完全可以承受的。只要对传动中的摩擦、间隙和传动机构的变形加以限制,就可以获得满意的操纵性能。

随着飞机尺寸和重量的增加,飞行速度的不断提高,飞行员通过驾驶杆直接拉动舵面,难以克服舵面的气动力矩,于是在 20 世纪 40 年代末出现了将液压助力器安装在操纵系统中,用来帮助飞行员克服舵面上的气动力的系统,称为带助力的人工机械操纵(控制)系统。随着时间的推移又分为以下两种:

(1)半助力机械操纵系统,如图 1.3(a)所示。在半助力操纵系统中,驾驶杆仍然可直接操纵舵面,但驾驶杆的运动又会送入液压助力器,通过助力器拉动舵面,从而减轻驾驶员的负担。在这种系统中,飞行员操纵时仍能感受舵面所承受的部分气动力,并依此种感觉来操纵飞机。

(2)全助力机械操纵系统,如图 1.3(b)所示。随着飞行速度的进一步提高,特别是进入跨声速、超声速飞行时飞机焦点大幅度后移,纵向稳定力矩剧增,此时需要相当大的操纵力矩方能满足飞机的机动要求,因此,不得不采用全助力操纵系统。在这种系统中,驾驶杆机械传动链不与舵面直接相连,而是连接到助力器的分油活门,通过控制分油活门的开度来控制舵面的运动。采用这种全助力操纵时,气动力将不会反传到驾驶杆,为了给驾驶员提供一定的杆力感觉,在该系统里,又专门装设了一套"人感系统"。这套系统借助于弹簧、缓冲器、配重等来提供不同飞行状态时的人工感觉,这种人工感力虽然在移动操纵面时不需要,但在操纵飞机时为给飞行员提供适当的操纵品质是必要的。这种全助力机械操纵系统常称为不可逆型系统。此外,也还有一种可逆型全助力机械操纵系统(通常是利用回力连杆把舵面传来的一部分载荷传给驾驶杆),在此不予详述。

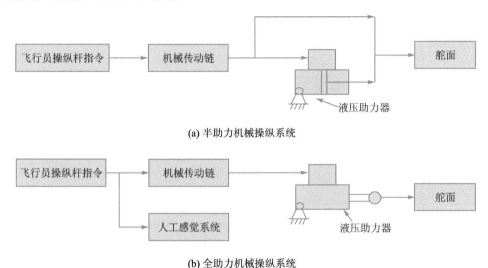

(a) 半助力机械操纵系统

(b) 全助力机械操纵系统

图 1.3 带助力的人工机械操纵(控制)系统

2. 加装阻尼器和增稳系统的人工机械操纵(控制)系统

随着飞机飞行包线的不断扩大,飞机的静定性和阻尼特性变差,增强飞机的稳定性和改善它的阻尼特性来帮助飞行员操纵飞机就变得十分紧迫,于是在全助力操纵系统上增加了一套阻尼器或增稳系统。这套系统与驾驶杆是相互独立的,增稳系统工作不影响飞行员的操纵。但从飞行员操纵角度上来看,飞行员现在操纵的是一架阻尼和稳定性得到改善的新飞机。其原理结构如图 1.4 所示。图中虚线部分即为实现增稳或阻尼的独立控制系统,其控制装置产生的电信号用专用的液压舵机,将其转换为机械信号,通过机械综合装置与机械操纵信号代数相加,共同操纵舵面。通常阻尼器有俯仰、滚转和偏航阻尼器,但目前应用最广泛的是偏航阻尼器。因为现代高速高性能大型民机,由于气动及结构设计的特点,通常飞机的偏航阻尼力矩不足,致使飞机航向的荷兰滚振荡阻尼较弱,飞机受扰后将会产生较大幅度的绕立轴和纵轴的摆动,飞行员将难以驾驶,且影响乘员乘坐的舒适度。所以,为了满足飞机飞行品质的要求,从 20 世纪 60 年代起,开始在飞机上安装一种简单的飞行控制系统——偏航阻尼器系统，与飞机组成一个整体，从飞行员操纵角度来看，飞机加上阻尼器可以等效为一架阻尼特性好的新飞机。

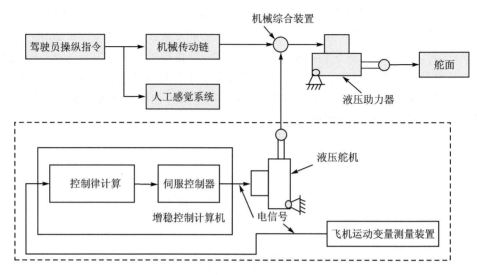

图 1.4　加装阻尼器和增稳的人工机械操纵系统

在机械操纵系统中引入增稳作用的系统后，虽然可以改善飞机的稳定性或阻尼特性，但是常常会影响飞机的操纵性。为了解决这种矛盾，随后又发展了带控制增稳的人工机械操纵系统，如图 1.5 所示。从图中可见，在这种系统中，将驾驶杆的机械操纵指令信号通过传感器转换为电信号，并将其送入增稳系统中（如图中虚线所示），进而操纵舵面，通过合理的设计，这种系统可以进一步改善飞行员的操纵体验。

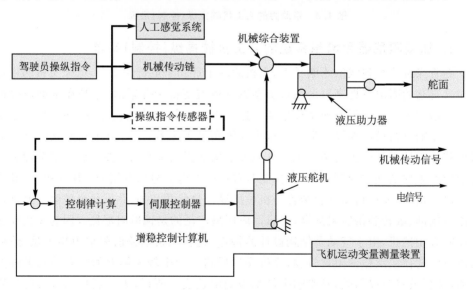

图 1.5　带控制增稳的人工机械操纵系统

3. 电传操纵(控制)系统

如图1.5所示,在带控制增稳的操纵系统中,操纵杆指令既可以通过机械传动装置操纵飞机,也可以通过电信号,由控制增稳系统操纵飞机,并且考虑到机械传动装置存在许多缺点,因此,人们提出能否将机械传动装置取消,完全通过电信号,由控制增稳系统操纵飞机呢? 回答是可能的。在电子技术迅速发展的20世纪70年代之后便出现了完全由电信号操纵飞机的电传操纵系统,如图1.6所示。在这种系统中,飞行员的驾驶指令将不通过机械传输通道操纵舵面,舵面仅由驾驶员操纵驾驶杆的机械信号转换为电信号后,通过控制增稳系统进行操纵,进而控制飞机飞行。在这种系统中,多数系统采用复合舵机,并且控制增稳功能是不可或缺的,对飞机实行"全时、全权限"的操纵。

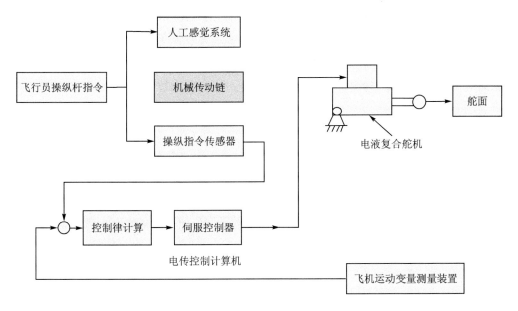

图1.6 飞机的电传操纵系统

1.2.2 自动飞行控制系统及其所含分系统

自动飞行控制系统是一种在系统功能与工作状态由驾驶员设置后,无需驾驶员直接操纵,就能自动控制并稳定飞机姿态和航迹的系统,如图1.7所示。系统由模态及指令生成部件、飞机运动参量测量装置以及控制计算机构成,控制计算机所生成的操纵指令,直接送入电传飞行控制系统,控制飞机实现所设定的指令和状态。在实现自动飞行控制时,图中机械操纵部分将不参与工作,驾驶员将直接在模态与指令生成部件(即系统中方式控制板上的按钮及旋钮等)上设置系统功能和飞行状态要求,飞机的实际飞行完全由自动飞行控制系统进行操控。

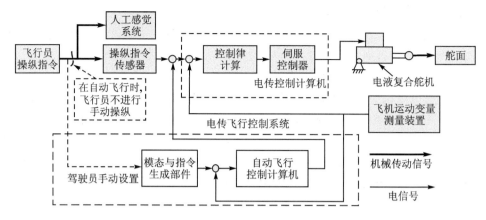

图 1.7 自动飞行控制系统(含电传操纵系统)

在较早没有安装电传操纵系统的飞机上,自动飞行控制计算机所产生的指令将直接送到伺服作动器的控制阀,进而通过动力作动器(见图 1.8 中液压助力器)控制舵面对飞机实现操控,如图 1.8 所示。

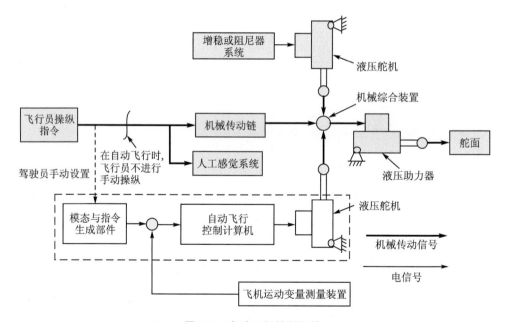

图 1.8 自动飞行控制系统

现代飞机上,按照美国 ATA100 第 22 章规定,自动飞行控制系统大类中,又分别包含可提供自动飞行手段的几种功能不同的分系统,主要可分为如下几种:

1. 自动驾驶仪系统

自动驾驶仪系统是自动飞行控制系统中最基本的分系统。该系统的主要功能

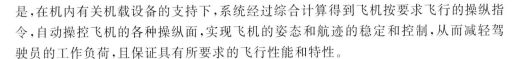

是,在机内有关机载设备的支持下,系统经过综合计算得到飞机按要求飞行的操纵指令,自动操控飞机的各种操纵面,实现飞机的姿态和航迹的稳定和控制,从而减轻驾驶员的工作负荷,且保证具有所要求的飞行性能和特性。

2. 飞行指引系统

飞行指引系统是一种半自动飞行仪表系统,广泛用于当前各种型号的飞机。它接收飞机上不同的信息测试设备的输出信息,经过综合计算得到飞机按要求飞行的操纵指令,以目视的形式在指引仪表上给出,驾驶员根据所显示的指令,方便准确地操纵飞机,实现所要求的飞行。与自动驾驶仪不同的是,飞行指引仪不去直接操纵飞机,它只是"指挥"驾驶员操纵飞机飞行,而自动驾驶仪是"替"驾驶员直接操纵飞机飞行。当飞行指引系统与自动驾驶仪同时耦合工作时,利用飞行指引仪可以监控自动驾驶仪系统工作是否正常。

3. 自动配平系统

平衡飞机的三轴力矩和驾驶杆的杆力是操纵飞机的基本要求,飞机飞行时,由于速度的变化、重心的变化(油量的消耗和承载物的变化)和气动外形的改变(如襟翼和扰流板偏转等)都会导致飞机力矩不平衡,影响飞机正常飞行。此时飞行员操纵飞机若长时间施加杆力保持力矩平衡,将会引起身体疲劳。为此,需要对飞机各轴力矩进行配平。配平分人工配平与自动配平。人工配平是由飞行员驱动配平机构(调整片或可配平水平安定面等)来实现的,自动配平是在飞行员不参与的情况下由自动配平系统自动完成的。

按照配平的轴向划分,可分为俯仰配平、横向配平和航向配平,其中俯仰配平使用最多且最具代表性,因此本书主要介绍俯仰配平系统。

4. 自动油门系统

飞行员操纵飞机实现姿态和航迹控制时,还必须适当地通过操控发动机油门杆保持飞机有适当的推力状态;同样,自动驾驶仪自动控制飞机飞行时,也必须根据需要适当地自动控制发动机的油门杆,以保持需要的推力。自动油门系统的主要任务就是与自动驾驶仪配合,根据所选的工作方式以及不同飞行阶段的要求,自动确定工作方式,通过驱动油门杆改变发动机推力,精确控制飞机的航迹、姿态及飞行速度,实现自动飞行。自动油门系统可以在起飞、爬升、巡航、下降、进近、着陆和复飞各阶段使用。

现代大型客机上都装有推力管理系统,其主要功能是实现发动机推力限制计算和自动油门方式的管理。推力管理和控制则是在飞行管理系统的统一管理下,由自动油门系统和自动飞行控制系统配合协调工作来完成的。

5. 飞行管理系统

飞行管理系统是现代大型客机上普遍装备的一种机载计算机管理系统。现代飞行管理系统是早期的高级区域导航系统和 20 世纪 70 年代中后期发展的性能管理系统的组合,具有大容量的导航数据库,在正常飞行范围内可提供闭环横向制导能力;它还具有大容量的性能数据库,能提供经济的垂直导航能力。实际上,飞行管理系统是将飞机上的惯导系统、大气数据系统、自动飞行控制系统以及推进控制系统、电子仪表显示系统综合管理起来,实现以最优方式管理飞机的飞行,并极大地减轻驾驶员的工作负担。现代飞行管理系统首次于 1981 年安装在 B767 飞机上,此后大多数民用飞机都相继安装了飞行管理系统。

1.3 控制系统的基本控制原理和组成

1.3.1 飞机人工驾驶的基本过程

图 1.9 表示了飞行员人工驾驶飞机的大致过程。从图中可见,在外界指令(或飞行员主观设想)下,在头脑中产生了一个操纵飞机俯仰角的要求(如希望飞机俯仰角增大 5°),依这个要求,产生操纵指令,并控制双手,然后拉驾驶杆并通过人工操纵装置拖动升降舵面向上偏转,产生俯仰抬头力矩,使飞机俯仰角改变;与此同时,飞行员随时通过眼睛观察地平仪上的指示,了解飞机现时的俯仰角,并将信息传到大脑,与期望值比较,根据误差的大小及方向决定下一步的操纵指令,直到飞机的实际俯仰角达到要求的数值时为止。这种过程是飞行员的指令控制状态。如果飞机处于稳定平飞时,受到阵风扰动,偏离原来的状态(如飞机抬头),飞行员通过眼睛观察地平仪上的指示,经过大脑的思考,决定前推驾驶杆,使飞机产生低头力矩,飞机趋于水平,飞行员又会从仪表上看到这一变化,逐渐把驾驶杆拉回原位,当飞机回到原平飞状态后,驾驶杆和舵面也回到原位。这种过程是飞行员稳定飞机状态的操控过程。

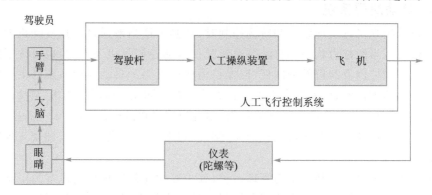

图 1.9 飞行员人工驾驶飞机的大致过程

从图 1.9 中可以看到,人工操纵飞机时,各部分的功能是:

● 飞机——被控的对象,不同功能系统的具体被控量可以不同,可以是俯仰角,也可以是滚转角或航向角等。

- 手臂及驾驶杆和传动机构——完成操控任务的执行机构。
- 地平仪、眼睛——飞机被控量及有关参数信号的反馈测量部件。
- 大脑——形成误差的比较部件和产生控制指令的控制器。

从图 1.9 中信号传递路经来看,这个操控过程是一个"闭环负反馈"的过程,也就是人工驾驶飞机时是按"闭环负反馈"控制原理实现的,如图 1.10 所示。"闭环负反馈"控制原理就是对被控量进行控制是依据"测量误差,纠正误差"的方法进行的,也就是要随时测量被控量,并反送到输入端与指令进行比较,得到误差信号,并依据误差信号的大小和方向,产生适当的控制指令,最终消除误差,使被控量与指令相等。

图 1.10 人工操纵时信号传递路经

实际上,还有一些系统是按"开环"原理工作的,即这种系统不对被控量进行测量,因此也不进行被控量的反馈和求得误差信号。但飞行控制系统中多数系统均是按"闭环负反馈"控制原理进行工作的。

1.3.2 自动控制系统的组成及控制原理

现代飞机自动飞行控制系统及其不同分系统,以及偏航阻尼器系统、增稳系统和电传控制系统,从构成原理上来说,均可称为自动控制系统。自动控制系统在国民经济各个方面均有广泛的应用,形成不同种类和功能的系统,基本上都是仿照人工驾驶飞机飞行的原理来构成的,也就是依据所要控制的有关参量,按"闭环负反馈"原理构成的闭环控制系统。

如果以飞机运动的控制为例,典型的闭环飞行控制系统的结构组成如图 1.11 所示。

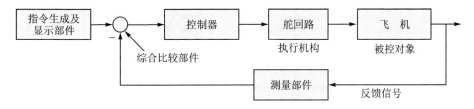

图 1.11 闭环飞行控制系统的结构

其中各部分的作用如下:

- 飞机——被控对象。具体一个系统的被控物理参数可能是飞机某一个运动参数,如俯仰角、高度或倾斜角等。被控的参量通常称为被控量。
- 执行机构(又称舵机或舵回路)——接收控制指令,其输出跟踪控制指令的变化,并输出一定的能量,拖动飞机舵面偏转。

- 反馈测量部件——测量和感受飞机被控量的变化,并输出相应的电信号。不同的被控量需采用不同的测量元件。
- 综合比较部件——将测量的反馈信号与指令信号进行比较,产生相应的误差信号。实际上,这种功能常常与控制器的功能组合在一起。
- 控制器——依误差信号和系统的要求,进行分析、判断,按一定方法产生相应的控制指令,并将其输入给舵回路。
- 指令生成及显示部件——给定系统的输入指令信号,它通常是飞机被控量的期望值,同时显示有关指令及被控量。

通常将上述组成部件中的指令生成部件、综合比较部件、反馈测量部件、控制器和反馈测量部件总称为控制装置。

1.3.3 自动飞行控制系统的物理构成部件简介

组成自动飞行控制系统各种物理部件的具体工作原理及特性已在相关课程中有详细的介绍,本书为后续论述方便,仅将与飞行控制有关的主要内容在本小节中做简要的归纳。

1. 被控对象

对飞行控制系统来说,被控对象即为飞机。有关飞机的构成和特性在飞机构造及飞行原理课中有过详细介绍,这里仅就与飞行控制有关的内容做简单的介绍。

(1) 飞行控制中的被控参数

刚体飞机在空间运动有 6 个自由度,即 3 个绕质心的转动自由度(角运动)和 3 个质心的移动自由度(线运动)。控制飞机的飞行,主要就是控制飞机的角运动和线运动。在系统中常用到下述一些运动参数:

- 飞机姿态角——俯仰角 θ、横滚角(或倾斜角)ϕ 和偏航角 ψ,表示飞机的机体轴与地面轴的关系,参看图 1.12。此外,在系统中还常用到三个姿态角的角速度 p、q、r。
- 飞机航迹角——航迹倾斜角 γ、航迹方位角 χ、航迹滚转角 μ,表示飞机速度轴与地面轴的关系,参看图 1.13。
- 飞机的两个气流角——迎角(α)及侧滑角(β),表示飞机速

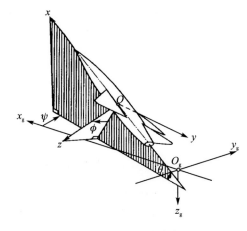

图 1.12 飞机姿态角

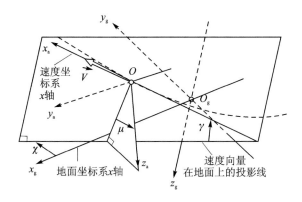

图 1.13 飞机航迹角

度向量与机体轴之间的关系,参看图 1.14。

- 在直角地坐标系中,飞机质心在空间的线运动常用 x 表示飞机向前的位移,y 表示飞机侧向偏移,z 表示飞机在垂直于地面方向上的位移,即高度,常用 h 表示。此外,在系统中还常用上述三种位移的变化率,即三个线速度。

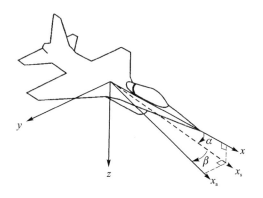

图 1.14 飞机的两个气流角

在飞行控制系统的描述中,还常常将飞机的运动分为以下两种运动:

- 纵向运动——包括飞机的速度的增减、质心的升降和绕飞机横轴俯仰运动。
- 横航向运动——包括飞机的侧向移动、绕飞机立轴的偏航和绕飞机纵轴的滚转运动。

(2)飞机的操纵机构

飞机运动通常利用飞机的各种气动操纵面及发动机推力进行控制。飞行控制系统中常用的气动操纵面有如下几种(参见图 1.15):

- 升降舵与水平安定面——主要功能是实现飞机俯仰运动控制。升降舵常用 δ_e 表示,规定升降舵后缘下偏为正,产生负的俯仰力矩,即低头力矩。在民机飞行控制中,水平安定面主要用于俯仰配平。
- 副翼——主要功能是实现飞机滚转运动控制,副翼常用 δ_a 表示,位于机翼两侧的副翼在滚转控制时是差动偏转。规定右副翼后缘下偏为正,产生负的滚转力矩,即飞机向左滚转。

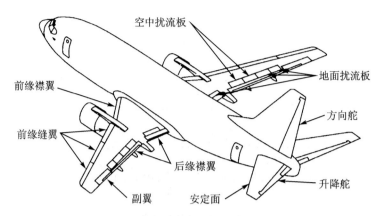

图 1.15 飞行控制系统中常用的气动操纵面

- 方向舵——主要功能是实现飞机航向运动控制,方向舵常用 δ_r 表示,规定方向舵向左偏转为正,产生负的偏转力矩,即飞机机头向左偏转。

上述三种为主要操纵面,有的飞机在三个舵面上还有小的调整片,用于配平。除上述主要操纵面外,在飞行控制系统中还常用到:

- 襟翼——在机翼的后缘和/或前缘。襟翼是一种增升装置,其目的是在低速时产生足够大的升力,特别应用于起飞和着陆阶段,或在某些特殊的控制系统中加以使用。
- 扰流板——在双侧机翼上装有不同片数的扰流板。扰流板又分地面扰流板和空中扰流板,地面扰流板只能在地面时应用。扰流板是一种增阻装置,通过增加阻力,减少升力,起到减速和卸除升力的作用。在单侧放出扰流板时,可以辅助进行滚转操纵。

除此之外,飞机机翼前还安装有前缘缝翼,用于增升控制。

除了气动操纵面外,利用控制发动机推力的方法也可以改变飞机的运动状态,所以控制飞机的另一种操纵机构即为发动机油门。加大油门,可增加推力。

2. 执行机构

在飞行控制系统中用于拖动气动舵面的执行机构主要是不同类型的作动器(常称为舵机)。舵机的主要功能就是跟踪控制器产生的指令,提供足够的功率输出,克服舵面上的气动载荷,保证按要求的速度偏转舵面。

在大型民用飞机上,目前主要采用的是液压驱动的作动器。液压式作动器是以高压油为能源的执行机构,它有许多优点,广泛地用于现代大型飞机及军用飞机的飞行控制系统中。目前,主要有下述三种:

(1) 液压助力器

液压助力器也称为液压伺服作动器,又常称为舵面作动器或动力控制组件。单独的液压助力器主要用于人工半助力及助力机械操纵系统中。图 1.16 是一种单腔液压助力器示意图,它主要由两部分构成:图中上半部分为主控阀(或滑阀),系指令级,其输入为机械操纵指令;下半部分为液压作动筒,系动力级,它与舵面相连,对舵面施加力矩,所以液压助力器又常称为液压主舵机。从图 1.16 可见,作动筒活塞杆是固定的,作动筒壳体则与舵面相连,而被控制移动。在实际应用中,亦有作动筒壳体固定,活塞杆与舵面相连,而被控制移动的。

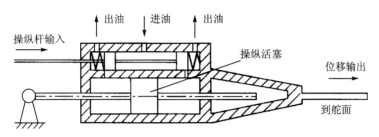

图 1.16 单腔液压助力器示意图

(2)电气指令伺服作动器

电气指令伺服作动器又称液压舵机,典型电气指令伺服作动器示意图如图 1.17 所示,它由电液伺服阀、作动筒及位移传感部分构成。电液伺服阀包括力矩马达和液压放大器,又称电液信号转换装置,它将电气指令信号转换为一定功率的液压信号,控制液体的流量和方向。作动筒又称液压筒或油缸,是舵机的施力机构,被拖动的负载(如舵面)与活塞相连。位移传感部分(图中输出电位计)感受活塞的位移或速度变化,转换成相应的电信号。

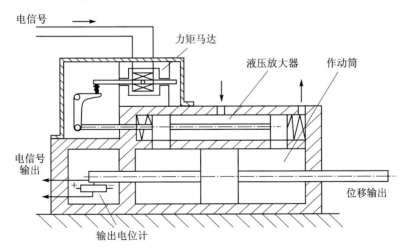

图 1.17 电气指令伺服作动器示意图

液压舵机按其作用,可分为液压舵机与电液副舵机两类。前者将直接拖动舵面偏转;后者主要是以液压舵机的输出作为液压助力器的输入,通过液压助力器带动舵面偏转。

（3）复合式液压伺服作动器（又称电液复合舵机）

电液复合舵机是由电液副舵机和液压助力器（液压主舵机）组合一体构成的。通常有并联式与串联式两种组合方式。图 1.18 为串联电液复合舵机的示意图，即电液副舵机串接在驾驶杆与助力器之间。助力器工作时，没有自动控制信号，舵机活塞不动，舵机相当于拉杆的一部分，驾驶杆移动时，通过舵机整体运动的带动使助力器工作带动舵面偏转。自动控制工作时，驾驶杆不动，舵机外壳在控制信号作用下移动，作为机械指令通过助力器控制舵面偏转。复合工作状态时，助力器的机械位移指令由驾驶杆位移和电气控制信号决定，并在电液副舵机上实现综合。

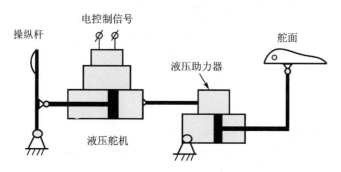

图 1.18 电液复合舵机

为了改善舵机跟踪控制指令的特性和精度，以及减少作用于舵面上的铰链力矩的影响，通常是将舵机或复合舵机用舵机偏转角的反馈信号包围起来，形成一个舵回路。关于舵回路将在第 3 章进行分析讨论。

3. 反馈测量部件

不同的飞行控制系统，为了实现飞机有关状态的闭环负反馈控制，必须测量飞机相关状态量，并以电信号输出。目前最常用的飞机相关状态量的测量装置主要有下述几种：

- 姿态角传感器——垂直陀螺，主要测量飞机的俯仰角 θ、滚转角（或倾斜角）ϕ。
- 航向角传感器——包括航向陀螺仪、航姿系统，主要测量航向角 ψ。
- 角速度传感器——用于测量飞机绕三个机体轴的转动角速度 p、q、r。
- 过载传感器（线加速计）——用于测量飞机法向过载 n_z 及侧向过载 n_y。
- 大气数据传感器——大型民机均采用大气数据计算机，提供有关的参数，如迎角（侧滑角）、空速、马赫数、高度、高度差及高度变化率等。
- 线位移及角位移传感器——主要用于测量舵面及某些机构的机械偏转角度和位移。
- 其他用途的传感器——如测量低高度的无线电高度表、仪表着陆系统给出着陆用信号等。

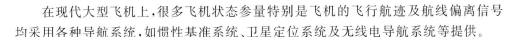

在现代大型飞机上,很多飞机状态参量特别是飞机的飞行航迹及航线偏离信号均采用各种导航系统,如惯性基准系统、卫星定位系统及无线电导航系统等提供。

4. 控制器

控制器是所有控制系统的核心部件,因为控制器要依据误差信号,通过计算、逻辑判断获得对被控对象的控制指令信号,并且实现对控制系统运行的管理和监控,因此通常将控制器称为控制计算机。对飞行控制系统来说则常将控制器称为飞行控制计算机。

随着对飞行控制系统要求的不断提高,飞行控制计算机也获得飞速发展。在实现的形式上,经历了由电子管、晶体管到集成电路的发展历程,在实现原理上经历了模拟式向数字式的飞跃。在 20 世纪六七十年代主要采用模拟式飞行控制计算机,随着高集成的微处理器的发展,数字式飞行控制计算机开始投入使用,并获得了极快的发展。数字式飞行控制计算机克服了模拟式飞行控制计算机参数调节困难、升级不便、功能简单等缺点,使飞行控制计算机迈入了一个崭新的发展阶段。现代飞机的飞行控制计算机几乎全都采用数字式飞行控制计算机。

(1) 数字飞行控制计算机的主要功能

- 采集各种指令和系统的测量信号,并对其进行必要的变换与处理。
- 飞行控制系统工作模式的管理与控制。
- 计算不同飞行模式的控制算法,并生成必要的控制指令。
- 对生成的各种控制指令的管理和输出。
- 完成飞行前及飞行中系统及部件的自动检测与监控。
- 为提高飞行控制系统的可靠性,现代大型飞机的飞行控制系统均采用多套系统同时工作,形成余度飞行控制系统,为此计算机要对飞行控制系统及有关部件实现余度管理。
- 完成与机内其他任务计算机及电子设备信息的交换与管理。

(2) 数字飞行控制计算机的硬件

数字飞行控制计算机的硬件结构示意图如图 1.19 所示。

主要包括以下模块电路:

① CPU 模块:飞行控制计算机运行的核心部分,包括微处理器、各种内部存储器、DMA 控制器、时钟电路、中断控制器、译码器、内部总线接口电路及看门狗电路等。

② 模拟输入接口电路:用于对传感器的输出信号进行滤波、解调(对交流信号)处理,并通过 A/D 转换器进行数字化。

③ 模拟输出接口电路:用于将 CPU 输出的数字量通过 D/A 转换器转化为模拟输出信号。

④ 离散输入/输出接口电路:离散输入电路是将系统设备有关的各种按钮、开关等离散信号转换为计算机可接受的数字信息。离散输出电路则是将 CPU 输出的数字信号转换为各种离散量形式输出。

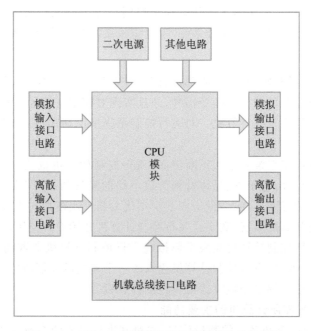

图 1.19　数字飞行控制计算机的硬件结构示意图

⑤ 机载总线接口电路：该接口是飞行控制计算机和其他机载计算机的交联通信接口。随着飞机信息化、综合化程度的提高，现代飞机上各种电子设备都是以总线为基础协同工作交换信息的。目前现代客机多数使用 ARINC－429（或 629）总线。

⑥ 二次电源：用于将飞机上的交/直流电源变换为计算机内电子线路需要的电源。

⑦ 其他电路：如飞行测试接口、机内自检支持电路以及根据具体设计所需的一些电路。

(3) 数字飞行控制计算机软件

数字飞行控制计算机软件作为飞行控制的核心，承担着各项任务并指挥协调系统有序地工作，且管理系统的硬件资源。完善和可靠的软件系统是保证飞行安全的关键。

一般来说，数字飞行控制计算机软件可分为操作系统软件、应用软件和支持软件：

① 操作系统软件的作用是管理协调计算机的硬件资源，合理调度不同计算速度的各种任务，它可分为接口驱动程序和任务调度程序两个层次，为应用软件提供运行平台。

② 应用软件是实现飞行控制系统各项功能的集中体现，包括各种工作模式下控制算法的计算软件、余度管理及系统自动检测算法的软件等。

③ 支持软件是开发、综合和调试应用软件、操作软件所必需的工具软件，丰富可用的支持软件对提高软件开发效率和软件可靠性是非常有益的。

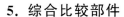

5. 综合比较部件

综合比较部件是对不同的输入量进行代数求和的部件。在早期机械系统或模拟电子部件系统中,常有单独由机件组成的求和机构或由电气器件构成的求和电路,在现代数字式计算机控制系统中,信号的代数求和一般均由数字算法实现,因此常常没有具体的物理部件。

6. 指令生成部件

① 对于各种人工操纵飞行控制系统,指令生成部件就是驾驶舱中有关操纵杆系。主要为:

● 驾驶杆:前后推拉操纵升降舵,左右压杆操纵副翼。

　驾驶盘式:前后压驾驶盘操纵升降舵,左右转动驾驶盘可操纵副翼。

　(对电传操纵的系统,有的飞机则采用侧杆)

● 脚操纵机构(脚蹬):操纵方向舵偏转。

● 油门杆:操纵发动机油门。

此外,座舱中还有人工配平用的有关手柄等。

② 对于自动飞行控制系统,在驾驶舱中配置有不同的方式控制板,如图 1.20 所示,其上设置有各种不同的工作方式的旋钮、转换开关等。与飞行管理系统相关的飞行控制方式,其直接的控制指令来源于飞行管理系统,在飞行管理系统的控制显示器上可以设置输入有关指令。

③ 对飞行控制系统来说,为了便于飞行员了解飞机及系统的工作状态,还设置和安装有各种不同的仪表或综合显示装置,如导航显示、发动机显示等。

图 1.20　方式控制板

1.4　现代飞机飞行控制系统的总体结构

现代民用飞机飞行控制系统的总体结构可以简化表示,如图 1.21 所示。鉴于目前运行的民用飞机,可以分为两种,如图 1.21(a)、(b)所示。

在存在人工机械操纵系统时,如图 1.21(a)所示,大致可以包括下述几个部分:

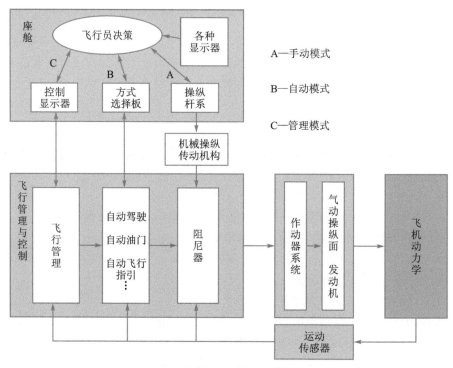

(a) 安装人工机械操纵系统时

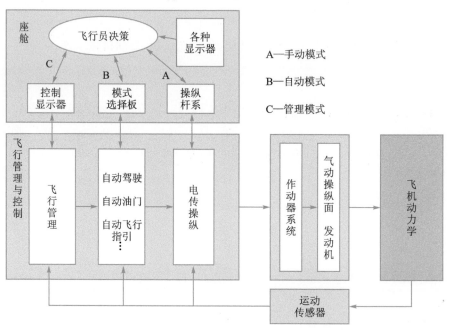

(b) 安装电传操纵系统时

图 1.21　现代民用飞机飞行控制系统的总体结构

- 给飞行员提供信息的各种显示器,通常有主飞行显示器、导航显示器、发动机显示器、系统显示器。
- 飞行员与系统交互的操纵装置,包括不同的操纵杆系等。
- 人工机械操纵时的各种软、硬的机械传动机构。
- 飞行管理与控制的计算机控制,包括:
  - 与阻尼器相关的计算机;
  - 自动驾驶、自动油门、自动配平等计算机;
  - 飞行管理的计算机。
- 作动器系统,包括拖动各种舵面的作动器及油门伺服系统的电机等。
- 运动传感器,包括测量飞机运动参数的各种仪表与系统。

在现代民机安装有电传操纵系统时,总体结构如图 1.21(b)所示,与图 1.21(a)不同之点在于总体结构中消除了人工操纵的机械传动机构,并且用电传操纵计算机代替阻尼器计算机(但仍含有阻尼器功能),此时飞行员的驾驶杆系的指令直接转换为电信号加入电传操纵计算机。应当指出,目前在采用电传操纵系统的民机中,为安全起见,还常装有简单的机械备份系统(在图中没有表示)。

从上述总体结构可以看到,现代民用飞机从飞行员操纵飞机完成飞行任务来说,可有三种模式操纵控制飞机:

(1) 手动模式

飞行员使用座舱中的操纵杆系给出操纵指令,并通过机械杆系及作动系统,控制舵面及油门,完成飞行任务,为了改善操纵品质,通常要使用阻尼器或增稳系统等。对于现代采用电传控制系统的民用飞机,飞行员通过操纵杆系给出指令值,通过电传控制系统操纵飞机完成飞行。

(2) 自动模式

飞行员使用座舱中的方式控制板来选择速度、高度、垂直速度、航向等控制指令值,通过按压按钮来准备、激活或停用这些飞行方式。由自动驾驶仪、自动油门系统等来计算控制信号,并通过作动器系统来完成飞行任务,飞行员则通过座舱中的主飞行显示器来监控自动驾驶仪的工作。

(3) 管理模式

飞行员通过在飞行管理系统的控制显示器的键盘上启动预先编制的或新输入的飞行计划来完成飞行。

1.5 B737－NG 系列飞机自动飞行控制系统结构组成简介

1.5.1 概 述

B737 系列飞机是波音公司生产的双发(动机)中短程运输机,被称为世界航空史上最成功的民航客机,也是民航业最大的飞机家族。B737 是全球最成功的客机,累计拥有超过 13 000 架订单,其中,B737 - NG 飞机更是年复一年地被众多运营商和投资者评选为最佳单通道飞机。在 B737 - 300/400/500 型受用户青睐的可靠、简单以及运营成本低的基础上,波音公司在 B737 - 500 推出后不久就宣布开始研制新一代 B737,最初型号定为 B737X,在传统型 B737 基础上对机翼进行重新设计,换装推力更大、性能更好的 CFM56 - 7 发动机,使航程加大,巡航马赫数提高到 0.785(848 km/h),可与竞争对手空中客车 A320 同样具备了横跨美国大陆的飞行能力,采用了 B777 飞机最先进的数字化设计和制造技术。新一代 B737 - NG 系列分 B737 - 600/700/800/900 型四个基本型号,其中 B737 - 600/700/800 对应于传统型 B737 - 300/400/500,700 型为标准型,800 型为 700 型的加长型,600 型为 700 型的缩短型。而 B737 - 900 是在 B737 - 800 的基础上进一步加长机身,为更好地与空中客车 A321 竞争而研制的新型号。B737 - 800 在两等级机舱配置下,可载 162 人;若全部座位为经济客位,则载客量可达 189 人。此机续航距离为 5 665 km(3 060 n mile),机身长 39.5 m,翼展为 35.7 m,机身宽为 3.76 m,空重为 41 413 kg,起飞重量为 79 010 kg,最大马赫数为 0.82,满载航距 5 665 km,发动机最大推力 27 300 lb(1 lb=0.454 kg)。

为了具体地说明飞机自动飞行控制系统的物理结构组成,下面以 B737 - 800 飞机为例加以简单介绍。

B737 - 800 飞机自动飞行控制系统是一种全数字式系统,该系统主要实现如下功能:

- 自动驾驶仪——实现对飞机运动的自动控制。有两套自动驾驶仪,分别称为自动驾驶仪 A 及自动驾驶仪 B,其指令也分别来自飞控计算机 A 及飞控计算机 B。

- 飞行指引仪——通过显示器向飞行员提供操纵飞机姿态的指令。

- 速度配平系统——在起飞阶段,在低速、大推力的飞行条件下控制安定面配平舵机以提供速度稳定性。

- 马赫数配平系统——当飞机进入跨声速飞行时,焦点后移产生低头力矩,马赫数配平系统以飞机的马赫数作为函数自动调整水平安定面的安装角或转动升降舵舵面,以补偿焦点后移产生的低头力矩,并自动平衡低头力矩。

- 高度警告系统——将飞机的实际高度与方式控制板上选择的目标高度进行比较,当飞机接近或飞离设定高度时,将告知飞行员。

- 机内自测试(BIT)——在线对系统各部件的特性进行自动检测,并通过与飞行管理计算机系统接口将自动测试结果显示在控制显示单元(CDU)上。

上述主要功能将在本书后续章节中加以介绍。

B737 - 800 飞机自动飞行控制系统的主要物理组成部件如图 1.22 所示。不同的组成部件分散安装在飞机的不同位置。

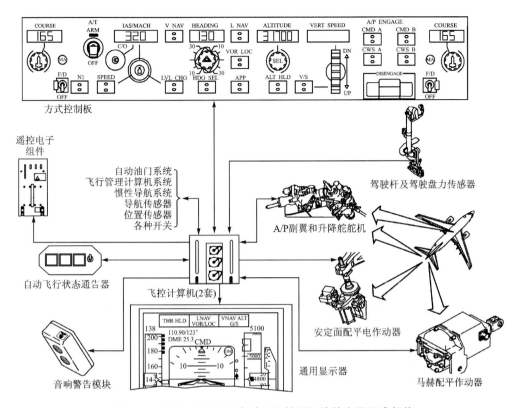

图 1.22 B737-800 飞机自动飞行控制系统的主要组成部件

1.5.2 飞行控制计算机 FCC

对应两套自动驾驶仪 A 与 B，分别有两套飞行控制计算机 FCC A 与 FCC B。两个计算机完全相同，是可以互换的在线可更换组件。

1. FCC 的功能

FCC 是自动飞行控制系统的核心部件。FCC 通过软件计算生成如下指令：① 自动驾驶指令；② 飞行指引指令；③ 高度警戒；④ 速度配平指令；⑤ 马赫配平指令。FCC 的输入数据来自驾驶员在 MCP 板上的选择及传感器的输入。FCC 也将指定信号送到操纵面的作动器并且显示在 CDS（公用显示系统）上。

2. FCC 的组成

B737-800 飞机的 FCC 是数字计算机，如前所述，数字计算机主要包含有下述部件：直接存储器存取（DMA）系统、中央处理单元（CPU）1 和 2、程序存储器及电源等，如图 1.23 所示。

对于 B737-800 飞机来说，其 FCC 中的 CPU 是非相似双余度 CPU。每个 FCC 都有两个 16 位的 CPU。两个微处理器的型号不同，其中 CPU 1 为 SDP-185，CPU

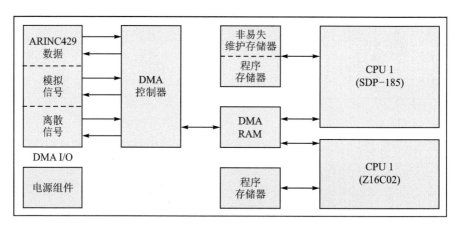

图 1.23 FCC 的组成

2 为 Z16CO2,以确保设计缺陷不会同时在两个 CPU 中都出现,防止共点故障。两个 CPU 计算不同的指令,这样可以防止 A/P 的俯仰及横滚指令同时失效。

在进近方式下,两个 CPU 计算同样的横滚和俯仰指令,在指令送到 A/P 舵机之前,CPU 要比较这些指令。在自动着陆时,两个 CPU 要查看传感器数据,以确保控制舵面的运动是正确的;同样,两个 CPU 也连续监控衔接互锁信号。若指令或信号不一致,则任何一个 CPU 都可以断开自动驾驶。

FCC 内的软件是可以装载的,当满足一定条件时,软件可以利用数据装载机和数据装载控制板来完成装载。

1.5.3 舵面位置传感器

为了飞行控制的需要,系统在各不同的舵面上安装有舵面位置传感器。其中有:

① 副翼位置传感器,用于测量副翼输出力矩管的偏转角度。

② 4 号和 9 号扰流板位置传感器,分别测量 4 号及 9 号扰流板的偏转角度。

③ 升降舵位置传感器,测量升降舵下方输入扭矩管的运动。

④ 升降舵中位偏移传感器。水平安定面与升降舵协同工作来控制飞机的俯仰姿态。对于水平安定面的每一个位置,都有一个升降舵的位置使二者工作如同一个舵面,这是中位偏移位置。升降舵中位偏移传感器提供一个电信号,此电信号与升降舵中立基准位置成正比。升降舵中位偏移传感器测量升降舵感觉定中组件的运动。

上述各位置传感器均为双同步传感器,这种传感器有两个同步器及两个输出,分别将信号送给 FCC A 及 FCC B。

⑤ 水平安定面位置传感器 A,测量水平安定面的位置。该传感器也为双同步传感器,它的一个输出送给 FCC A,另一个输出送到飞行数据获得组件(FDAU)。

⑥ 水平安定面位置传感器 B,也是测量水平安定面的位置,但它是单同步传感器,仅有一个输出,该输出送给 FCC B。

1.5.4 驾驶盘操纵 CWS 力传感器

现代民机自动驾驶仪除了具有完全依靠控制装置自动操控飞机运动的指令操控方式(CMD)外,还常常设计有一种驾驶盘操纵的工作方式,即飞行员操纵驾驶杆产生指令,然后通过控制装置控制飞机运动。为此,必须安装一定类型的传感器,将飞行员操纵驾驶杆的力或位移转变为电信号,将其作为指令输入给控制装置。B737 - 800 飞机在驾驶杆及驾驶盘上装有 CWS 力传感器,它可以提供一个与加在传感器上的与力成正比的电信号。该机上共有下述 CWS 力传感器:

- 机长俯仰 CWS 力传感器;
- 副驾驶俯仰 CWS 力传感器;
- 横滚 CWS 力传感器。

横滚 CWS 力传感器位于机长驾驶杆的下方。

俯仰力传感器测量加在驾驶杆上的力,横滚力传感器测量加在驾驶盘上的力。力传感器有两个敏感元件,每个敏感元件都是一个线性可变差动传感器(LVDT),一个输出送到 FCC A,另一个输出送到 FCC B。

通过结构设计,可以保证当 A/P 未接通,而飞行员操纵驾驶杆(盘)时,力传感器并不会有信号输出,只能直接通过钢索操纵舵面;而当 A/P 接通后,飞行员操纵驾驶杆(盘)不会直接移动舵面,而只会使力传感器产生相应的输出。

1.5.5 自动驾驶仪舵机

① 自动驾驶仪舵机(又常称 A/P 作动器)的作用是将来自 FCC 的指令电信号转换成液压控制的机械输出。该舵机的输出是副翼和升降舵动力控制组件(PCU),即液压助力器的输入信号。动力控制组件通过机械装置与舵面相连,并驱动舵面运动。

② B737 - 800 飞机上共安装有 4 个 A/P 舵机,原理结构相同,它们独立工作,其中两个为副翼舵机,另外两个为升降舵舵机。一个副翼舵机 A 和一个升降舵舵机 A 接收来自 FCC A 的电信号,这些舵机由液压系统 A 供应液压压力;另一个副翼舵机 B 和升降舵舵机 B 接收来自 FCC B 的电信号,这些舵机从液压系统 B 获得液压压力。

仅单独用副翼舵机 A 或副翼舵机 B 即可实现对副翼的控制。在双通道工作方式下,A、B 两个副翼舵机共同工作控制副翼。升降舵舵机工作情况与副翼舵机类似。

③ A/P 作动器的基本组成和工作原理与本章 1.3.3 小节中的第 2 条讲述的电气指令伺服作动器(又称液压舵机)相同,基本由三大部件组成,即电/液转换部件与液压/机械位移转换部件和机械位移电信号输出部件;此外,还有些接通、断开等电液控制开关等,但具体结构较为复杂,在此不再详述。

④ A/P 作动器用来测量机械位移输出的传感器仍为可变差动传感器,它不是 LRU(在线可更换组件)。

⑤ 在 CWS 不处于生效的工作方式时,飞行员可以机械地超控 A/P 作动器。飞行员施加于驾驶杆或驾驶盘上的力大约为 25 lb(1 lb＝0.454 kg)时,就可以超控 A/P 作动器。若是双通道工作,则超控力大约为 50 lb(超控两个 A/P 作动器)。

⑥ 当舵机内部发生阻塞时,为了起到保护作用,在舵机输出轴上装有剪切铆钉,当驾驶员施加的操纵力大约为 100 lb,就可以超控任何阻塞情况,但这会使剪切铆钉剪断。

1.5.6　方式控制板 MCP

MCP 为机组人员与自动飞行控制系统之间提供一个人-机接口,它安装在遮光板上,具有以下功能:① 衔接自动驾驶;② 打开飞行指引;③ 选择工作方式;④ 预位自动油门;⑤ 控制参数选择;⑥ 显示数据等,如图 1.24 所示。具体功能将在第 3 章中做详细说明。

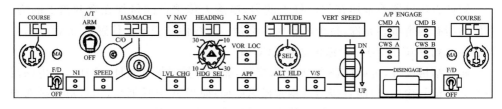

图 1.24　方式控制板 MCP

1.5.7　其他部件

除上述几个关键组成部件外,还有其他一些开关电门及显示部件,主要有:

① 起飞/复飞(TO/GA)电门。该电门用于向自动油门系统、自动飞行控制系统设置起飞或复飞方式。该开关位于操纵台上油门杆手柄上(见图 1.25),每一个油门杆手柄的后边缘均有一个起飞/复飞电门,且都是瞬时按钮电门。

② 自动驾驶仪断开开关。该开关安装于机长和副驾驶的驾驶盘外侧把手上。两个电门均能断开两个 FCC,并能使自动飞行状态通告器上的 A/P 灯熄灭。

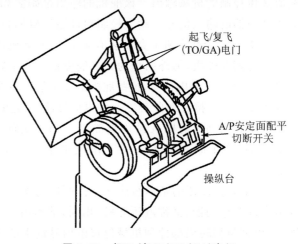

图 1.25　起飞/复飞(TO/GA)电门

此外，在 MPC 板上亦有一自动驾驶仪断开开关。

③ 自动飞行状态通告器 ASA。ASA 的功能是显示以下通告内容：a. A/P 警告；b. A/P 断开；c. BITE 启动测试；d. 自动油门（A/T）断开；e. CWS 警告；f. 空速警告；g. 飞行管理计算机上的警戒信息及失效等信息。ASA 前面板上有三个警告灯式的通告器，如图 1.26 所示。A/P 灯的颜色可以是红色或琥珀色；A/T 灯可以是红色或琥珀色，飞行管理计算机灯仅为琥珀色。

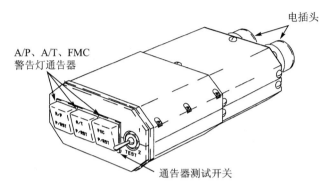

图 1.26 自动飞行状态通告器 ASA

④ 综合飞行系统附件组件 IFSAU。IFSAU 的作用是为 DFCS 和飞机系统之间提供一个接口。

⑤ 飞行方式通告牌 FMA。自动驾驶仪的各种工作方式及 DFCS 的状态都显示在飞机的 PFD（主飞行显示器）的顶部，该区域称为飞行方式通告牌 FMA，如图 1.27 所示。

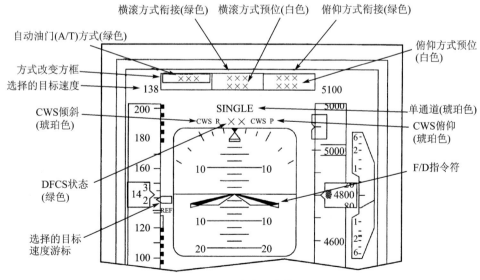

图 1.27 飞行方式通告牌 FMA

1.6　思考题

1. 简述飞机飞行控制系统的发展历程。

2. 说明飞机飞行控制系统的两种主要功能。

3. 说明自动控制系统的基本工作原理。

4. 自动飞行控制系统由哪些组件构成？每种组件的功能如何？

5. 液压舵机(电气指令伺服作动器)可分哪三大部分？每部分的功能是什么？

6. 数字飞行控制计算机的主要功能有哪些？

7. 数字飞行控制计算机主要由哪些硬件组成？其软件可分哪几大部分？其作用如何？

8. B737 - 800 飞行控制计算机有何特点？

9. 为什么要采用驾驶盘操纵(CWS)力传感器？该机上共有几个力传感器？是如何分布的？

10. B737 - 800 飞机有哪些舵面位置传感器？有何特点？

1.7　自测题

1. 自动飞行控制系统是由哪些系统组成的？
   A. 自动驾驶仪系统、马赫配平系统、大气数据系统、推力管理系统、飞机增稳系统
   B. 自动驾驶仪俯仰通道、倾斜通道、航向通道、偏航阻尼系统、飞行管理系统
   C. 惯性导航系统、大气数据系统、飞行指引系统、配平系统、推力管理系统
   D. 自动驾驶仪系统、偏航阻尼系统、配平系统、飞行指引系统、自动油门系统

2. B737 - 800 飞机 DFCS 主要实现哪些功能？
   A. 自动驾驶、飞行指引、高度警戒、速度配平、马赫配平
   B. 自动驾驶、自动油门、速度配平、马赫配平、安定面配平
   C. 自动驾驶、飞行指引、自动着陆、防撞、马赫配平
   D. 自动驾驶、飞行指引、高度警戒、安定面配平、推力解算

3. 以下哪些是飞行控制计算机的功能？① 飞行控制系统工作模式的管理与控制。② 对各种控制指令的输出与管理。③ 完成飞行前地面及飞行中在机内对系统各子系统及部件的自动检测。
   A. ①、②和③都正确　　　　　B. 只有①和③正确
   C. 只有①和②正确　　　　　D. 只有②和③正确

4. FCC 内部的两个 CPU 型号不同,处理信号也不同,它的目的是什么？
   A. 计算更精确

B. 处理不同格式的信号

C. 避免 A/P 同时出现俯仰和倾斜都失效

D. 交叉比较

5. FCC 的输入信号类型有几种？

    A. 数字信号、模拟信号

    B. 模拟信号、离散信号

    C. 数字信号、离散信号

    D. 数字信号、模拟信号、离散信号

6. 在 AFCS 中, 机内自检软件属于哪种软件？

    A. 操作系统软件   B. 飞行控制软件

    C. 故障诊断程序软件   D. 支持软件

7. B737-800 飞机上有几个独立工作的 A/P 作动筒？

    A. 2 个   B. 3 个   C. 4 个   D. 5 个

8. B737-800 在 A/P 作动器上, 有如下附件, 其中不是 LRU 的是哪个？

    A. 锁定电磁活门

    B. 转换电磁活门

    C. 液压压力电门

    D. 作动筒位置传感器 LVDT

9. B737-800 安定面位置传感器测量水平安定面的位置, 正确的说法是哪项？

    A. 安定面位置传感器 A 和安定面位置传感器 B 都是单同步器

    B. 安定面位置传感器 A 和安定面位置传感器 B 都是双同步器

    C. 安定面位置传感器 A 是个单同步器

    D. 安定面位置传感器 B 是个单同步器

10. TO/GA 电门安装在什么位置？

    A. 驾驶杆上   B. MCP 上

    C. 油门手柄两侧   D. 油门手柄后部

11. AFCS MCP 的功能有哪些？

    A. 衔接自动驾驶   B. 衔接偏航阻尼器

    C. 选择 A/P 工作方式   C. 选择 A/P 的目标参数

12. 人工操控 A/P, 正确的说法是什么？

    A. 在驾驶杆上施加 5 lb(1 lb=0.454 kg)的力

    B. 在驾驶杆上施加 25 lb 的力

    C. 单通道时在驾驶杆上施加 25 lb 的力, 双通道时在驾驶杆上施加 50 lb 的力

    D. 不可以

13. FCC 内部的两个 CPU 分别处理不同的指令信号, 只有一种例外, 它是哪项？

    A. 近进方式中, 处理相同的倾斜和俯仰指令

B. V NAV 方式中,处理相同的倾斜和俯仰指令

C. 高度提醒功能

D. VOR 方式中,处理相同的倾斜和俯仰指令

14. A/P 切断开关都安装在什么地方?

    A. 油门手柄　　　　　　　　B. 驾驶杆　　　C. 驾驶杆和 MCP

15. 下面哪一个传感器有一个输出送到飞行数据获得组件(FDAU)?

    A. 升降舵中位偏移传感器

    B. 升降舵位置传感器

    C. 副翼位置传感器

    D. 水平安定面位置传感器 A

第 **2** 章

阻尼、增稳和电传操纵系统

2.1 概　述

　　民用客机或货机的唯一任务就是将乘客或货物从一地运输到另一地,在运输过程中要经历从起飞到落地的不同飞行阶段。飞机的飞行包线是用高度、速度或马赫数和法向过载定义的使用边界。飞机对飞行包线中所允许的重量和重心组合必须提供合适的稳定性和可控性,保证有良好的飞行品质。民机的飞行品质由民机的适航性要求规定,对飞机的稳定性和可控性尽管没有明确的数值要求,但民机的开发商基于军用飞机的飞行品质规范定义了专用的飞行品质要求,最终所投入运行的飞机必须满足所规定的飞行品质要求。

　　现代飞机的飞行包线在不断扩大,仅靠气动布局和结构设计以及所选用的发动机性能,在整个飞行包线内,飞机的性能和飞行品质已很难满足规范要求。例如,现代飞机在高空高速飞行时,飞机的偏航阻尼不足,机头摆动增大,难以操纵驾驶,且影响乘坐的舒适性,如增大垂尾面积,这种现象可以得到改善,但随之会使飞机的飞行阻力增大,对侧风的影响加剧,重量增加,飞机的综合性能反而会下降。因此,为了解决这个问题,从 20 世纪 50 年代起,开始在飞机上安装简单的飞行控制系统,如偏航阻尼器,与原机械操纵系统共同操纵飞机,从驾驶员操纵角度来看,飞机加上阻尼器后可以等效为一架阻尼特性好的新飞机,便于满足规范的要求。

　　早期的飞机,通过飞机气动布局的设计,通常均能保证飞机纵向有足够的静稳定性,以便飞行员安全可靠地操纵飞机。但这样的设计,也带来了诸多不利,例如难以减少飞机的阻力、提升飞机的升力和减轻飞机的重量等。因此,为了改善这种情况,现代军用飞机常常将飞机设计成是纵向静不稳定的(即将飞机的全机焦点配置在飞机质心之后),但这样,飞行员将难以安全可靠地操纵驾驶,不能满足飞行品质的要求。为此,目前常在飞机上安装增稳控制系统,与飞机组成一个整体,从驾驶员操纵角度来看,飞机加上增稳系统后可以等效为一架稳定特性好的新飞机。目前,民用飞机仍被设计为是纵向静稳定的,但稳定程度已放宽,所以常常也加装增稳系统,以增强其稳定性。在此基础上,为了改善飞机的操纵性,又发展了控制增稳系统。控制增稳系统是在机械操纵系统的基础上,将飞行员操纵杆的机械位移或力的指令信号,通过变换装置转换为电信号,通过增稳系统,与机械操纵系统共同操纵飞机,不仅增强了飞机的稳定性,还改善了操纵性。在此基础上,人们考虑到机械操纵系统的一系列缺点与不足,并在科学技术进步的支持下,进一步发展了电传操纵系统,逐渐取消了飞机上的机械操纵系统,代之以飞行员完全用电信号系统操纵飞机,从而引起了一场飞行控制技术的新变革。

本章将重点介绍飞机的阻尼器系统(以偏航阻尼器为主)的工作原理和具体应用实例,并概要介绍增稳、控制增稳和电传操纵系统的一般原理与应用。

2.2 偏航阻尼器系统

2.2.1 荷兰滚振荡的原理

正如飞行原理中所讲述的,飞机横侧向运动是紧密耦合的,在飞机受扰后的横侧向运动中,存在三种运动模态,即滚转模态、振荡模态和螺旋模态。在受扰初期,主要是滚转运动,且总是稳定的,会很快消失;螺旋模态进程缓慢,飞行员易于干预;振荡模态,是一种周期运动,滚转角、偏航角和侧滑角周期性变化,参数变化剧烈,飞行员难以控制。特别是对于机翼带后掠角的低阻高速飞行的飞机,当飞机受到沿偏航轴的扰动时,极易引起较为严重的绕立轴的左右摇摆振动现象。

飞机受扰后,横侧向运动振荡模态的产生过程大致如图 2.1 所示。图中(A)表示,当飞机受扰产生向右滚转角时,升力右倾斜,产生右侧力,使速度矢量向右偏移,产生正的侧滑角 β。如飞行原理中所述,由此产生两个稳定力矩,其中滚转稳定力矩,使机体左滚,滚转角减小;另一个偏航稳定力矩使机体轴向右偏,跟随速度矢量右移,减少侧滑角 β。图中(B)表示,通常滚

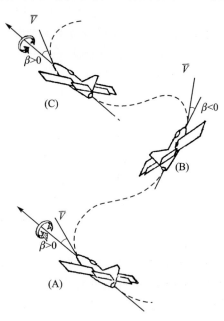

图 2.1 横侧向运动振荡模态的产生过程

转稳定力矩比偏航力矩大,所以,当滚转角减小为零时,侧滑角 β 仍为正值,所产生的滚转稳定力矩及运动惯性继续使机体左滚,飞机变为左倾斜,升力亦左倾斜,产生左侧力,使速度矢量左移,进而形成左侧滑,产生负的侧滑角 β。此时又产生反向的滚转力矩,使机体右滚,与开始状态一致,如图中(C)所示,进而又重复前述的运动,如此周而复始下去,形成"S"形的运动轨迹,形似荷兰人滑冰的动作,故习惯称这种振荡为荷兰滚振荡。

分析表明,这种振荡通常有一定的振荡频率,而且也有一定的阻尼,因此是逐步衰减的,这种振荡特性与侧滑角引起的滚转力矩与侧滑角引起的偏航力矩之比有很大关系,如果侧滑角引起的滚转力矩与偏航力矩之比较大,不匹配时,将使这种振荡幅值过大,阻尼减小,衰减时间过长,即飞机左右摆动过大。分析认为,以亚声速飞行的大展弦比的后掠翼大型民用飞机的荷兰滚运动常具有这种特性,这将使飞行员难以驾驶,且乘员乘坐的舒适性变差。为此,在民机相应的规范中,对此均有一定要求,如要求荷兰滚,在操纵松浮情况下,必须受到正阻尼,而且必须依靠正常使用主操纵就可以加以控制,无需特殊的驾驶技巧,通常要求在完成操纵输入后大约两个周期内振荡幅值应衰减到初始值的 1/10。不同飞机的飞行品质标准对阻尼比数值的要求大小各异。波音公司对商用飞机的荷兰滚的要求为:对起飞、着陆及爬升、巡航及下降飞行状态,最小阻尼 ξ_{dmin} 应大于 0.4,最小自然频率 ω_{ndmin} 应大于 0.4 rad/s,且保证 $(\xi_d\omega_{nd})_{min}$ 之积应大于 0.35 rad/s。

由于各种因素,单纯通过气动力布局和结构设计,现代大型运输机的荷兰滚振荡难以达到规范要求。因此,设计师开始采用另一种方法,即在航向操纵系统中引入阻尼器系统,人为地增大飞机航向运动的稳定性,增大荷兰滚振荡阻尼和减少振幅。

2.2.2　偏航阻尼器系统的作用

1947 年波音公司的 XB-47 首飞后,在一次进行高空试飞时,飞机尚未达到最大飞行速度,就突然发生剧烈机头偏航摆动和机翼滚转,随后发生了一系列周期约 6 s 的"S"形运动,当时经分析认定这是一种后掠翼飞机特有的荷兰滚运动。事后在飞机的航向操纵系统中安装上偏航阻尼器,便克服了这种现象。

因此,偏航阻尼系统的主要作用就是提供飞机绕偏航轴的稳定和抗气流的扰动。当飞机的方向平衡受到破坏时,偏航阻尼系统利用偏转方向舵产生的方向操纵力矩平衡使机头偏转的力矩,以保持飞机的方向平衡,从而抑制飞机绕立轴和纵轴的摆动——"荷兰滚"振荡。同时,通过偏转方向舵,偏航阻尼系统还可以将飞机由于荷兰滚所引起的航向偏差减至最小;将阵风引起的侧滑减至最小;将湍流引起的机体变形所导致的飞机振荡减至最小。特别是对于后掠翼高速飞行的飞机,如果机身较长,在飞行过程中产生机身的弯曲和摆动较大,采用偏航阻尼系统可以实现对机身结构模态振荡趋势的抑制,并提高驾驶的操纵性和乘坐的舒适性。此外,还可利用偏航阻尼系统的计算机提供使飞机协调转弯的信号,控制方向舵减小或消除侧滑,从而实现协调转弯。

在飞机设计中,当横航向静稳定性的匹配关系不能满足要求,不能获得满意的荷兰滚特性时,应在操纵系统中采用偏航阻尼器以增强对荷兰滚运动的抑制。但由于荷兰滚阻尼正比于空气密度,通常飞机在 11 000 m 高空飞行时,荷兰滚阻尼也会太低,也不能满足飞行品质的要求。虽然现代大多数喷气式民航运输机都存在较轻的固有荷兰滚不稳定性,但当采用阻尼器后就足以防止出现不稳定性的荷兰滚运动,因此不存在由此产生的振荡和操纵问题。

为了保证飞机在飞行全程中均有满意的航向运动特性,偏航阻尼系统工作于所有的飞行阶段并且通常在地面起飞之前衔接。不管是在人工操纵还是自动驾驶时,该系统都在起作用。偏航阻尼器投入运行时,无需建立飞机的基准运动。

2.2.3 偏航阻尼的基本控制原理与方法

分析表明,荷兰滚运动模态阻尼不足,主要原因是飞机偏航方向的阻尼力矩不足。飞行原理分析表明,偏航阻尼力矩与垂尾面积和偏航角速度成正比,但增大垂尾面积会带来诸多不利。另一种有效的方法是,测量偏航角速度去控制方向舵偏转,使其产生与偏航角速度方向相反的偏航力矩,即相当于增大了飞机的偏航阻尼力矩。通过测量偏航角速度,实现负反馈去控制方向舵即可起到这种作用。因此,偏航阻尼的基本控制方法就是构成偏航角速度的负反馈控制系统,如图 2.2 所示。从图中可见,通过角速率陀螺测得因扰动引起的偏航角速度,通过负反馈送入控制器,经处理后,产生控制信号,通过舵机,操纵方向舵偏转,产生与偏航角运动相反的偏航力矩,抑制和阻尼偏航角的运动。

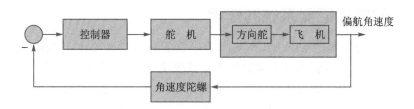

图 2.2 偏航阻尼的基本控制系统

图 2.3(a)是某架飞机横侧向运动的数学模型计算机的仿真结果。当飞机受有 5°侧滑角的初始扰动后,飞机自身运动呈振荡状态,振荡周期近似为 10 s,且衰减时间较长。通过测量偏航角速度,对该信号进行适当的处理后产生指令信号控制方向舵,在同样的初始扰动后,其响应如图 2.3(b)所示,可见增大了阻尼,仅振荡一次即恢复了原状态。根据数学模型计算可知,飞机本身的振荡模态阻尼比为 0.252 9,加入阻尼器后的阻尼比为 0.69。

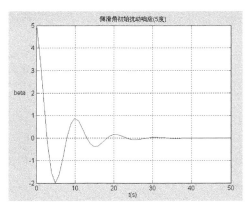
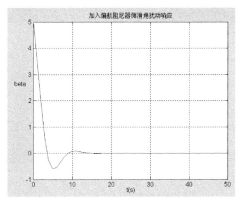

(a) 侧滑角初始扰动响应(5°)　　　　　　　　(b) 加入偏航阻尼器侧滑角扰动响应

图 2.3　某飞机横侧向运动的数学仿真结果

2.2.4　偏航阻尼器的构成

在具体实现和构成偏航阻尼器系统时,应注意下述几点:

1. 采用复合舵机

实际上,方向舵除了用于偏航阻尼器产生的电信号控制方向舵偏转外,它还必须被人工操纵时脚蹬所产生的机械位移所操控,所以在含有偏航阻尼器的人工操纵系统中应采用复合舵机,且通常采用串联式复合舵机,系统结构如图 2.4 所示。此时,方向舵既可受控制器产生的电信号操控,又可由脚蹬机械操纵机构控制。应注意,设计中可以保证偏航阻尼器工作不会使方向舵脚蹬移动,但飞行员可用方向舵脚蹬或配平超控偏航阻尼器。

2. 控制器的构成

图 2.4 中控制器需要经过仔细设计,以保证该系统加入到人工操纵系统中时,在不同的飞行阶段及飞行状态下均有满意的飞行品质并实现所要求的功能。通常控制器包括下述几种功能:

(1) 要实现输入信号的转换、平滑和限制等处理,以便后续控制的应用。

(2) 在控制器中还应包含一个带通滤波器(常称洗出网络),该滤波器将滤掉比荷兰滚振荡频率(在 $0.1\sim0.5$ Hz 范围内)低的正常转弯的低频信号与飞机振动的高频信号,以保证飞行员对转弯的正常操纵。

事实上,从图 2.4 中可见,当飞行员通过脚蹬输入指令控制飞机转弯时,由于稳态转弯,将产生偏航角速度负反馈信号,会抵消一部分指令值,从而降低操纵效率。加入这种带通滤波器后,在稳态时所测得的反馈信号频率较低,无法通过该滤波器,因此不会影响方向舵的偏转,稳态时,脚蹬对方向舵的偏转犹如单纯机械操纵时一样。同样,当通过压杆倾斜转弯时,情况也类似,转弯时偏航角速度负反馈信号将会

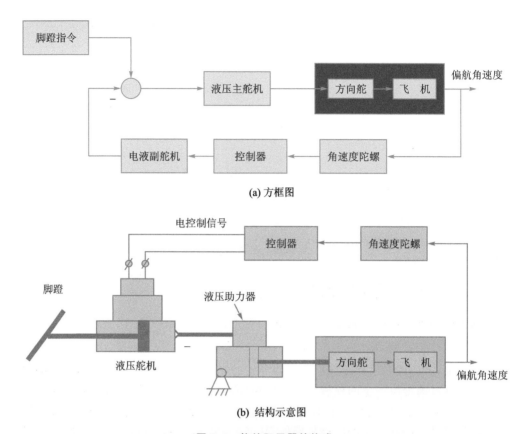

(a) 方框图

(b) 结构示意图

图 2.4　偏航阻尼器的构成

控制方向舵,改善转弯时的荷兰滚振荡特性,但稳态转弯时,反馈信号将会抑制这种转弯操纵。加入这种带通滤波器后,由于它只允许荷兰滚振荡频率范围内的信号通过,操控方向舵,改善荷兰滚运动特性,因此它不允许正常转弯对应的常值信号或机动飞行时的低频信号通过,从而不会影响通过倾斜而进行的转弯运动。

　　为了有更好的偏航阻尼特性和稳态操控特性,该滤波器的有关参数应精心设计。

　　(3) 在控制器中还应包含增益调节器,对信号进行处理,通常增益调节器是一个比例环节,其输出与输入成比例。为了保证在不同的飞行速度下,对飞机荷兰滚均有较好的阻尼特性,该比例系数的大小需依空速按设计的规律进行调节。

　　(4) 生成自动协调转弯控制信号。通常偏航阻尼器的控制器,均会利用所获得的输入信息生成使飞机实现自动协调转弯的控制方向舵的指令信号,以消除转弯时的侧滑。关于飞机自动协调转弯的控制问题将在 2.2.6 小节进行讨论。

　　最后,还应指出,为了保证对方向舵的人工操纵能力,控制器产生的指令对方向舵的操纵权限通常要受到限制。不同飞机的偏航阻尼器的操纵权限是不同的,但一般操纵权限会限制为方向舵最大偏转角度的 5%～10%,并且要随飞机构型及某些

条件的变化而有所调整。

现代民用飞机的偏航阻尼器控制器采用计算机实现,为此,在计算机中还可能要实现许多其他功能,如机内自检、余度管理等。

3．输入信息

为了实现偏航阻尼器系统的各种控制功能,在控制器中实现不同的控制指令生成,需要从不同的测量设备中输入多种飞机的状态参数,通常有偏航角速率、侧向加速度、滚转角及滚转角速度以及空速和迎角等信号。在现代民用飞机上,这些信号多数均可由大气数据计算机和惯性基准组件提供。不同型号的飞机,由于所设计的控制器的要求及方法不同,需要输入信号的多少及种类也有所差异。

4．控制与显示设备

为了控制与显示系统的工作状态,通常均为偏航阻尼器配置专门的控制与显示装置。

2.2.5　偏航阻尼器系统实例与应用

为了更具体地了解偏航阻尼器系统的构成和应用,现以 B737－800 系列飞机的偏航阻尼器系统为例加以说明。

1．偏航阻尼器系统的构成

偏航阻尼器系统包括主偏航阻尼器和备用偏航阻尼器。主偏航阻尼系统有以下部件:SMYD1（失速管理/阻尼器计算机）、偏航阻尼衔接电门、偏航阻尼脱开指示灯、偏航阻尼指示器和主方向舵 PCU 内偏航阻尼部件,如图 2.5 所示。

(1) 偏航阻尼衔接电门及断开告警指示灯

衔接电门及脱开指示灯位于飞行控制面板的左下角,脱开指示灯在衔接电门之上。

(2) 偏航阻尼器指示器

该指示器仅与 SMYD1 相连,它指示由主偏航阻尼指令而使方向舵移动的方向和大小,并不指示由脚蹬输入而产生的方向舵的移动。偏航阻尼器指示器位于仪表板上。

(3) 偏航阻尼作动系统

在垂直安定面内有两个方向舵 PCU（动力控制组件）,一个主用,一个备用。它们响应驾驶员方向舵脚蹬的输入而使方向舵移动。主方向舵 PCU 仅仅在正常工作时使用,备用方向舵 PCU 在备用工作时使用。

偏航阻尼作动系统与方向舵主 PCU（动力控制组件）组成一种复合式作动系统操控方向舵。偏航阻尼作动系统的实际结构较为复杂,本书不做详细说明,其控制过程可如图 2.6 所示,下面做一简单介绍。

在垂直安定面内的主方向舵 PCU 上有偏航阻尼器作动系统的四个主要部件:

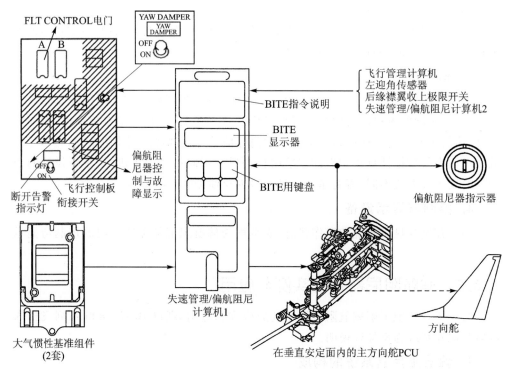

图 2.5　B737－800 系列飞机的偏航阻尼器系统

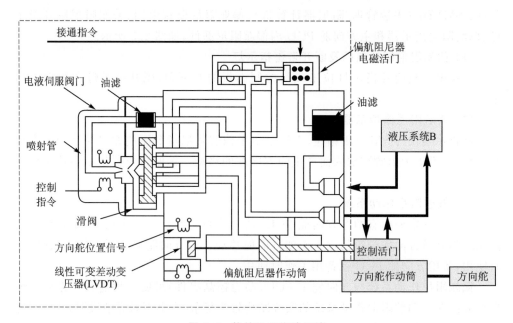

图 2.6　偏航阻尼作动系统

偏航阻尼器电磁活门、偏航阻尼器电动液压伺服活门(EHSV)、偏航阻尼器作动筒及线性可变差动变压器(LVDT)。应注意,LVDT 不是在线可更换组件。

当接通时,来自 SMYD1 计算机的接通信号,控制打开偏航阻尼器电磁线圈活门,该活门的移动将液压系统 B 的压力传给电液伺服阀门(EHSV)。如果有来自 SMYD1 计算机的偏航阻尼指令信号,它将使 EHSV 中的喷射管移动,这将造成电液伺服阀门(EHSV)的控制滑阀两端的压力产生变化,从而形成压力差,该压力差将使得控制滑阀移动,最终将改变两个输出口中每一个的输出压力。输出压力的变化将引导压力下的液压油向所期望的方向移动偏航阻尼器作动筒活塞,活塞的移动作为偏航阻尼器的输出,通过控制活门的移动,控制液压油推动方向舵 PCU 作动筒活塞移动,从而移动方向舵实现偏航阻尼。实际上,偏航阻尼器作动筒活塞的位移输出,与驾驶员脚蹬的机械输入代数相加之后,控制方向舵 PCU 作动筒活塞的移动,共同控制方向舵的运动。

EHSV 依据偏航阻尼器的指令,控制偏航阻尼器作动筒的移动速率和方向,并进而控制方向舵的移动方向和速率,以提供相应的偏航阻尼。线性可变差动变压器(LVDT)与偏航阻尼器作动筒活塞相连,测量该活塞的移动,并转换为电信号,作为偏航阻尼器移动方向舵的位移信号输出,用于指示器的指示并反馈到失速管理/偏航阻尼计算机 1(SMYD1),与 SMYD1 产生的指令进行比较。

(4) 失速管理/偏航阻尼计算机 1 SMYD1

现在很多飞机上,不再单独设置专门的偏航阻尼计算机,而是将失速管理与偏航阻尼计算机组合在一起。B737 - 800 飞机即采用失速管理/偏航阻尼计算机。失速管理/偏航阻尼器计算机(SMYD)是偏航阻尼器系统的核心部件,共有两个相同的 SMYD,它们都具有失速管理和偏航阻尼器的功能。当一个 SMYD LRU 被设置在设备舱位置 1 时,它将在正常工作中起到主偏航阻尼器计算机 SMYD1 的作用。对于主偏航阻尼,两个 SMYD 都必须是可用的,因为 SMYD1 在发出让方向舵移动指令之前要与 SMYD2 比较其偏航阻尼的计算结果,如果与 SMYD2 的计算不一致或者如果 SMYD2 失效,则 SMYD1 的偏航阻尼器功能将断开,SMYD2 并不用于主偏航阻尼。如果一个 SMYD 功能故障,则另一个 SMYD 将继续实施失速管理的功能。SMYD 2 在备用工作期间做 WTRIS(驾驶盘与方向舵互联系统)和备用偏航阻尼,这是由飞行控制面板上的 FLT CONTROL A 和 B 电门控制的。关于 SMYD2 在备用工作期间做 WTRIS 和备用偏航阻尼的问题,本书不予讨论。

主偏航阻尼器计算机 SMYD1 利用所采集的数字与模拟信号,依据所设计的控制算法而编制的软件,完成偏航阻尼和协调转弯控制指令的计算。SMYD1 另一个重要功能就是对偏航阻尼系统及部件进行 BITE 检测。

① 失速管理/阻尼器计算机 1 组件的外观如图 2.5 所示,其上主要显示有以下内容:

● 标准的 BOEING BITE 模块。

- 标牌上有 BITE 指令说明：BITE 指令说明描述如何使用 BITE 键盘的各按钮来执行组件的测试。
- BITE 显示窗：有一块两行的琥珀色显示屏，每行可显示 8 个字符。显示屏可以显示故障类型、维护信息代码和故障细节。
- BITE 键盘：键盘用来执行 SMYD BITE 操作，其上共有六个按钮用于执行 BITE 程序。

② 失速管理/阻尼器计算机 1 输入、输出信息，如图 2.7 所示。

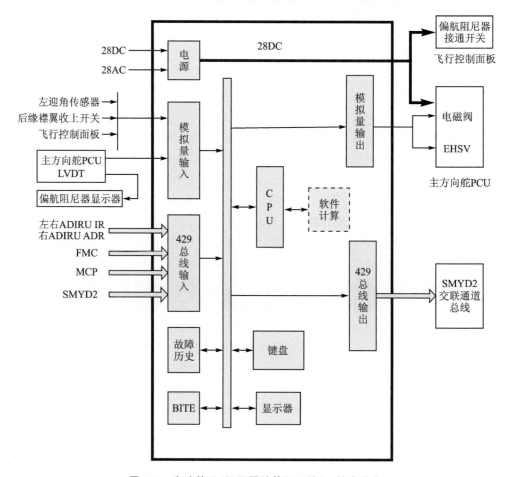

图 2.7　失速管理/阻尼器计算机 1 输入、输出信息

输入信息有：

- 数字数据：
  - 从 FMC（飞行管理计算机）接收飞机的总重数据；
  - 从左 ADIRU（大气数据惯性基准单元）接收空速和动压等大气数据；
  - 从左和右 ADIRU 接收横向加速度、滚转角、滚转角速率、偏航角速率等惯性数据；

　　– 从自动飞行控制系统方式控制板（MCP）上接收是否有自动驾驶仪在工作的信号。

● 模拟信号：

　　– 从左迎角传感器接收飞机气流角信号；

　　– 从主方向舵 PCU 上的线性可变差动位移传感器（LVDT）接收偏航阻尼器控制的方向舵偏转角信号；

　　– 从后缘襟翼收上限制电门接收襟翼位置数据。

输出信息有：

● 向主方向舵 PCU 内的电磁液压伺服阀输出的模拟控制指令信号。

此外，还有电源及开关信号以及与 SMYD2 相互交联信号。

2. 偏航阻尼器系统的运行

(1) 偏航阻尼器系统的接通与断开

　　偏航阻尼器系统可以在整个飞行过程中接通工作。通常在地面上起飞之前即可衔接。在液压系统 B 通道及飞行操纵 B 通道接通条件下（即飞行控制板上 FLT CONTROL，B 电门在 ON 位时），用衔接电门衔接偏航阻尼器系统。如果 SMYD1 通过自检，没有探测到任何偏航阻尼器故障，则 2 s 后，偏航阻尼器断开告警指示灯将熄灭，以表示偏航阻尼器工作正常。这个衔接电门由 SMYD1 供电的电磁线圈保持在 ON 位。将衔接电门置于 OFF 位可以断开 YDS。SMYD1 从主方向舵 PCU 上的电磁活门中去掉电源并且在 2 s 延迟后偏航阻尼器断开指示灯点亮。任何时候若系统断开，则断开指示灯均将点亮。对于正常的偏航阻尼器的工作，灯是熄灭的。灯亮表示飞机上已有电而偏航阻尼器没有衔接。

(2) 偏航阻尼器系统的工作过程

　　若偏航阻尼器是衔接的，当 SMYD1 感受到飞机有偏航运动时，则依据所输入的各种参数，通过计算，它将向电动液压伺服阀（EHSV）提供一个控制信号。EHSV 向偏航阻尼器作动筒提供与 SMYD1 偏航阻尼器指令成比例的液压。电流的大小和极性确定了方向舵移动的量和方向。偏航阻尼器作动筒向方向舵 PCU 主控活门给出机械的输入以移动方向舵。对于主偏航阻尼，方向舵的行程是受限制的：

● 襟翼收上时 2°；

● 襟翼放下时 3°。

偏航阻尼器作动筒活塞移动代表方向舵的偏转量和方向，通过 LVDT 的测量，其电信号输入偏航阻尼器指示器，飞行员可以观测到方向舵的偏转方向和大小。与此同时，该信号反馈到 SMYD1，并与指令信号比较。

　　在偏航阻尼器工作时，如果飞行员通过脚蹬操纵方向舵，则其机械输入与偏航阻尼器的输入机械地相叠加，共同操控方向舵；但应注意，此时偏航阻尼指示器的指示仅为偏航阻尼器所引起的方向舵偏转量，而不是整个方向舵的偏转量。

(3) 偏航阻尼器系统的 BITE

SMYD 具有 BITE 测试和持续的 BITE 功能。它在故障历史中存储偏航阻尼和失速管理功能的故障。使用键盘与 BITE 通信。显示器显示测试结果及提示输入。

SMYD 具有下列 BITE 功能：

① 持续的监控

BITE 持续监控 SMYD LRU 是否正常工作。当 SMYD 有一个内部故障时，一个故障便被记录在故障历史中。有些故障将造成 SMYD 没有失速管理和偏航阻尼器的功能输出。

② BITE 测试

BITE 测试用于与 SMYD 相接的部件和传感器的测试。BITE 测试可通过 SMYD 计算机前面板上键盘的操纵按钮进行。

2.2.6 飞机自动协调转弯

1. 自动协调转弯

飞机在水平面内连续改变飞行方向，实现无侧滑（即 $\beta \approx 0$），保持高度的机动飞行，称为协调转弯。在实际飞行中，飞机的滚转与偏航运动紧密联系，相互交叉耦合，飞机纵轴与速度矢量不能重合一起转动，否则将产生侧滑角。侧滑角不仅增大阻力，同时，由于侧向加速度的影响，旅客也会感到不适，故要求进行协调转弯。

飞行员在操纵飞机实现协调转弯时，通常应同时操纵三个舵面配合动作。如要实现左转弯，就要左压杆，偏转副翼使飞机左滚，当飞机倾斜到所要求的滚转角时，收回驾驶杆，使副翼回中。同时，蹬左脚蹬，使方向舵左偏，从而使纵轴向左转动，维持所要求的偏航角速度 r，以减少侧滑角。另外，驾驶员还要拉杆，使升降舵上偏，保持飞机不掉高度。为了实现自动协调转弯，自动飞行控制系统必须同时完成上述三种动作：

● 操纵副翼建立稳定的滚转角；

● 操纵方向舵，建立所要求的偏航角速度 r，消除侧滑；

● 操纵升降舵保持高度不变。

操纵副翼，建立所要求的滚转角，可以利用滚转角稳定与控制系统来实现，这将在后续章节讨论。本小节仅介绍后两个控制问题。

2. 消除侧滑的控制方案

在自动飞行控制系统中，可以采用不同的方法，进行侧滑角的控制。

(1) 测量侧滑角 β，通过方向舵进行控制

为了实现在倾斜转弯时，减少侧滑或消除侧滑角 β 的最基本的方案，就是利用侧滑角传感器测量飞机实际的侧滑角 β 并与要求的指令侧滑角 $\beta_c = 0$ 相比较，利用其差值控制方向舵，实现无侧滑即 $\beta = 0$ 的飞行，系统结构图如图 2.8 所示。为了改善飞机的荷兰滚阻尼特性,在该系统工作的同时,偏航阻尼器也必须接通工作。引入侧滑角 β 反馈消除侧滑角的基本原理是增大了飞机偏航稳定力矩。当飞机产生侧滑角 β 时,飞机在该稳定力矩作用下将会很快地使机体轴转动,跟上速度矢量的变化,从而使侧滑角减小或消除。采用这种方法的主要缺点是,侧滑角 β 测量不准,并受大气扰动影响较大,所以工程上实现较为困难。

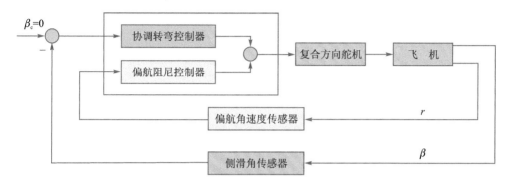

图 2.8　测量侧滑角 β,方向舵控制消除侧滑系统结构

（2）引入侧向加速度反馈消除侧滑

从飞行原理可知,侧向加速度与侧滑角近似成比例,因此通过测量飞机的侧向加速度进行反馈去控制方向舵,同样可以达到用侧滑角反馈消除侧滑的目的。由于侧向加速度的测量较为方便,因此在实际中应用较多。其基本结构与图 2.8 类似,只需将侧滑角传感器换为侧向加速度传感器即可。

（3）利用倾斜角反馈通过计算实现消除侧滑的方法

在协调转弯时(即期望 $\beta=0$),在一定倾斜角及一定的空速时,分析表明,飞机必须保持有一定的偏航角速率 r 及俯仰角速率 q,并且可以依据倾斜角及空速计算求得所要求的偏航角速度 r_c。因此,可以测量飞机的实际偏航角速度进行反馈,与所要求的期望偏航角速度 r_c 比较,求得误差并据此控制方向舵,使实际偏航角速度趋于期望偏航角速度。依这种思想,可以构造如图 2.9 所示的控制系统结构图。

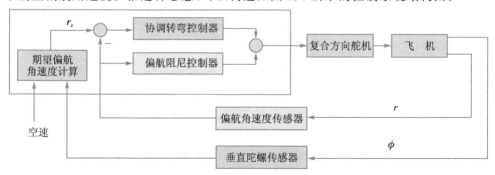

图 2.9　利用倾斜角反馈消除侧滑系统结构图

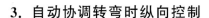
3. 自动协调转弯时纵向控制

为了保持飞机在水平面内转弯,使飞机不掉高,必须解决如下两个问题:

① 在倾斜转弯过程中,不管是左倾斜还是右倾斜,升力均要倾斜,升力垂直分量小于重力,故要保持飞机不掉高度,必须适当地增加升力,使重力与升力垂直分量相平衡。如果飞行速度不变,要使升力增加,飞机升降舵必须适当地上偏,产生抬头力矩,增大一定的迎角,并与迎角增量所产生的低头力矩相平衡。

② 正如前所述,在协调转弯时(即期望 $\beta=0$),在一定倾斜角及一定的空速时,飞机必须保持有一定的偏航角速率及俯仰角速率,并且可以证明俯仰角速率是正的,因此飞机自身自然会产生低头阻尼力矩,为此,必须适当地操纵升降舵上偏,产生抬头力矩以抵消飞机的低头阻尼力矩。

综上两个原因,在自动协调转弯时,不管飞机是左倾斜还是右倾斜,必须适当地操纵升降舵上偏,并且可以证明,其上偏量近似与倾斜角的绝对值成正比。所以,俯仰角自动飞行控制系统中,通常要引入倾斜角(或副翼的偏转量)反馈去适当地控制升降舵向上偏转。

2.3 增稳与控制增稳

为了改善飞机的性能,现代飞机常常设计成是静不稳定的或静稳定性不足的,飞行员难以操纵这样的飞机。因此,必须采用增稳系统改善飞机的静稳定性。增稳系统不仅可以改善静稳定性,也可以改善飞机的动稳定性。通常,增稳系统可分为纵向、横侧向增稳系统两种。采用增稳系统虽然可改善飞机的稳定性,但是常常会影响和降低飞机的操纵性,降低飞行员的操纵效率,为此,进一步又采用控制增稳系统,既可以改善飞机的稳定性,又可以改善飞机的操纵性。

本章主要讨论纵向增稳系统及控制增稳系统。

2.3.1 飞机稳定性概述

1. 飞机的稳定性

正如飞行原理中讲述的,飞机的稳定性可分为过载静稳定性(或称迎角稳定性)及速度稳定性两种。后者又称为定载变速稳定性,前者又称为定速变载稳定性。本节主要讨论过载稳定性。

所谓过载稳定性,是指飞机受到某种扰动(如阵风),使飞机过载或迎角发生变化,在扰动消失后飞机具有不用飞行员操纵(即保持舵面不动)而自动恢复过载或迎角初始状态的能力。如果飞机最终能恢复过载或迎角为原始状态,则称飞机具有过载(迎角)动稳定性;如果在扰动消失瞬间飞机具有恢复过载(迎角)原始状态的趋势,则称飞机具有过载(迎角)的静稳定性。具有静稳定性的飞机,不一定是动稳定的。

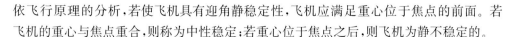

依飞行原理的分析,若使飞机具有迎角静稳定性,飞机应满足重心位于焦点的前面。若飞机的重心与焦点重合,则称为中性稳定;若重心位于焦点之后,则飞机为静不稳定的。

2. 放宽飞机的过载(迎角)静稳定性的效益

过去,通常将飞机设计成是过载静稳定的,以保证飞行员安全可靠地操纵飞机,但这常常会影响飞机性能的进一步提高。现代飞机常常被设计成是静不稳定的(为了简便,以后将过载、迎角静稳定性简称为静稳定性),或静稳性降低的飞机,通称为放宽静稳定性。放宽飞机的静稳定性将会使飞机的性能有很大的提高,主要表现为以下几个方面:

- 减小飞行阻力,进而可以提高飞机的爬升率,提高了允许升限和增大了水平加速能力和航程;
- 可以减轻重量,例如,B-52 飞机在进行放宽静稳定试验后,平尾面积从常规飞机的 84 m² 降到 46 m²(减少了 45% 左右),在原发动机和起飞总重不变的情况下,结构重量减少 6.4%,航程增大 4.3%;
- 增大有用升力,有用升力 L 增大,飞机重量 G 减小,使飞机的可用法向过载增大。

2.3.2　增稳控制系统的构成

当飞机是静不稳定的或静稳定性降低时,驾驶员将难以控制和操纵。为了改善飞机的静稳定性及其飞行品质,在飞机结构及气动布局不变的情况下,目前采用的主要方法是,测量飞机的不同变量,构成反馈控制系统,形成等效的飞机,使其稳定性和飞行品质满足要求。目前,常采用下述几种控制方案:

1. 引入迎角反馈信号构成闭环控制系统

测量飞机的迎角增量,经过控制器后,控制飞机的升降舵,形成如图 2.10 所示闭环控制系统。从飞行原理中可知,飞机的迎角静稳定性主要由迎角俯仰力矩导数决定,该导数越大,则纵向静稳性越强。现令升降舵与迎角成比例,则舵面所产生的俯仰力矩,相当于改变了迎角俯仰力矩导数,并有可能改变其正负号,从而可以改变纵向静稳定性,不仅可以增强纵向静稳定性,甚至可以将不稳定的飞机变为一架等效稳定的新飞机。例如,某飞机的重心位于 33% 平均气动弦时,若 $H=5$ km,$Ma=0.8$,飞机在受到外界扰动后,引起初始迎角 $\alpha(o)=1°$,在飞机本身的恢复力矩作用下,其响应如图 2.11(a)所示,它表明飞机本身是静稳定的,并且整个恢复过程也是稳定的(即动稳定)。

如将飞机的重心后移到 44% 平均气动弦处,在同样的飞行条件下,同样的初始扰动迎角 $\alpha(o)=1°$ 时,其响应过程如图 2.11(b)所示,表明飞机本身是静不稳定的,同时动态过程也是不稳定的。为了使飞机短周期运动是稳定的,采用测量飞机迎角反馈的增稳系统,适当地选取控制器参数(如仅选用比例放大环节的适当参数),形成

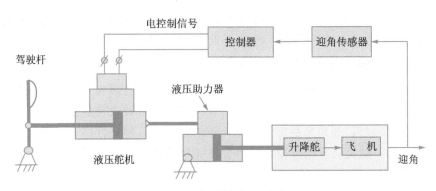

图 2.10 引入迎角反馈增稳控制系统

闭环控制系统,就可以保证等效飞机的稳定性,仿真结果如图 2.11(c)所示,其响应曲线与原飞机响应类似。

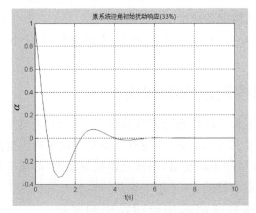

(a) 原系统迎角初始扰动响应(33%)

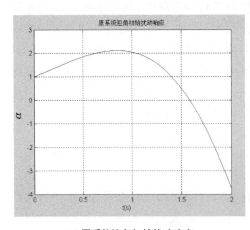

(b) 原系统迎角初始扰动响应

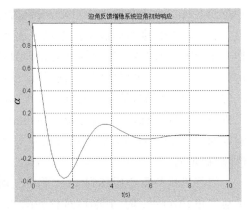

(c) 迎角反馈增稳系统迎角初始响应

图 2.11 增稳控制效果仿真结果

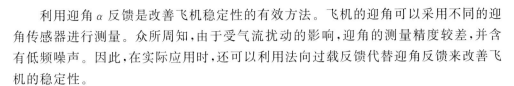

利用迎角 α 反馈是改善飞机稳定性的有效方法。飞机的迎角可以采用不同的迎角传感器进行测量。众所周知,由于受气流扰动的影响,迎角的测量精度较差,并含有低频噪声。因此,在实际应用时,还可以利用法向过载反馈代替迎角反馈来改善飞机的稳定性。

2. 引入法向过载反馈构成闭环控制系统

一般来说,法向过载与攻角 α 成比例,所以,利用法向过载代替迎角 α 也可以起到相同的作用。系统结构图类似于图 2.10。表面上看,引入法向过载反馈可以完全替代 α 反馈来进行静稳定性补偿。然而,过载传感器除了可以感受飞机的法向过载外,同时还会感受到飞机上的振动频率,因此,要想获得好的补偿效果,在使用时还应将测得的过载信号经过低通滤波器滤波,此外,法向过载反馈还会带来一些其他问题。

分析表明,利用迎角或法向过载反馈增稳的一个重要缺点是,短周期阻尼比将会降低,系统响应的振荡性会增强。

3. 迎角(或过载)与俯仰角速度组合反馈控制

在实际飞行控制系统中,最常用的一种增稳控制方案是同时测量迎角及俯仰角速度形成组合反馈信号,控制升降舵实现飞机纵向运动的增稳。采用这种控制方案,在增强静稳定性的同时,通过引入飞机俯仰角速度信号又可增强飞机的阻尼特性。

某型飞机是静不稳定的(给定的数学模型上,短周期模态有一个正实根为0.226),通过加入迎角反馈构成增稳系统,其响应如图 2.12(a)所示,表明原不稳定系统加入迎角反馈并适当地选择控制器参数后,从飞行员的操纵角度来看,飞机是稳定的,但阻尼不足。如果加入俯仰角速度反馈后,飞机的响应如图 2.12(b)所示,则飞机响应的阻尼增大了。

引入俯仰角速率信号反馈虽然可以改善飞机的阻尼特性,但是也带来了与偏航阻尼器类似的问题。一方面,飞机在等速拉起时,这种反馈将会妨碍飞机俯仰角速度的建立;另一方面,如前所述,飞机在水平稳态盘旋,将会自动产生一定的俯仰角速度,此时飞机的俯仰角速率陀螺将会感受到这种俯仰运动并控制升降舵偏转,抑制该俯仰角速度的建立,从而影响飞机的水平稳态盘旋。为了解决上述问题,与偏航阻尼器类似,在角速度反馈通道中也需加入类似的带通滤波器。

迎角(或过载)与俯仰角速度组合反馈控制的系统结构图如图 2.13 所示。

为了保证飞行员对舵面的操纵,增稳控制系统与偏航阻尼器类似,由增稳控制器产生的控制指令对舵面的操纵权限一般仅占全舵面偏转的 $5\%\sim10\%$,其中 $90\%\sim95\%$ 的角度偏转仍由机械操纵系统完成。

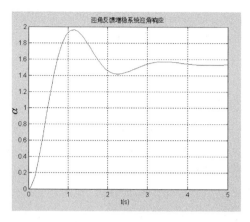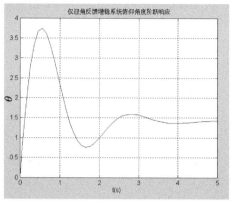

(a) 只加迎角反馈的系统响应

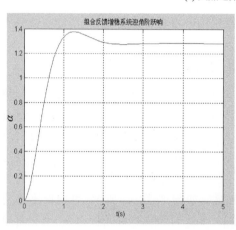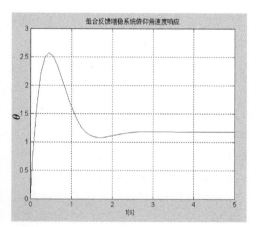

(b) 加入组合反馈的系统响应

图 2.12 迎角(或过载)与俯仰角速度组合反馈仿真结果

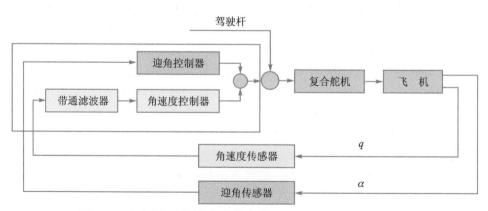

图 2.13 迎角(或过载)与俯仰角速度组合反馈控制的系统结构图

2.3.3　控制增稳系统的基本结构

如前所述,增稳系统可以改善飞机的稳定性,所形成的"等效新飞机"自身具有较好的稳定性。此时,飞行员通过机械杆系所要操纵的飞机已不是原来的飞机,而是等效的新飞机,飞行员的操纵指令与增稳系统产生的控制指令在复合舵机里进行综合。由于增稳系统引入的反馈信号与飞行员指令信号的综合,结果就影响了飞机的操纵性能,降低了飞行员的操纵灵敏度,影响了对飞机的操纵。图 2.14(a)是某飞机的重心位于 33%平均气动弦时的单位阶跃响应,图 2.14(b)是放宽稳定性后加入增稳系统后的单位阶跃响应,可见其稳态输出减少了近 1/2,降低了飞机的操纵性。

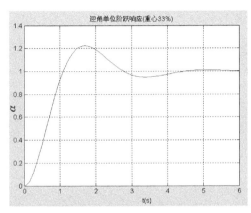 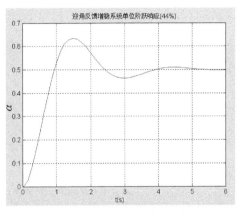

(a) 迎角单位阶跃响应(重心33%)　　(b) 迎角反馈增稳系统单位阶跃响应(44%)

图 2.14　增稳系统对操纵效应影响的仿真结果

为了解决增稳系统增强稳定性和降低操纵性的矛盾,于是提出了控制增稳系统。控制增稳系统除了具有增稳系统的反馈通道外,还将驾驶员的操纵杆指令变成电信号,并经过前向控制器变换处理后也送入增稳系统中,使该系统既有增强稳定性的作用,又有改善操纵特性的功能,其控制结构如图 2.15 所示。由于操纵指令信号也可

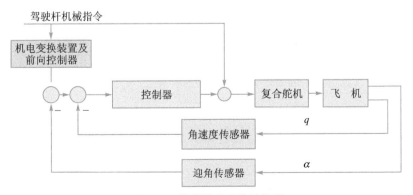

图 2.15　控制增稳系统结构图

以从电信号通道控制舵面,所以控制增稳系统控制舵面的权限比增稳系统的权限要大,一般权限可达到30%~50%。对图2.14响应所对应的增稳系统,加上前向控制器构成控制增稳系统后,其响应曲线如图2.16所示,可见仍能保证其稳态的操纵效率。

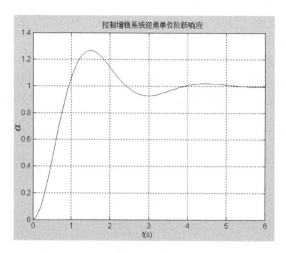

图 2.16　控制增稳系统效益仿真结果

2.4　电传操纵系统介绍

2.4.1　电传操纵系统的发展

如第1章所述,电传操纵系统实际上就是在上述带控制增稳作用的机械操纵系统中取消了机械传动的操纵作用,仅保留了电信号操纵的系统,因此,可以给出电传操纵系统的简要定义是:电传操纵系统就是"电信号系统＋控制增稳系统",有时又称其为电子操纵系统。

将前述的带控制增稳的机械操纵系统发展为电传操纵系统的主要原因是:

- 由于在该系统里保留了机械操纵系统,使系统结构复杂,重量重,占据空间大。
- 尽管具有电信号的操纵作用,但主要的操纵作用仍然是机械传动系统。在机械传动系统中,传输的死区、间隙等非线性特性,影响飞行员对飞机的操纵,容易引发人-机耦合振荡。
- 由于控制增稳系统对舵面的操纵权限是有限的,因此很难满足在整个飞行包线内对飞机飞行品质的改善。

产生这些缺点的根本原因是机械杆系的存在,那么能否取消机械杆系呢?回答是肯定的,从20世纪80年代中期以来,计算机技术获得了迅猛的发展,为解决上述问题创造了条件。与此同时,现代控制理论与技术也日趋成熟,故取消机械杆系,将电信号控制的控制增稳系统的权限扩展为"全时全权限"成为可能,这就是现今的电传操纵系统。电传操纵系统的出现为解决现代高性能飞机操纵系统的许多问题提供了更有效的方法,所以目前国内外许多军机和民机都采用了这种系统。

电传操纵系统虽然在 20 世纪 50 年代末就已出现,并最早用于"协和号"的飞行操纵系统上,但当时并未能推广使用。究其原因,除了受习惯势力的影响外,一个很重要的原因是技术发展缓慢,许多关键问题尚未得到很好的解决。直到 20 世纪 60 年代末随着电子技术的发展,集成电路的广泛应用和余度舵机的出现,为制造小型可靠的余度电传操纵系统提供了物质条件,这样,电传操纵系统才获得了迅速发展的机会。在 70 年代,电传操纵系统在军用飞机上获得了广泛的验证和应用。美国在 F - 4、F - 8C 等飞机上对电传操纵系统进行了广泛的试验,并首先开始用于 F - 16 新型战斗机,使 F - 16 飞机成为世界上第一架没有机械操纵系统的电传操纵飞机。从 80 年代开始,电传操纵系统开始用于民用客机。1986 年投入商业运营的 A320 飞机首先采用了电传主操纵系统,90 年代中期投入运营的 B777 飞机也采用电传操纵系统。至今,新投入商业运营的民用客机几乎均采用电传操纵系统。

2.4.2 发展电传操纵系统的关键技术

基于国内外多年发展电传操纵系统的经验,笔者认为使电传操纵系统研制获得成功,必须较好地解决如下几个关键技术:

1. 电传操纵系统的可靠性技术

如前所述,电传操纵系统的发展受到习惯势力的影响,主要是指某些驾驶员和飞机设计师对取消全部操纵钢索和机械联动装置,完全依靠电子装置进行操纵持有异议,他们一直怀疑电子"黑盒"的可靠性。所以,真正发展和推广电传操纵系统最关键的是必须保证电传操纵系统的可靠性不低于机械操纵系统的可靠性。

飞机及其各功能系统都有两个重要的可靠性指标,即飞行安全可靠性和完成任务可靠性。飞行操纵系统通常用故障率作为飞行安全可靠性和完成任务可靠性的定量指标。依美国军用规范的规定,对于大型中等机动的飞机,由于飞机飞行操纵系统故障,飞机的损失率应小于 0.746×10^{-7}/飞行小时(如每个飞行日飞行 10 小时,2 000 多年才会出现一次致命事故)。对民用飞机则要求达到 1×10^{-9}/飞行小时以上。按照国外对军机、民机因机械操纵系统故障所造成的致命故障的统计,上述指标的要求是可以达到的。要想靠单套含电气电子部件的控制系统达到这么高的可靠性是望尘莫及的。目前单套电气控制系统的最小故障率只能达到 1×10^{-3}/飞行小时,与机械操纵系统相比要差上百万倍。这是因为机械零件由于磨损与断裂造成的故障隐患极为明显,外场维护人员发现并更换零件后,在相当长的时期内可以万无一失。而电气电子设备的隐患往往看不见、摸不着,传统的电气电子设备的故障是十分令人头疼的问题。

为了使电传操纵系统能达到上述可靠性指标的要求,在研制电传操纵系统时,必须采取相应的措施:

① 提高组成系统各元部件的可靠性。实践表明,这种努力的潜力不大。

② 目前国内外采用的主要方法是构成余度电传操纵系统,即用功能相同但可靠性较低的多套系统同时工作,以获得高可靠性的系统,从而将系统的故障率降低数个量级。实际上,余度系统是通过增加资源来换取高的可靠性。在构成余度系统时,应满足如下条件:

- 对组成系统的各个部分具有故障监控(即可发现故障)和信号表决的能力;
- 一旦系统中某部分出现故障,必须具有故障隔离的能力,即在发生故障时,系统应具有将故障部件断开、系统能继续工作的能力;
- 当系统出现一个或多个故障时,它具有重新组织余下的完好部分,使系统具有安全工作的能力,即在性能稍有降低的情况下,仍能继续承担任务。

目前采用的余度技术大体上可分为:双余度系统,可实现"单故障—安全";三余度系统,可实现"单故障—工作";四余度系统,可实现"双故障—工作"。如果余度系统是带自监控的三余度系统,也可实现"双故障—工作"。余度水平的高低,主要取决于对系统可靠性以及故障的适应水平的要求。一个系统在满足可靠性要求的前提下,应做得越简单越好。余度水平的降低,不仅降低了整个系统的复杂性,同时对重量的降低和体积的缩小也起到了显著作用。此外,使系统成本及周期费用也减少。

在构成余度系统时,为了防止相同的多重系统共点故障,使多套系统同时失效,目前,在许多余度系统中还采用非相似余度技术,即采用不同型号但性能相同的硬件通道构成余度系统,同时,采用由不同人员开发编制功能相同的不同通道的计算机软件,从而达到避免多套系统同时发生故障的可能性,获得高的可靠性。

③ 采用备份系统。当正常余度系统完全失效时,自动接通备份系统实现操纵控制。备份系统是一种构造及功能相对简单但性能稍差的系统,不过由于简单,其发生故障的可能性要小。通常,用备份系统来操纵飞机时,整个系统性能要比正常系统性能降低,飞行员的工作负担加重,但可以保证安全返航和着陆。目前,许多飞机电传操纵系统的备份系统采用模拟式或简单的数字式控制系统。如果飞机本身的特性允许,也可以采用电气信号的开环直接操纵,甚至保留机械操纵系统作为备份系统。

2. 控制增稳系统控制规律设计

电传操纵系统除了必须采用电信号传输指令外,还必须具有控制增稳功能,保证在所有飞行范围内飞机具有所要求的飞行品质、所要求的飞机稳定性和操纵性,以及近于最佳的和随飞行状态很少变化的操纵杆力梯度和位移梯度;同时,还应实现飞机的自动配平和驾驶杆的自动调整功能。为了实现上述这些功能要求,设计师必须精心设计控制增稳系统中的前馈、反馈以及正向通道的控制器。关于控制规律的设计已超出本书的范围,这里不再说明。

3．机内自检测和飞行监控技术

从维护、系统检查、验证和飞行安全等许多因素考虑，电传操纵系统中所使用的机内检测是极其重要的。另外，为达到系统可靠性和故障工作要求，飞行中进行监控可以为此提供必要的故障检测和恢复功能。通常，在机载计算机内有一个自检程序，它既是一种维护措施，又是驾驶员飞行前对飞机完好性的检查手段。为满足电传操纵系统的飞行安全和维护要求，对机内自检能力，要求达到 95％以上的故障检测和隔离概率。

4．四防(防电源中断、防失掉液压源、防雷电和防电磁干扰)设计

在电传操纵系统中防电源中断、防丢失液压源是显而易见的。在采用电传操纵系统的飞机上，防雷电问题也是很关键的，因为雷电所引起的峰值电流会在多重系统的线路间产生很高的感应电压，造成危险。美国商用飞机的经验表明，每 40 000 飞行小时大约发生 33 次雷击。而有代表性的雷电实验数据表明，所产生的感应电流可高达 30 000 A，这对飞机是很大的危害。早期飞机的电气设备采用电子管线路，并且使用复合材料较少，所以，引起雷电感应的瞬变冲击不是很严重。现代飞机电子设备采用微电子器件，对感应电流效应的干扰比较敏感，造成的破坏更为严重。由于复合材料在飞机结构中所占比重越来越大，电磁屏蔽能力相当小，电子飞行控制系统可能遭受更高的感应电磁能量的影响。因此，在电传系统设计时防雷电干扰是十分关键的。

电磁兼容性也是电传操纵系统设计中的一项需要考虑的问题。必须设法减少电磁相互干扰的影响，如减少机上其他电子系统产生的电磁波对电传操纵系统的影响；减少外部环境(机外无线电波等)产生的干扰对电传系统的影响；减少电传操纵系统本身产生的干扰对其他航空电子系统的影响，因为这种影响会加剧其他系统对电传操纵系统的影响。为了实现电磁兼容性，在电传系统设计时应特别注意系统电路的接地、屏蔽以及不相容信号的分开传送等技术的应用。而最有希望的方法是采用光纤来传输数据，实现光传操纵系统。

除上述谈到的几项关键技术外，还有许多问题，如传感器的选择、作动器系统的设计等，也需要加以考虑和研究。

2.4.3　民用飞机采用电传操纵系统的效益

采用电传操纵系统对现代飞机来说，与机械操纵系统比较有许多优点：

①减轻了操纵系统的重量并缩小了体积，按飞行操纵系统的重量和体积的百分比来考虑，使用电传操纵系统可减轻的重量和可缩小的体积是相当显著的。

②节省设计和安装时间以及维护工作时间。由于采用机内自检装置，可以很快发现故障并加以隔离，恢复工作状态。

③消除机械操纵系统中非线性因素对飞机操纵的影响，使用电传系统后，消除

了机械操纵系统中间隙、摩擦、滞环等非线性因素，因此，容易调整飞机响应与杆力函数的关系，使其在所有飞行状态下均能满足要求，也可改善精确微小信号的操纵。

④ 改善飞机的飞行品质。由于电传操纵系统均带有控制增稳功能，因此，通过控制增稳的设计，可以放宽对飞机静稳定性的要求，改善飞机的稳定性、操纵性，提高飞机的机动性。同时也为实现其他功能奠定了物质基础（如实现飞行包线保护功能、阵风或过载减缓功能等）。数字技术与电传技术的结合，对飞机的飞行品质的影响，比迄今为止其他措施更为有效，以致使飞机的飞行品质与飞行速度、重量和重心位置几乎没有什么关系，甚至能使不同类型飞机彼此具有相似的飞行品质。

⑤ 简化了主操纵系统与自动飞行控制系统的组合。由于电传系统是电信号控制，因此很容易与自动飞行控制系统的电信号进行组合，而无需机械操纵系统时复杂的混合装置（如串、并联舵机的综合装置）。

⑥ 增大座舱布局灵活性。由于电传系统可以采用小的侧杆控制器和其他小型控制器，因此，节省了座舱空间，同时也使驾驶员观察仪表的视线不受中央操纵杆的影响。

民用飞机采用电传操纵技术，除了具有上述的一些优点外，以下几点更是具有特殊意义：

- 在常规的控制任务中，通过减轻飞行员工作负荷来增加安全性，使其能够专注于执行更高级的飞行任务。
- 通过在同类飞机中提高通用性来减少航空机务人员的培训费用（交叉机组证书）。
- 更高效的使用机组人员，如一名飞行员可以驾驶同一型号等级的不同类型的飞机。
- 很容易完成飞机构型的改变，提供开发的灵活性和升级潜力。
- 通过改进的可维护性和更高的遣派率来降低运营成本。

到目前为止，与军机不同，考虑安全性，在几乎全部飞行条件下，民机仍然具有固有的静稳定性，并且仍装有简单的备份机械操纵系统。鉴于多年的电传操纵系统设计及使用经验的积累，相信具有非固有静稳定性民机的设计也是可行的。

尽管电传操纵系统具有上述优点，但也存在许多问题有待解决：

- 提高全时全权限电传操纵系统单通道的可靠性，以降低余度系统的复杂性；
- 必须较好地解决电传操纵系统的防雷电以及电磁兼容性设计；
- 就单套系统来说，电传系统的成本较低，但由于采用复杂的余度系统，所以成本仍较高，故应进一步简化余度系统，降低各部件的成本。

毋庸置疑，电传操纵系统，近而光传操纵系统技术今后将会进一步得到深入的发展，在民用飞机领域必定会得到更广泛的应用。典型的应用实例将在第 8 章详细介绍。

2.5　思考题

1. 分析荷兰滚运动产生的过程及提高荷兰滚阻尼的基本方法。
2. 简述偏航阻尼器系统的组成及各组成部件的特点。
3. 简述 B737 – 800 飞机偏航阻尼器系统的组成及各部件的作用与特点。
4. 何谓自动协调转弯？为实现协调转弯需要解决哪些问题？
5. 在倾斜转弯时,消除侧滑有哪几种控制方案？
6. 在协调转弯时为什么要对俯仰轴进行控制？如何控制？
7. 飞机放宽静稳定性有何效益？增强飞机稳定性有哪些方案？
8. 何谓控制增稳系统？控制增稳系统的基本结构如何？
9. 何谓电传操纵系统？采用电传操纵系统有何效益和问题？
10. 实现电传操纵系统要解决哪些关键技术？保证电传系统的可靠性应主要采取哪些措施？

2.6　自测题

1. Y/D 可以工作在哪些飞行阶段？
   A. 飞机离地到着陆
   B. 高度 400 ft(1 ft＝0.305 m)以后的所有阶段
   C. 速度达到 60 节以上的所有阶段
   D. 在地面衔接后的所有飞行阶段

2. 描述荷兰滚及其抑制的方法,正确的是什么？
   A. 通过方向舵的偏转可以抑制荷兰滚
   B. 荷兰滚现象可以通过阻止飞机绕立轴的偏航得到控制
   C. 荷兰滚模态表现为滚转角和侧滑角随时间周期性的变化
   D. 荷兰滚运动的频率低于飞机正常转弯运动的频率

3. 在偏航阻尼系统中采用的带通滤波器描述正确的是什么？
   A. 只允许荷兰滚对应的频率信号通过
   B. 允许飞机正常机动转弯信号通过以协调转弯
   C. 阻止荷兰滚频率信号通过,使得该系统不影响飞机的正常转弯及机动性
   D. 以上描述都不正确

4. 以下哪项属于偏航阻尼系统的功能？
   A. 控制飞机俯仰　　　　　　　　B. 控制飞机的速度
   C. 控制飞机倾斜　　　　　　　　D. 对飞机的转弯起协调作用

5. 偏航阻尼系统需要的基本输入信号是什么？

A. 偏航角速率及倾斜角　　　　　　B. 偏航角及偏航角速率

C. 偏航角及俯仰角　　　　　　　　D. 偏航角速率及俯仰角

6. 偏航阻尼系统通过控制什么抑制飞机的"荷兰滚"运动？

A. 升降舵　　　　　　　　　　　　B. 方向舵

C. 副翼　　　　　　　　　　　　　D. 飞行扰流板

7. 飞行中,当使用脚蹬时,Y/D 指示器将指示什么？

A. 不指示　　　　　　　　　　　　B. 指示正负 3°

C. 指示正负 2°　　　　　　　　　　D. 随脚蹬的控制大小指示

8. B737 - 800 主方向舵 PCU 的偏航阻尼器的电液伺服阀(EHSV)上的液压来自什么系统？

A. A 系统　　　　　　　　　　　　B. B 系统

C. 备用液压系统　　　　　　　　　D. 以上都不是

9. 以下哪个系统不给偏航阻尼器提供信号？

A. ADIRUS　　　　　　　　　　　　B. FMC

C. FCC　　　　　　　　　　　　　　D. AOA 传感器

10. 飞机的主操纵面包括①副翼,②升降舵,③方向舵,但协调转弯时,偏转的主操纵面是什么？

A. ①②　　　　　　　　　　　　　　B. ①②③

C. ②③　　　　　　　　　　　　　　D. ①③

11. B737 - 800 对于主偏航阻尼,需要的 SMYD 是什么？

A. SMYD1　　　　　　　　　　　　B. SMYD2

C. SMYD1 和 SMYD2　　　　　　　　D. 任何一个 SMYD

12. B737 - 800 关于偏航阻尼器指示器的指示,不正确的说法是什么？

A. 偏航阻尼器指示器指示由于 SMYD1 主偏航阻尼指令而使方向舵移动的情况

B. 偏航阻尼器指示器指示由于 SMYD2 主偏航阻尼指令而使方向舵移动的情况

C. 偏航阻尼器指示器不指示由方向舵踏板的输入而造成的方向舵的移动

D. 偏航阻尼器指示器不指示由方向舵配平输入而造成的方向舵的移动

第 3 章

自动驾驶仪系统

3.1 概 述

3.1.1 自动驾驶仪的功能

自动驾驶仪是安装在飞机上的一套设备,在其他设备的配合下,没有飞行员直接操控,可以自动驾驶飞机,实现对飞机的姿态、航迹和速度的控制。作为自动飞行控制系统的核心系统,自动驾驶仪的具体功能可列举如下:

- 自动保持飞机三轴稳定,即自动保持偏航角、俯仰角于某一希望角度,保持倾斜角为零进行直线飞行(平直飞行、爬升或下滑)。
- 飞行员可以通过指令给定装置指定任意航向或俯仰角,使飞机自动改变航向并稳定于该航向,或使飞机上仰或下俯,并保持给定俯仰角。
- 飞行员可以通过指令给定装置操纵飞机自动爬升或下降到某一预定高度,并保持在该高度上,实现定高飞行。
- 依靠无线电导航设备(如 VOR)信号的指引,进入给定航道并保持在该航道飞行。
- 依靠着陆无线电设备(如 ILS 仪表着陆系统)的信号,实现着陆前的进近或自动着陆。
- 按飞行管理系统和其他导航设备的要求,实现按预定的航路飞行,保持航迹。

现代飞机的自动驾驶仪通过与飞行管理计算机系统交联,与自动油门系统协同工作,可以按照预先制定的飞行计划,实现从起飞后的爬升、巡航、下降、进近直到着陆各飞行阶段上的自动控制。它包括三轴姿态、发动机的推力以及改平并过渡到减速滑跑等控制。如今,用于民航客运的大型飞机上普遍安装有这类自动驾驶仪系统,具备一类或二类仪表着陆能力。

为了保证自动驾驶仪安全可靠地完成上述基本正常工作,在自动驾驶仪内还设置有一些辅助功能,主要有:

- 超控功能,即自动驾驶仪舵机一旦因故卡死无法操作时,允许飞行员通过操纵杆超控自动驾驶仪。
- 自动驾驶仪同步功能。自动驾驶仪在投入运行前,必须使其输出与飞机当前状态同步,以保证接通时不会改变飞机原飞行状态。如果在投入运行前,舵机输出不与飞机当前舵面状态一致,此时接通自动驾驶仪,舵机将会改变舵面的偏转,使飞机受到冲击产生动作,这是不希望的。同步功能就是保证自动驾驶仪接通时,使其信号输出与飞机当前状态一致。
- 系统的自检测(BIT)功能。自动驾驶仪及其部件应设置自检测功能,以检查系统及部件工作是否正常,BIT 可在飞行前进行,亦可在飞行中自动进行。对具有余度的自动驾驶仪系统,还必须具有实现系统及部件的余度管理功能。
- 其他显示与告警等人机交互功能。

3.1.2 自动驾驶仪系统的基本结构

由于自动驾驶仪要实现上述多种控制功能,实现对飞机不同状态参数的控制,因此自动驾驶仪是一个复杂相互关联的系统,成为多个控制回路系统,通常由以下几种常见回路构成。

1. 自动驾驶仪舵回路

如第 1 章所述,飞行控制系统的执行机构即为作动器(常称为舵机),舵机的主要功能就是跟踪控制器产生的指令,提供足够的功率输出,克服舵面上的气动载荷(即铰链力矩),保证按要求的速度偏转舵面。除了舵机必须能提供足够的功率输出外,更重要的是保证能精确、快速地跟踪控制器产生的指令,从控制性能方面来说,就是要保证舵机的动态响应要快,惯性小,且运行平稳,死区(不灵敏区)及滞环要小,且不受气动载荷变化的影响。一般来说,单个舵机本身难以满足这些要求。为此,目前在自动驾驶仪系统中,多数采用由舵机的闭环控制所形成的舵回路来实现。舵回路的功能就是保证舵机的输出能精确地跟踪自动驾驶控制器的指令,减少铰链力矩对舵机工作性能的影响,改善舵机的特性,满足自动驾驶仪系统对舵回路的要求。

(1) 舵回路的基本结构

舵回路就是一个以舵机为被控对象的闭环负反馈控制系统。基本结构如图 3.1 所示。从图中可见,该回路是由被控对象舵机、测量舵机的转角或位移的位置传感器和控制器以及作为执行机构的功率放大部件等组成的,其中控制器通常仅为一个放大系数即可,现舵机的输入指令多为电流信号,通常可由不同的功率放大部件提供。为了改善舵回路的特性,有的舵回路还配置有舵机位移速度或角速度的传感器,测量舵机输出的变化速率并反馈到控制器中。

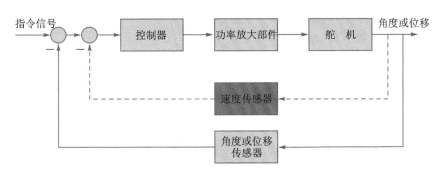

图 3.1 舵回路的基本结构

（2）舵回路的分类

在实际应用中，舵回路基本可分为两大类。

① 硬反馈舵回路

图 3.1 所示的舵回路即为硬反馈舵回路，即该回路的基本反馈信号是舵机的角度或位移的输出信号，回路中可以引入速度反馈信号，也可以不引入该信号。这种舵回路使舵机的稳态输出与输入指令成比例。

② 软反馈舵回路

如果在图 3.1 所示的舵回路中，取消最外面的舵机角度或位移的反馈通道，仅保留舵机输出角或位移的变化速度的反馈信号并与指令信号相比较，则这种舵回路即称软反馈舵回路。这种舵回路可以使舵机的稳态输出的变化率即速度与输入指令成比例。

在自动驾驶仪中，由于所采用的舵回路的类型不同，自动驾驶仪的输入、输出特性将有所不同。目前多数采用硬反馈舵回路，本书后续所述舵回路均为硬反馈式舵回路。

2. 自动驾驶仪姿态控制与稳定回路（姿态回路）

民航飞机的主要任务就是控制飞机按一定航线安全可靠地完成运输任务。众所周知，现代飞机是通过姿态的改变实现飞机航迹的改变的，因此只能通过对飞机三个姿态角的控制来实现飞机航线的控制。为了精确地实现对飞机姿态角的控制，在飞机自动驾驶仪系统中，通常均设计有飞机姿态角的闭环控制系统，形成姿态角控制与稳定回路（通常称为姿态回路）。

姿态角控制与稳定回路的功能是：

● 控制功能——按飞行员或导引系统的指令，控制飞机达到指令姿态；

● 稳定功能——在各种扰动作用下，稳定和保持飞机的姿态不变。

姿态回路的基本结构如图 3.2 所示。

飞机的姿态运动可以分为纵向平面的俯仰角运动及横侧平面的滚转角与偏航角运动，所以现代飞机姿态控制与稳定回路也常常分为飞机俯仰角与飞机滚转角和偏

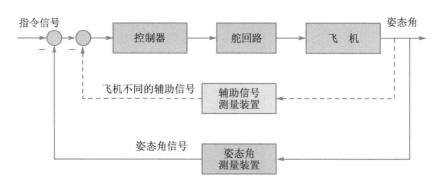

图 3.2　姿态回路的基本结构图

航角控制与稳定回路。对于不同姿态角的控制和稳定,均需要设置单独的控制和稳定回路,此时,图中的舵回路与姿态角测量装置需采用相应的舵回路(如升降舵舵回路、副翼舵回路或方向舵舵回路)及相应的姿态角传感器(如垂直陀螺或航向陀螺,或惯性基组件等)。图中辅助信号测量装置是姿态回路的辅助反馈通道,根据不同姿态回路的设计要求选用不同的辅助信号测量装置,但也可以不选用,目前多数是选用各姿态角的角速度传感器。图中控制器的特性需根据对姿态回路的设计要求确定,通常可包含对输入误差信号的放大、积分、微分运算,或者两种或者三种的运算组合。图中指令信号是指飞行员设定的指令或由航迹控制回路输入的指令信号。

通常,俯仰角由升降舵控制,滚转角由副翼控制,那么飞机航向角如何控制呢?航向角可以有下述三种控制方法:

① 通过操纵方向舵控制和稳定航向。早期的自动驾驶仪,利用滚转角稳定系统,控制副翼保持飞机机翼水平,利用方向舵控制飞机的航向。这种控制方案实现了飞机的水平转弯控制。但它有很多缺点,主要是修正航向时产生的侧滑较大,引起较大的侧向过载,现代飞机多数已不采用这种控制方案。

② 利用副翼实现航向控制与稳定,方向舵仅用来阻尼和消除侧滑。现代飞机多数采用这种方案。利用航向陀螺测量航向偏差,并通过滚转角控制系统操纵副翼,使飞机倾斜,飞机升力产生侧向水平分力,在侧力作用下,飞机速度向量首先偏转,并产生侧滑角 β,利用飞机的偏航稳定力矩(风标稳定性)使飞机纵轴跟随空速向量,消除航向偏差。如前所述,在修正航向偏差时,将会产生侧滑角,为此,常常要采用协调转弯控制减少或消除侧滑角。采用副翼实现航向控制和稳定的姿态回路系统结构如图 3.3 所示。

③ 同时用副翼和方向舵来控制与稳定航向,这是航向的协调控制与稳定方式,这种方案相对较为复杂。

3. 自动驾驶仪航迹控制与稳定回路(导引或制导回路)

为了精确地控制飞机按指定航迹飞行,自动驾驶仪系统中要设置航迹控制与稳定回路,其功能仍为控制与稳定,即通过测量飞机重心偏离给定航迹的偏差,控制飞

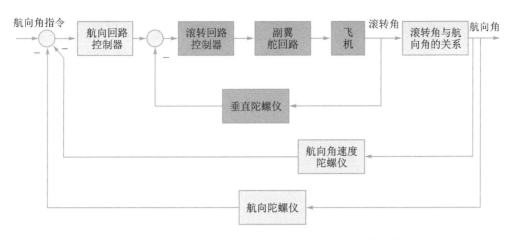

图 3.3　采用副翼实现航向控制和稳定的姿态回路系统结构图

机的姿态,使飞机的重心跟踪和稳定在给定的航迹上。通常称航迹控制与稳定回路为导引或制导回路,其典型的系统结构如图 3.4 所示。图中运动学环节表示飞机姿态角变化与飞机重心位置变化的数学关系(这些关系可在飞行原理中查到),航迹回路控制器需要根据对整个航迹控制的要求来设计,与姿态回路控制器类似,通常可包含对输入误差信号的放大、积分、微分运算,或者两种或三种的运算组合,航迹回路控制器生成姿态回路的指令信号。由于飞机导航方法的差异,导引回路的具体结构亦有所不同。从图 3.4 的结构可见,由于姿态稳定与控制在导引回路内部,通常又称为内回路,而导引回路又称为外回路。

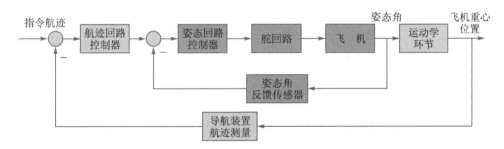

图 3.4　导引或制导回路典型的系统结构图

4. 自动驾驶仪内同步回路

如前所述,在自动驾驶仪衔接时,要保证自动驾驶仪的工作状态与当时飞行状态同步。为此,在系统内部应设置一定的同步电路,以实现同步。通常,这种同步分为两个具体的小回路,图 3.5 是某飞机自动驾驶仪的俯仰同步回路。在 FCC 内,在 A/P 衔接前,小回路将保证俯仰通道的指令输出与当前舵面位置的测量值同步。假定开始时,俯仰通道输出为零,舵面有偏转,舵面 LVDT 输出信号不为零,与俯仰通道输出信号比较后,其差值经过积分器积累,输出逐渐增加,当其值与舵面信号相等时,积分器输入为零,但积分器输出却保持舵面 LVDT 输出的信号值,即指令信号已与舵面信号同步,在该回路内的限幅器保证指令的幅值要满足升降舵正负的偏转要求。在 FCC 外面的小回路,保证升降舵机的输出与指令信号同步。在自动驾驶仪衔接前,应先完成同步工作。

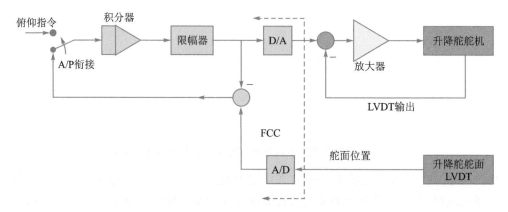

图 3.5　某飞机自动驾驶仪的俯仰同步回路

5. 采用电传操纵的自动驾驶仪系统总体结构

近代飞机多数都采用电传操纵系统,此时自动驾驶仪对飞机舵面的操纵必须通过电传操纵系统,自动驾驶仪与电传操纵系统形成一个整体,其总体结构如图 3.6 所示。从图中可见,此时姿态回路的输出,并不直接输给舵回路,而是直接输入到电传操纵系统中,通过电传系统控制飞机飞行。

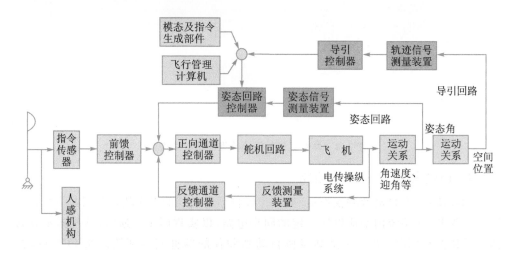

图 3.6　采用电传操纵的自动驾驶仪系统总体结构图

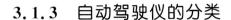

3.1.3　自动驾驶仪的分类

自动驾驶仪(A/P)可以有许多不同的分类,可从自动驾驶仪的物理实现角度来分类,亦可从自动驾驶仪的特性角度来分类等。

1. 模拟式自动驾驶仪

模拟式自动驾驶仪主要是指自动驾驶仪的控制器是采用模拟式器件来实现的。早期的自动驾驶仪多数为模拟式。这种控制器难以实现复杂的控制功能和检测监控功能。这种驾驶仪现已被淘汰。但也应看到模拟器件构成控制器也有一定的优点,即它受电气噪声的影响相对小一些,因此,在某些余度飞行控制系统的备份部件中,有时还采用模拟部件。

2. 数字式自动驾驶仪

数字式自动驾驶仪是现代飞机普遍应用的,众所周知,由于数字计算机的快速发展和其卓越的功能,现代飞机均采用以数字计算机为核心的自动驾驶仪,从而保证实现复杂的控制和管理功能,并逐步提高其智能化水平。

本书所讨论的均为数字式自动驾驶仪。如从自动驾驶仪的特性角度来分类,亦有比例式或积分式自动驾驶仪等,对此,本书不予说明讨论。

本章在介绍自动驾驶仪的基本功能和各种控制回路的基本结构组成及功能的基础上,后续各节将重点讨论自动驾驶仪的各种典型工作方式的功用及控制方法。在讨论各种工作方式时,首先说明各种工作方式的功用及控制原理,然后将以 B737 - NG 系列飞机飞行控制系统的各种工作方式的控制方案为应用实例加以说明。本章是本教材的重点章节,内容较多。

3.2　自动驾驶仪的典型工作方式

现代飞机自动驾驶仪系统是一个复杂系统,可能实现多种功能,采用不同的使用方式。不同的民用客机,由于其设计要求不同,技术水平不同,其使用方式和功能亦不完全一致,本书以目前国内数量较多的 B737 - NG 系列飞机的双通道数字式自动驾驶仪系统为例加以说明。

应特别指出,下述各章节所述的具体应用,尽管总体上适合一般自动驾驶仪的应用,但具体仅对所列型号及批次有效,不同型号及批次的自动驾驶仪系统应严格查阅具体手册。

民用飞机自动驾驶仪的使用方式及其控制功能主要体现在方式控制板(MCP)上,方式控制板(MCP)安装在遮光板上。如前所述,方式控制板(MCP)主要功能是:接通或断开自动驾驶仪及飞行指引仪;选择系统工作方式及相应控制参数;预位或断开自动油门;显示数据。B737 - NG 系列飞机的 MCP 如图 3.7 所示。从图中可见,自动驾驶仪可以有下述使用及控制方式。

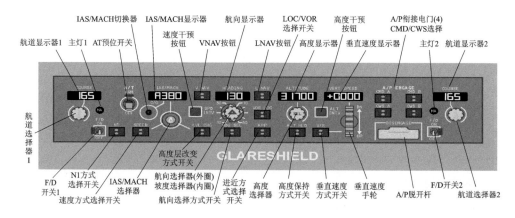

图 3.7　B737 – NG 某系列飞机的 MCP

3.2.1　自动驾驶与飞行指引方式控制

自动驾驶仪计算机系统可用于以自动驾驶仪方式控制飞机飞行，也可用于以飞行指引方式操控飞机。

① 自动驾驶仪方式控制飞机飞行是指在飞行员选定控制方式后，完全依靠由控制器产生指令控制舵机操控飞机实现所期望的飞行。

② 所谓飞行指引方式，是指在飞行员选定控制方式后，由控制器产生指令，该指令在指引仪表上显示给飞行员，由飞行员操纵驾驶杆去操控舵面，控制飞机飞行。在 MCP 板上利用专门的飞行指引开关（F/D）接通或断开这种控制方式。当自动驾驶仪方式接通工作的同时又接通了飞行指引开关时，飞行员可以利用飞行指引的显示来监控自动驾驶仪的运行。飞行指引方式将在第 4 章中进行专门介绍。

3.2.2　自动驾驶仪指令方式与驾驶盘操纵方式工作状态

自动驾驶仪实际有两种工作状态，通过分别按压 MCP 板上 CMD 或 CWS 按钮进入。

① 自动驾驶仪指令方式（CMD）：完全由自动驾驶仪按飞行员所选的控制方式自动操控飞机飞行，飞行员只需观测仪表显示观察了解飞行状态。

② 驾驶盘操纵方式（CWS）：要依靠飞行员操纵驾驶杆（或驾驶盘）操纵飞机飞行，为此要在驾驶杆（或驾驶盘）上安装有感力传感器，将飞行员操纵时施加的力变成正比的电信号，并输入到驾驶仪的数字计算机中，通过计算产生控制指令操纵舵机实现对飞机的控制。由此可见，CWS 工作状态的操纵方式类似于电传操纵系统，是通过自动驾驶仪实现人工操纵的。

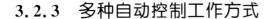

3.2.3　多种自动控制工作方式

依据民用飞机在全程各阶段飞行控制的要求,自动驾驶仪对飞机的俯仰及航向和速度设置了多种不同的控制方式。B737 - NG 设置了下述典型控制工作方式,在MCP 板上每种工作方式均有选择电门,当按下每种方式电门时,则进入该种控制方式,且选择电门灯亮,通常可再次按压该电门来取消该方式。

① 俯仰控制方式包括垂直速度(V/S)、高度保持(ALT HOLD)、高度层改变(LVL CHG)、垂直导航(VNAV),这几种控制方式可用于飞机爬升、巡航和下降阶段。此外,还有高度获得(ALT ACQ)工作方式,这种工作方式没有专门的选择按钮。

② 横滚控制方式包括航向选择(HDG SEL)、水平导航、VOR/LOC,其中航向选择(HDG SEL)、水平导航、VOR 可用于飞机爬升、巡航和下降阶段,VOR/LOC 可用于飞机进近阶段。

③ 自动着陆控制包括进近选择(APP)。

④ 有关飞行速度控制包括速度方式(SPEED)和 N1 方式。

不同机型飞机的控制方式设置并不完全相同,但多数控制方式是类似的。所列的每种控制方式的控制目标及控制方法及原理均不相同。

3.2.4　MCP 板的控制与显示

上述各种工作方式,均可通过在 MCP 板上设置的开关加以选择,同时用所设置的相应指示灯加以显示。此外,在板上还有一些其他选择开关、旋钮和指示器,现简述如下:

(1) 航道选择器与航道显示器

有两个航道选择器与航道显示器,分别用于正副驾驶员选择 LOC 与 VOR 航道和显示航道的数值。

(2) 主　灯

在 MCP 两侧各有一个主灯,正常情况下仅有一个主灯燃亮。某一侧主灯燃亮表示该侧的 FCC 为主 FCC,即该 FCC 控制方式选择,如机长一侧主灯亮表示 FCC A控制方式选择;反之,另一侧主灯亮,表示 FCC B 控制方式选择。

(3) A/T 预位电门及预位灯

该电门置于预位时,A/T 预位,则预位灯燃亮;将其置于断开位时,则会断开自动油门,预位灯熄灭。

(4) IAS/MACH 选择器

IAS/MACH 旋钮用来设置 MCP 空速及马赫数。

(5) IAS/MACH 显示器

该显示器显示指示空速(IAS)和马赫数。IAS 显示范围为 100～399 节,增量为1 节;马赫数显示范围为 0.60～0.89,增量为 0.01。

显示器的左侧有一个警告旗,在速度过低或超速时会闪亮。当 VNAV 方式有效时,IAS/MACH 显示器是空白的。

(6) IAS/MACH 转换电门

当飞机的空速大于 0.6 马赫时,按压此电门,显示器从 IAS 节转到马赫数或从马赫数转到 IAS 节。若空速小于 0.6 马赫,则仅显示节(空速),而转换电门不起作用。

(7) 航向选择器及显示器

航向选择器用来改变对飞机航向的选择。航向显示器显示所选择的航向,其范围为 0°~359°。

(8) 坡度角选择器

坡度角选择器让驾驶员选择最大允许的坡度角。最大坡度角可选择以下参数之一:10°、15°、20°、25°、30°。这些坡度角限制仅在 VOR 或航向选择方式时有效。

(9) 高度选择器及高度显示器

高度选择器用来设置 DFCS 的基准高度,旋钮转一周,高度改变 6 400 ft(1 ft = 0.305 m)。高度显示器显示预选高度,范围为 0~50 000ft。

(10) 垂直速度手轮及垂直速度显示器

要设置垂直速度,转动该手轮。向上转动手轮,其值向抬头方向变化;向下转动手轮,其值向低头方向变化。显示范围为 −7 900~+6 000 ft/min。显示增量:如果 V/S 小于 1 000 ft/min,则为 50 ft/min;如果 V/S 等于或大于 1 000 ft/min,则为 100 ft/min。

(11) F/D 电门

有两个 F/D 电门用来打开或关闭 FCC 的 F/D 功能。通常机长一侧的 F/D 电门用来控制 FCC A,且仅能在机长一侧的显示器上看到 F/D 指令杆;副驾驶一侧的 F/D 电门通常用来控制 FCC B,且仅能在副驾驶一侧的显示器上看到 F/D 指令杆。

(12) A/P 衔接电门

MCP 板上有 4 个衔接电门;2 个用于 FCC A,2 个用于 FCC B。电门将 A/P 衔接 CMD 或 CWS。

电门是按钮/灯式电门。若预位衔接逻辑正确,则当按压电门时,A/P 衔接,且电门灯亮。若预位衔接逻辑不正确,则当按压电门后,A/P 不衔接,且灯不亮。

衔接 A/P 后,一些条件必须始终正常,否则 A/P 断开。若 A/P 断开,则相应电门灯熄灭。

(13) A/P 切断杆

向下按 A/P 断开杆,即可切断 A/P。

(14) 速度干预按钮

该按钮仅在 VNAV 方式生效时有用。该按钮的作用是,按下该按钮,指示空速/马赫数窗口将显示 FMC 目标速度,若此时转动 IAS/MACH 选择器,则可以改变 FMC 目标速度,但 VNAV 方式保持不变,但在 B737 - NG 系列的某些飞机上不设有此按钮。

（15）高度干预按钮

该按钮仅在 VNAV 方式生效时有用。该按钮的作用是，按下该按钮，高度显示窗口将显示 FMC 目标高度，若此时转动高度选择器，则可以改变 FMC 目标高度，但 VNAV 方式保持不变，同时，也可以删除飞行计划航路中的高度限制。当使用该按钮时，MCP 板上没有任何显示，仅在 CDU 的飞行航段页面上有显示。同样，在 B737-NG 系列的某些飞机上不设有此按钮。

在自动驾驶仪不同的工作阶段中，自动驾驶仪所处理的工作状态均显示在 FMA 上，位于 PFD 上部，如图 3.8 所示。

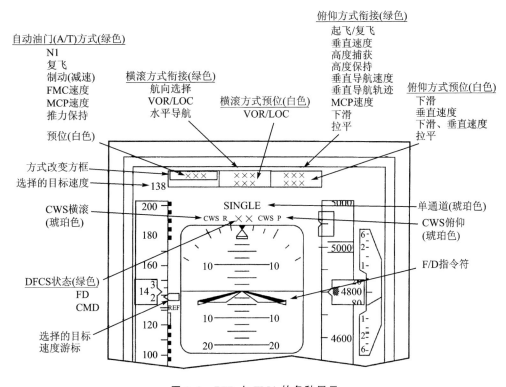

图 3.8　PFD 上 FMA 的各种显示

3.3　俯仰通道典型工作方式的控制方法与应用

3.3.1　俯仰角控制的基本方法

自动驾驶仪（A/P）俯仰通道所设置的几种控制方式均为飞机的俯仰航迹控制，如前所述，俯仰航迹控制是以俯仰姿态角控制为基础的。为此，在讨论俯仰航迹各种控制方式之前,首先要说明飞机俯仰角控制回路的基本原理。依图3.2所示姿态回路的基本结构,对俯仰姿态角控制来说,该系统应测量飞机的俯仰角信号作为主反馈信号,与指令信号形成误差,通过控制器去控制升降舵,从而改变飞机的俯仰角,最终使俯仰角误差趋于零。在以下讨论俯仰姿态角控制时,均假定飞机飞行速度保持不变。

通常情况下,不同型号的自动驾驶仪对俯仰角控制回路的特性均有一定的要求,如控制或稳定过程的快速性、平稳性及稳态误差等。根据所规定的设计要求,设计者要适当地选择控制器的结构和参数以及辅助反馈通道的特性等,以满足设计要求。

目前常用的控制方法有如下几种:

(1) 比例式控制

这种控制较为简单,即舵回路的输出与俯仰角输出和飞机俯仰角指令之差成比例,即

$$\Delta\delta_e(t) = K_\theta[\Delta\theta(t) - \Delta\theta_g(t)] \tag{3.1}$$

式中:$\Delta\delta_e(t)$、$\Delta\theta_g(t)$、$\Delta\theta(t)$分别为舵面、俯仰角指令和输出相对原基准状态的增量,K_θ为整个系统控制增益。

以某运输机为例,通过适当地选取系统控制增益,在飞机具有初始俯仰角的情况下,通过数字仿真可以获得该系统的俯仰角稳定过程,如图3.9所示。响应曲线表明,稳定过程较好,但平稳性较差,振荡较严重。

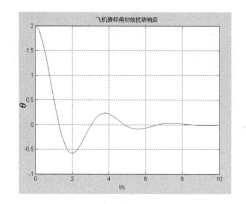

图3.9 俯仰角稳定过程的仿真曲线

(2) 加入角速率反馈的比例控制

为了改善控制系统的动态过程,常采用的一种控制方法是增加被控量的速率的辅助负反馈。对俯仰角控制系统,就是要利用角速率陀螺,测量飞机俯仰角速度并反馈到控制器,按下述方法形成舵回路的输出:

$$\Delta\delta_e(t) = K_\theta[\Delta\theta(t) - \Delta\theta_g(t)] + K_q q(t) \tag{3.2}$$

对上述飞机俯仰角控制系统,加入角速率反馈,并适当地选取角速率反馈系数,通过数字仿真可得俯仰角的稳定过程,如图3.10所示。从图中可见,通过加入角速

率反馈,系统动态响应变得更为平稳,振荡减弱。加入角速率反馈的主要作用就是为了增强对飞机运动的阻尼,从而减少过程的振荡性,但是如果角速率反馈信号过强,阻尼会过大,则会增加动态过程的稳定时间。

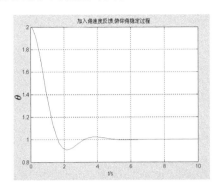

图 3.10　加入角速率反馈的俯仰角仿真曲线

（3）消除稳态误差方法

按上述两种方法形成的俯仰角控制系统,在常值外界干扰下,会产生稳态误差。例如,当飞机在水平直线飞行时受到常值抬头力矩扰动,俯仰角控制系统会产生稳态误差角,如图 3.11 所示,其中图(a)是扰动所引起的俯仰角响应,图(b)是此时舵机的响应。图(c)、(d)是系统单位指令控制时的俯仰角及舵机的响应。从图中可见,稳态时均产生了误差,舵面均没有归零,而是保持有一个正的舵面。其原因是,飞机受到抬头力矩扰动时,飞机抬头,产生俯仰角增量,升降舵产生正舵面(下偏),产生低头力矩,减少干扰力矩,当在某个俯仰角,舵面产生的低头力矩等于抬头扰动力矩时,力矩平衡,飞机俯仰角停止变化,进入稳定状态。可见,为了克服外界扰动力矩,必须保持一定的舵面偏转,对于硬反馈舵回路,就必须保持有一定舵回路的输入信号,而此输入信号是由控制器产生的,由于控制器只为一个比例关系,所以必须保持有一定的控制器输入,即稳态误差信号。

为了消除这种常值干扰所引起的稳态误差,在控制系统的控制器中常常需串接一个积分运算环节,对误差信号进行积分运算,积分运算有一种对输入信号进行累加的特性,这样在某一时刻当它的输入为零时,其输出并不为零,而是保持该时刻累加得到的输出信号。在俯仰控制系统控制器中加入积分环节,就保证了在俯仰角误差为零时,积分运算输出保持常值,从而舵回路输出即舵面偏转保持有一个常值偏转,产生一定力矩抵消外力矩。应当说明,加入积分运算可以消除常值力矩干扰的稳态误差,但也会对系统的动态响应产生坏的影响,为此,还必须对控制器进行其他的改造,对此不进行说明讨论。

对上述俯仰角控制系统,在控制器中加入积分运算,并做些其他改变后,在同样的扰动作用下,单位指令的俯仰角响应如图 3.12 所示。从中可见,消除了俯仰角的稳态误差,但仍保持有相同的舵面偏转。

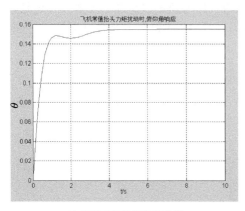

(a) 扰动引起的俯仰角响应

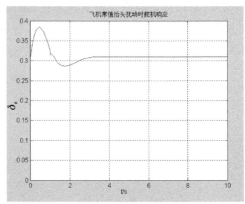

(b) 扰动引起的舵机的响应

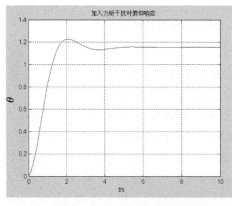

(c) 系统单位指令控制时的俯仰角响应

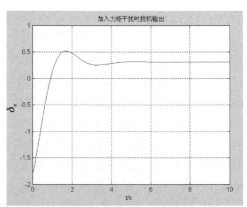

(d) 系统单位指令控制时的舵机的响应

图 3.11　在常值外界干扰下的俯仰角响应曲线

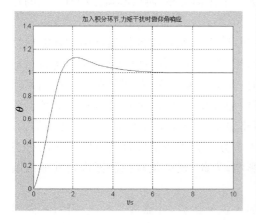

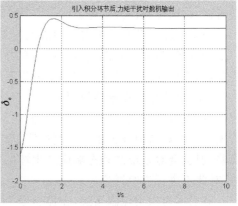

图 3.12　在控制器中加入积分运算时的俯仰角响应

总体来说,俯仰角控制系统的一般结构如图 3.13 所示,控制器实现不同控制方法的运算,产生对舵回路的控制指令。在系统接通工作前,如前所述,应完成系统的同步。

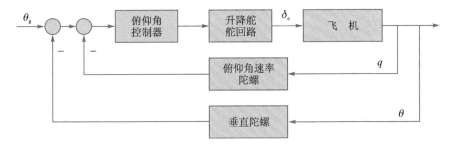

图 3.13　俯仰角控制系统的一般结构图

B737 – NG A/P 的俯仰角控制系统即采用俯仰角及俯仰角速率反馈进行控制。

3.3.2　垂直速度的控制方法与应用

1. 垂直速度的控制方法

(1)垂直速度(V/S)控制方式的主要功能是按飞行员在 MCP 上所选定的垂直速度值,控制飞机爬升或下降到 MCP 上选定的高度。

(2)垂直速度(V/S)控制的基本方法是利用偏转升降舵,产生俯仰力矩控制的俯仰角 θ,进而改变飞机的航迹倾斜角 χ,这表明飞机的速度向量倾斜,产生垂直方向的速度分量,如图 3.14 所示,近似可认为:

$$\dot{h} = V \times \sin \chi \cong V \times \chi \tag{3.3}$$

依据这种关系,垂直速度(V/S)控制系统的基本结构如图 3.15 所示,其中俯仰角控制系统是基本内回路,通过测量飞机垂直速度作为主反馈,构成闭环反馈控制系统。图中 $\dot{h}_g$ 是垂直速度(V/S)控制系统的指令信号,来自飞行员所选的指令或来自飞行管理系统。从飞行原理中可找到航迹倾角与俯仰角之间的动态关系。

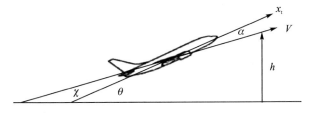

图 3.14　垂直速度与航迹倾斜角 χ 的关系

根据垂直速度(V/S)控制的要求,选择垂直速度控制器的具体结构和参数。

在垂直速度(V/S)控制工作时,应接通自动油门保持空速。

除了采用飞机垂直速度作为主反馈外,有些飞机采用测量飞机的航迹倾斜角 χ

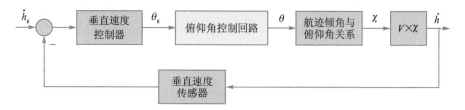

图 3.15　垂直速度控制系统的基本结构图

作为主反馈构成闭环系统，这也是一种较好的方法。

2. B737‑NG A/P 垂直速度控制的应用

（1）飞控计算机（FCC）用以下输入计算垂直速度的控制：

● MCP V/S 方式按钮信号；

● 惯性垂直速度；

● 真空速；

● MCP 上选择的 V/S 的信号。

（2）V/S 方式有接通和预位两种状态：

接通：

● V/S 方式选择电门的 LED 点亮；

● 垂直速度窗从空白变为当前的垂直速度；

● 可用垂直速度手轮选择所需的上升或下降垂直速度。

预位：

选择 MCP 高度，俯仰方式为 ALT HOLD，且选择新的 MCP 高度（离当前高度超过 100 ft），V/S 预位。转动垂直速度指轮可接通 V/S 方式。

若出现下列情况，则 V/S 方式被抑制：

● 在所选 MCP 高度，ALT HOLD 方式生效；

● 在 APP 方式捕获下滑道。

（3）垂直速度窗显示：V/S 方式没有生效时，显示空白；按压 V/S 方式选择电门时，显示飞机当时的垂直速度；用 V/S 控制手轮设置 V/S 时，显示所选 V/S。

（4）当飞机达到 MCP 选择的高度前，DFCS 从 V/S 方式自动转换到高度捕获（ALT ACQ）方式，然后到高度保持方式（ALT HOLD）。当进入 ALT ACQ 方式时，V/S 方式选择电门灯熄灭。

（5）当飞机已在 MCP 高度或捕获了 MCP 高度时，就不能使用 V/S 方式了。若在 V/S 窗口设置为零，驾驶员可以利用 V/S 方式在设定的高度上保持飞机平飞。

（6）当飞机接近目标高度时，飞行员可以用 V/S 手轮缓慢地减小 V/S 值至 0，飞机将停止爬升或下降，并水平飞行。

（7）若飞机减速至 1.3 倍的失速速度，数字飞行控制系统（DFCS）将转换至高度层改变（LVL CHG）方式；若空速增大到最大工作速度（VMO），DFCS 也将转换至

LVL CHG 方式。

3.3.3 高度保持的控制方法与应用

1. 高度保持的控制方法

(1) 高度保持(ALT HLD)控制的功能就是在外界扰动下,保持飞机在给定的高度上。给定的高度可以是接通高度保持时飞机所在的高度,亦可以是飞机达到 MPC 上选择的高度。

(2) 高度保持(ALT HLD)控制的基本方法仍然是以俯仰角控制为基本内回路,通过高度传感器测量飞机的实际高度作为主反馈信号,求得与指令高度之差,经过高度控制器生成俯仰角控制回路的指令,通过俯仰角控制回路,控制飞机俯仰角,进而改变飞机的航迹倾斜角,使飞机升降,直到高度差消失为止。典型控制结构如图 3.16所示,应说明,为了改善系统的特性,多数高度保持系统都有升降速度反馈,并且为了提高高度的稳定精度,在高度保持控制器中常常还含有积分运算环节。

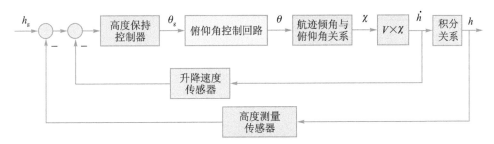

图 3.16 高度保持(ALT HLD)控制系统典型控制结构图

2. B737 - NG A/P 高度保持 ALT HLD 控制的应用

(1) 高度保持有两种进入方式:一种方式是在飞行中,飞行员按压 MCP 板上 ALT HLD 方式选择电门;另一种是当飞机到达 MCP 板上选择的高度时,DFCS 将会自动选择高度保持方式。

(2) 飞控计算机(FCC)用以下输入计算高度保持控制:
- 来自高度获得方式的速度及高度基准;
- 未修正的气压高度;
- 真空速;
- 惯性高度;
- 惯性垂直速度。

(3) 在采用第一种方式时,如果惯性高度有效,则 DFCS 保持现有惯性高度;若惯性高度无效,则 DFCS 试图保持未修正的气压高度。飞机由于爬升时的惯性,此时将有所超调高度,然后回到应有的高度上。

(4) 当飞机接近 MCP 高度时,高度保持首先启动高度捕获(ALT ACQ)工作方式,当达到 MCP 高度上后,转换为 ALT HLD 方式,然后飞机保持在 MCP 高度上平飞。

上述两种工作方式如图 3.17 所示。右图表示第一种工作方式过程,左图为第二种工作方式过程。

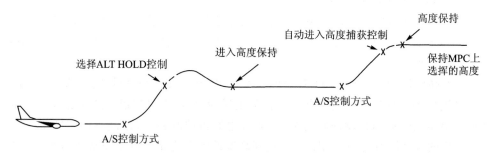

图 3.17　高度保持的两种进入方式

3.3.4　高度捕获的控制方法与应用

1. 高度捕获的控制方法

(1) 高度捕获(ALT ACQ)控制的作用

当飞机以一定垂直速度爬升或下降到指定高度时,如立即接通高度保持控制,由于飞机具有一定的升降惯性,必然要产生超调,这对民用飞机是非常不利的,为此,在进入给定高度前,必须改变控制方式,使飞机质心能平滑、柔和、无超调地切入给定高度。

(2) 高度捕获(ALT ACQ)的控制方法

为了使飞机质心能平滑、柔和、无超调地切入给定高度,通常希望飞机以指数曲线或抛物线轨迹运动。若以指数曲线运动,则应满足如下方程:

$$\dot{h}(t) = -\Delta h(t)/\tau \tag{3.4}$$

即飞机的垂直上升(或下降)速率应随高度差 $\Delta h(t)$(进入高度捕获点与给定高度之差)减小而降低,由此可得高度差的变化轨迹为

$$\Delta h(t) = \Delta h_0 e^{-t/\tau} \tag{3.5}$$

式中 τ 为一定常数,并有

$$\tau = -\Delta h(t)/\dot{h}(t) = -\Delta h_0/\dot{h}_0 \tag{3.6}$$

例如若已知初始垂直速度 $\dot{h}_0$,并给定"捕获"的起始高度 h_0,从而可知 $\Delta h_0 = h_g - h_0$(h_g 为给定高度),则可以构成高度捕获系统的结构图,如图 3.18 所示。从图中可见,根据实际的高度差 $\Delta h(t)$,依式(3.4)计算应具有的升降速度作为指令升降速率,通过闭环控制系统控制飞机的实际升降速率等于指令升降速率,从而保证飞行曲线为指数曲线。

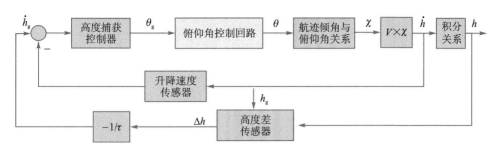

图 3.18 高度捕获控制的原理结构图

从式(3.6)可见,若选定了常数 τ,则在 $\dot{h}_0$ 一定时就决定了 Δh_0,也就确定了起始捕获点 h_0。显然,$\dot{h}_0$ 越大,则爬升时捕获的起始高度就越应降低,即 Δh_0 就越应增大。此外,还应根据其他条件确定开始捕获时间,以保证 $\dot{h}=0$ 时,Δh 亦等于零。

2. B737-NG A/P 高度捕获控制的应用

(1) 当飞机接近 MCP 上选择的高度时,FCC 自动选择高度捕获方式。没有选择电门来选择这一方式。

(2) FCC 用以下输入计算高度捕获的俯仰控制:

● 气压修正高度;

● 真空速;

● 惯性垂直速度;

● 惯性高度;

● 未修正的高度。

(3) 当飞机达到在 MCP 上选定的高度时,DFCS 的俯仰方式先转换到 ALT ACQ,然后转换到 ALT HOLD。

3.3.5 高度层改变的控制方法与应用

1. 高度层改变的控制方法

(1) 高度层改变(LVL CHG)控制的作用是利用 DFCS 和 A/T 来改变飞行高度。LVL CHG 方式总是控制飞机朝 MCP 高度飞行。若飞机已在 MCP 高度上飞行,则 LVL CHG 方式将不能工作。

(2) 高度层改变(LVL CHG)的控制方法是 DFCS 通过升降舵控制和保持空速,速度基准是 MCP 的选择速度。爬升和下降速度由 A/T 油门进行控制,因此这是一种由升降舵和油门的组合控制方式。具体控制方法将在下一章讲述。

2. B737-NG A/P 高度层改变(LVL CHG)控制的应用

(1) 按压 LVL CHG 方式选择电门之前,必须先在 MCP 板上设定一个目标高度。

（2）按压了 LVL CHG 方式选择电门后，俯仰控制保持的基准速度：

● 在 VNAV 方式，IAS/MACH 指示器显示 FMC 目标速度，DFCS 控制这一速度，直到设定了新的目标速度；

● 在 TO/GA 方式，MCP 上的 IAS/MACH 指示器显示飞机当时实际空速和 MCP 选择空速两者中较大的一个；

● 在其他方式，MCP 上 IAS/MACH 指示器显示飞机当时的空速。

对以上所有选择方式，DFCS 控制飞机保持在 MCP IAS/MACH 指示器上显示的速度，直到驾驶员选择了一新的速度。

（3）飞机速度保持在以下限制之内：

● 襟翼及起落架标牌速度；

● 最大工作速度或马赫数（VMO/MMO）；

● 迎角极限的最小速度。

（4）当飞机接近在 MCP 上选定的高度时，DFCS 的俯仰方式先转换到 ALT ACQ，然后转换到 ALT HOLD。

（5）若以下情况之一出现，则 DFCS 自动转换到 LVL CHG 方式：

● 在 V/S 或 VNAV 方式下，当速度减小到失速速度的 1.3 倍以内时；

● 在 V/S 或 VNAV 方式下，A/T 断开或衔接在后止动点，空速接近 VMO/ MMO 时；

● 在 V/S 方式，飞机达不到 MCP 的选择速度时。

LVL CHG 方式的应用情况如图 3.19 所示。

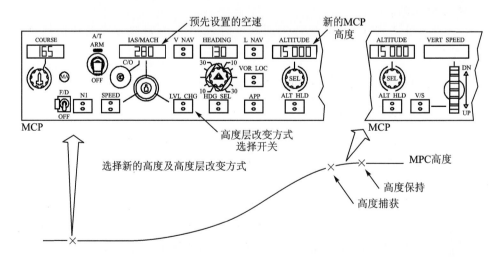

图 3.19　LVL CHG 方式的应用情况

3.3.6　垂直导航的控制方法与应用

1. 垂直导航的控制方法

(1) 垂直导航(VNAV)的控制是人工选择的飞行方式。在该方式下,FCC 依飞行管理计算机(FMC)计算所得的垂直操纵指令来控制飞机的俯仰运动。

FMC 向 AFDS 俯仰和自动油门发出指令,使飞机按照 FMC CDU 所选的垂直剖面飞行。该剖面包括爬升、巡航、下降、速度,也可包括航路点高度限制。

(2) 垂直导航(VNAV)控制方法是,FMC 向 AFDS 俯仰和自动油门发出指令,使飞机按照 FMC CDU 所选的垂直剖面飞行。依 FMC 所产生的指令,由 A/P 的相应控制回路以及 A/T 不同控制功能加以实现。

2. B737 - NG A/P 垂直导航(VNAV)控制的应用

(1) 按压 VNAV 方式电门使 VNAV 方式生效。当以下所有条件均满足时,VNAV 方式生效:

- VNAV 飞行计划生效;
- 飞机距地面高度大于 400 ft;
- 用于计算垂直制导指令的数据有效。

VNAV 方式接通时,FMC 控制 AFDS 俯仰和自动油门方式,飞机按垂直剖面飞行。

(2) VNAV 有以下两种工作方式:

- 垂直导航速度(VNAV SPD);
- 垂直导航轨迹(VNAV PTH)。

FCC 用以下输入计算垂直导航速度(VNAV SPD)和垂直导航航迹(VNAV PTH)俯仰方式:

- 按压了 MCP VNAV 方式选择按钮;
- FMC 目标高度;
- FMC 目标垂直速度;
- FMC 目标空速;
- FMC 目标马赫数;
- FMC 离散量;
- MCP 上选择的高度。

① 垂直导航速度(VNAV SPD)工作方式

VNAV SPD 方式控制升降舵以保持 FMC 目标速度。当飞机向着 FMC 高度爬升时,该方式生效。若飞机首先达到 MCP 高度,A/P 从 VNAV SPD 方式退出,进入到高度保持(ALT HOLD)方式,并在此高度上改平。VNAV 方式选择电门灯不熄灭,因为 A/T 仍在 FMC SPD 方式。

当驾驶员再次设置 MCP 高度,使它等于 FMC 高度时,VNAV 方式选择电门灯熄灭。若要返回 VNAV 方式,则需按压 VNAV 方式选择电门,这使 VNAV SPD 再次衔接,飞机开始以 FMC 目标速度朝着 FMC 目标高度爬升。

② 垂直导航轨迹(VNAV PTH)工作方式

爬升阶段,VNAV SPD 变为 VNAV PTH 以捕获 FMC 目标高度。在 VNAV PTH 方式,飞机保持 FMC 高度。

下降之前,驾驶员在 MCP 板上设定进近高度,在下降顶点,油门减小,A/T FMA(飞行方式通告器)上显示 RETARD(收油门),然后是预位(ARM)。俯仰方式仍在 VNAV PTH 方式,飞机下降。在 VNAV PTH 下降方式,LNAV 方式必须有效,若 LNAV 方式无效,VNAV PTH 方式将断开,但驾驶员可选择 VNAV SPD 方式下降。VNAV PTH 方式一直工作直到飞机接近进近高度,自动油门的方式返回到 FMC SPD,VNAV PTH 保持工作,并保持进近高度。

两种工作方式应用如图 3.20 所示。

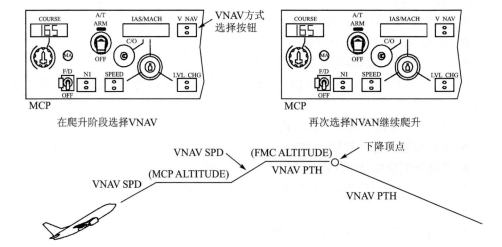

图 3.20　垂直导航控制两种子方式工作情况

(3) 不同飞行阶段控制方式

① 爬　升

● 自动油门保持 FMC 推力限制;

● AFDS 保持 FMC 目标速度;

● 在 MCP 所选高度或 VNAV 高度自动改平,以先到达的高度为准;

● 在 MCP 限制高度改平会显示 VNAV ALT;

● 在 VNAV 限制高度改平会显示 VNAV PTH。

② 巡　航

● 自动油门保持 FMC 目标速度;

- AFDS 保持 FMC 高度；
- 选择一个较低的 MCP 高度可预位 FMC，以便在到达 FMC 下降顶点时自动开始下降。

③ 下　降

- VNAV SPD 方式下降：
  - 自动油门保持慢车；
  - AFDS 保持 FMC 目标速度。
- VNAV PTH 方式下降：
  - 自动油门保持慢车，但若地速太小而不能保持 FMC 垂直航径，则可指令 FMC 速度方式；
  - AFDS 跟踪 FMC 下降航径。
- 在 MCP 高度或 VNAV 高度自动改平，以先到达的高度为准：
  - 在 MCP 限制高度改平会显示 VNAV ALT；
  - 在 VNAV 限制高度改平会显示 VNAV PTH。

低于 400 ft RA（无线电高度）或未完成性能初始化时，VNAV 被抑制。

(4) 下列任一原因均可终止 VNAV 方式：

- 选择其他俯仰方式；
- 下滑道捕获；
- 到达 LNAV 航路终点；
- 如下滑道预位，飞越下滑道切入点；
- 以数据库垂直角按 PTH 方式下降至有效航段时，横向位置偏离超过两倍的 RNP 值且 LNAV 未接通。

在飞越下滑道切入点时，可重新接通 VNAV。

3.3.7　俯仰不同控制方式 A/P 升降舵指令

FCC 依据上述各种控制方式的输入所得的指令，通过相同的控制回路，计算 A/P 升降舵的指令，在生成升降舵指令时，FCC 用以下信号参与计算：

- 飞机俯仰姿态；
- 飞机俯仰姿态变化率；
- 俯仰 A/P 升降舵作动筒位置；
- 升降舵位置；
- 中位偏移传感器位置；
- A/P 倾斜指令（实际上是为实现自动协调转弯）。

由此可形成如图 3.21 所示的计算框图。图中所包含的俯仰 CWS 的指令见本章 3.6 节。

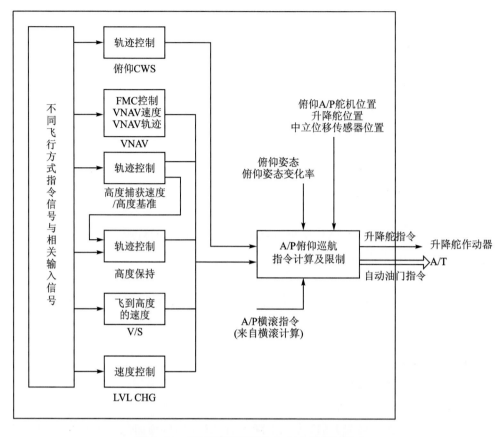

图 3.21　俯仰不同控制方式 A/P 升降舵指令

3.4　横侧向通道典型工作方式的控制原理与应用

3.4.1　飞机航向角的控制与稳定

飞机水平航迹的控制与稳定,与俯仰航迹控制类似,是依靠飞机的姿态角即航向角的控制与稳定实现的,为此要了解飞机航迹的控制与稳定方法,首先要了解飞机航向角的控制与稳定方法。

1. 飞机航向角的控制与稳定基本方法

(1) 通过操纵方向舵控制和稳定航向

早期的自动飞行控制系统,利用滚转角稳定系统,控制副翼、保持飞机机翼水平,利用航向陀螺感受飞机的航向角偏差,通过方向舵控制飞机的航向。这种控制方案实现了飞机的水平转弯。但也有很多缺点,主要是修正航向时产生的侧滑较大,引起

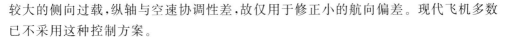

较大的侧向过载,纵轴与空速协调性差,故仅用于修正小的航向偏差。现代飞机多数已不采用这种控制方案。

（2）利用副翼修正航向,方向舵仅用来阻尼和消除侧滑

现代飞机多数采用这种方案。利用航向陀螺（或其他航向测量装置）测量航向偏差,并通过滚转角控制系统操纵副翼,使飞机倾斜,飞机升力产生侧向水平分力,在侧力作用下,飞机速度向量首先偏转,并产生侧滑角 β,利用飞机的偏航稳定力矩（风标稳定性）使飞机纵轴跟随空速向量,消除航向偏差。如前所述,在修正航向偏差时,将会产生侧滑角,如飞机自身的航向稳定性较小,侧滑角会很大,这是不希望的。为此,常常要测量飞机的侧滑角,并控制方向舵来减少和消除侧滑。

（3）同时用副翼和方向舵来控制与稳定航向

这是航向的协调控制与稳定方式。但该方法较为复杂。

2. 滚转角控制系统

滚转角通常是由副翼进行控制的,高速时,机翼上的扰流片也是一种产生滚转力矩的有效方法。一般来说,这些力矩与扰流片偏角之间是非线性的关系,且还要伴随产生偏航力矩以及相应的阻力。本书主要研究用副翼控制滚转角的系统。滚转角控制系统的典型结构如图 3.22 所示。其副翼舵面的控制律可描述如下：

$$\delta_a = K_\phi(\phi - \phi_g) + K_p p \tag{3.7}$$

式中, ϕ_g 为滚转角指令信号; p 为滚转角速度信号。式中滚转角速度信号的作用,与俯仰角控制系统一样,是起滚转阻尼作用。

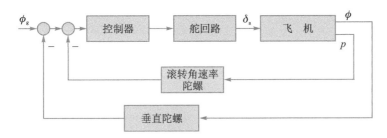

图 3.22　滚转角控制系统的典型结构图

在滚转角系统接通前,也应按 A/P 同步方法进行系统同步。如协调转弯一节（2.2.6 小节）所述,为了实现倾斜转弯时防止降低高度,滚转角系统在产生滚转指令时,应将该指令送往俯仰角控制系统,以增加飞机抬头指令。

在 B737 - NG A/P 中,滚转角控制系统即采用滚转角反馈及滚转角速率反馈信号进行控制。

3. 利用副翼控制与稳定航向的系统

（1）飞机倾斜运动与偏航运动的关系

飞机倾斜时,其受力状态如图 3.23 所示。当飞机倾斜时,升力倾斜,升力在垂直

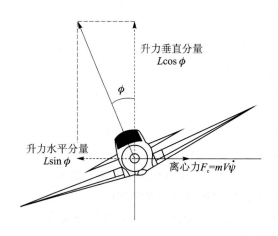

升力垂直分量
$L\cos\phi$

ϕ

升力水平分量
$L\sin\phi$

离心力$F_c=mV\dot\psi$

图 3.23　飞机倾斜时的受力状态

方向上分力与重力相平衡；升力的水平分力（侧力）将使飞机速度向量改变方向，产生转弯，并与离心力（$mV\dot\psi$）相平衡。因此，可得

$$L\cos\phi=mg \tag{3.8}$$

$$L\sin\phi=mV\dot\psi \tag{3.9}$$

式中，ϕ 为飞机倾斜角；$\dot\psi$ 为飞机偏航角速度；V 为飞机飞行速度；L 为飞机升力。在建立上述关系式时，近似认为飞机的侧滑角 $\beta\approx0$，即 $\psi\approx\chi$，飞机偏航角与飞机航迹偏航角近似相等，式（3.9）与式（3.8）相除，可得

$$\mathrm{tg}\,\phi=\frac{V}{g\dot\psi} \tag{3.10}$$

若令 φ 较小，则有

$$\phi\approx\frac{V}{g}\dot\psi \tag{3.11}$$

或

$$\dot\psi=\frac{g}{V}\phi \tag{3.12}$$

该式表明，飞机偏航角速度与倾斜角近似成正比。

（2）利用副翼控制与稳定航向的系统

依据上述关系，可以得到利用副翼控制与稳定航向的系统结构如图 3.24 所示。根据对航向控制系统的要求可具体设计航向控制器的结构和参数。与俯仰角系统类似，其中也可以包含有对误差信号的积分运算，以消除或减弱侧向力矩扰动（如左右推力不对称等）的稳态误差。加入角速率反馈的作用也是为了增加航向角的阻尼，飞机的实际航向可以用航向陀螺或其他的测量装置（如磁航向）进行测量。

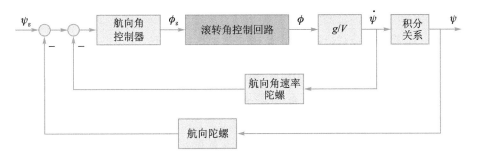

图 3.24 副翼控制与稳定航向的系统结构图

3.4.2 航向选择的控制方式与应用

1. 航向选择(HDG SEL)控制方式

HDG SEL 方式指令横滚,使飞机转向 MCP 航向窗显示的航向并保持该航向,在滚转控制过程中,最大允许倾斜坡度由飞行员在 MCP 上利用坡度限制旋钮选定。

航向选择(HDG SEL)控制的基本方法如图 3.24 所示。

2. B737-NG A/P 航向选择(HDG SEL)控制的应用

按压 MCP 板上的 HDG SEL 方式选择电门,即能衔接航向选择方式。在 A/P CMD 指令接通时,且离开 F/D 起飞方式,没有选择其方式,则 DFCS 的横滚方式自动选择 HDG SEL 方式。

FCC 使用下述输入计算航向选择倾斜指令:

- 按压了 MCP 的 HDG SEL 方式选择按钮;
- MCP 上选择的航向;
- 飞机的磁航向;
- 真空速。

使用该方式的两种方法如下:

① 在按压 HDG SEL 方式选择电门之前设定航向

设定航向指示器中的航向,按压 HDG SEL 选择电门,则飞机沿航向变化最小的方向改变航向,飞机捕获并保持在 MCP 上设定的航向上。

② 按压 HDG SEL 方式选择电门,然后设定航向

按压 HDG SEL 方式选择电门,然后设定航向,则当飞行员顺时针转动航向旋钮时,飞机向右倾斜,当飞行员逆时针转动航向旋钮时,飞机向左倾斜,飞机捕获并保持在 MCP 板上选择的航向上。

当选择了另一横滚方式时,航向选择方式即被取消,也可在 HDG SEL 电门灯亮时按压该电门取消航向选择方式。

在 VOR LOC 方式和 APP 方式下(VOR/LOC 已预位),一旦捕获了所选无线

电航道,HDG SEL 方式自动脱开。

3.4.3 甚高频全向导航的控制方式与应用

1. 甚高频全向导航(VOR)控制方式

VOR 是工作于甚高频段的相位测角系统,飞机可以利用它测得相对于 VOR 导航台的方位。VOR 是一种全向导航台,向各方向发射无线电波,利用该波束,可以在任意方向进行导航。使用时,飞行员要通过选择旋钮选定某一方向,飞机就要沿此方向飞向 VOR 导航台,飞机一旦偏离此给定方向,A/P 就要控制飞机使它回到给定方向。由于飞机是沿选定的波束方向飞行,故又常称为波束导引控制。

VOR 控制的作用就是通过提供自动的波束捕获,并在巡航及进近阶段,对在航道上及过台探测飞行阶段提供制导控制。

VOR 控制方式保持飞机在选定波束上飞行的基本方法就是利用航向控制系统纠正飞机对波束航道偏离,使其质心保持在选定的航道上。

某种原因使飞机质心偏离波束中心线的几何关系如图 3.25 所示。

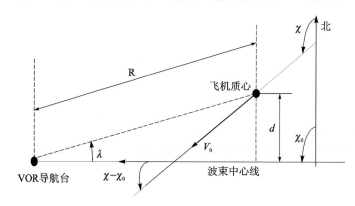

图 3.25　飞机质心偏离波束中心线的几何关系

图中:λ 为误差角,例如飞机在波束中心线上 $\lambda=0$,若飞机有侧向偏离 d,则产生误差角 λ;R 为飞机质心距导航台的距离。VOR 导航接收机可以测得误差角 λ,导引系统的目的就是控制误差角 λ 趋于零,也就是要控制侧向偏离 d 趋于零,即控制航迹角偏差 $(\chi-\chi_0)$ 趋于零。从图 3.25 中可近似求得它们之间几何关系:

$$\sin \lambda = d/R \tag{3.13}$$

所以近似有

$$\lambda \approx \frac{57.3d}{R} \tag{3.14}$$

由图 3.25 可知

$$\dot{d} = -V_0 \sin(\chi_0 - \chi) \approx -V_0(\chi_0 - \chi) \tag{3.15}$$

$$d = \int \dot{d}\, \mathrm{d}t$$

式(3.14)和式(3.15)表示了波束导引的几何关系。由此可以构成如图 3.26 所示的波束导引系统,图中控制器(常称耦合器)将误差角信号转换为航向控制系统的指令信号,为了使波束导引系统动态性能好,控制器结构和参数要精心设计和选取。

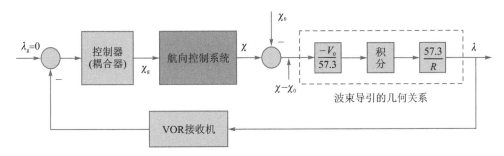

图 3.26　波束导引系统结构图

飞机在仪表着陆依 LOC 导引方式进场时,亦采用该波束导引系统进行控制。

2．B737 – NG A/P VOR 控制方式控制的应用

使用 VOR 方式,VOR 接收机必须调谐到 VOR 频率。驾驶员用 MCP 板上的一个航道选择器选择想要的航道,该航道显示在航道显示器上。倾斜角的限制也在 MCP 板上设置,按压 VOR/LOC 方式选择电门来选择 VOR 方式,若按 VOR 方式衔接,则 VOR/LOC 方式选择电门灯亮。这也表明通过按压它也可以取消该方式。

VOR 方式有 4 个子方式:预位;VOR 捕获;VOR 在航道上;VOR 过台飞行。

在上述 4 个子方式工作时,FCC 使用下述输入计算 VOR 方式的倾斜指令:

① MCP 上选择的航道;② 飞机磁航迹;③ VOR 方位;④ DME 距离;⑤ 真空速;⑥ MCP 倾角限制值;⑦ 飞机倾斜姿态;⑧ 未修正的高度。

(1) 预位子方式

按压 VOR/LOC 方式选择电门,方式是 VOR 预位子方式。当 VOR 是预位子方式时,白色小 VOR/LOC 字符显示在 FMA 倾斜位置的第 2 行,FCC 保持在该子方式直到飞机满足捕获逻辑。

在该子方式,FCC 用以下数据计算捕获点,在该点飞机应转到航道上:① 波束偏离;② 真空速;③ 航道误差;④ 选择的倾斜限制值;⑤ 接近率,FCC 用真空速、航道误差、DME 距离计算接近率,若 DME 距离不能得到,则 FCC 用波束偏离的变化率计算接近率。

(2) 捕获子方式

当飞机到达捕获点时,VOR 方式转到捕获子方式。在捕获方式工作之前,FCC 要确认下述状态至少在 3 秒钟内有效:VOR/LOC 方式选择电门衔接、航道选择器没有转动、波束偏离小于 22°、VOR 接收机有效。

若 FCC 不能计算捕获点,但波束偏离小于 0.5°,VOR 方式改变到捕获子方式。同样,若 FCC 不能计算捕获点,但波束偏离小于 2° 达 10 s,VOR 方式也应改变到捕获子方式。

飞机的倾斜不会超过所选择的倾斜限制值。最大的倾斜率是 4.0(°)/s。

当 VOR 在捕获子方式时,VOR/LOC 以绿色的大字符显示在 FMA 倾斜位置的第一行。FCC 保持在该方式直到飞机满足在航道上逻辑。

(3) 在航道上子方式

若 VOR 不在捕获子方式、倾斜角大于 7°、过台探测(OSS)生效,则禁止在航道上子方式生效。

若波束偏离小于 1°、航道误差小于 18°,且保持出现 5 s 以上,VOR 在航道上子方式方能生效。当波束偏离变化率小于 0.15(°)/s 达 10 s 以上,VOR 在航道上子方式也能生效。

飞机倾斜将不大于 8°,最大倾斜率为 1.3(°)/s。

当 VOR 进入在航道上子方式时,VOR/LOC 继续以绿色的大字符显示在 FMA 上倾斜位置的第一行。FCC 保持在该子方式直到飞机满足过台探测子方式(OSS)逻辑。

该子方式下,若选择了新的 VOR 航道,则 FCC 返回到 VOR 捕获子方式。

VOR 控制方式导引过程如图 3.27 所示。

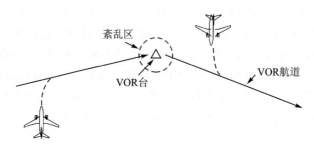

图 3.27　VOR 控制方式导引过程

(4) 过台探测子方式(OSS)

过台探测逻辑监控 VOR 偏离波束信号的快速变化。当飞机飞越 VOR 台在紊乱区(在 VOR 台上空)时,这一子方式出现。若偏离波束变化量大于 0.75(°)/s,则 FCC 进入 OSS 子方式。若波束偏离变化量大于 6.0°,则 VOR 也进入 OSS 子方式。在波束偏离改变小于这些 OSS 标准之后的 23 s 内,FCC 仍保持在 OSS 子方式。若 DME 台与 VOR 台建在一起,当飞机高度减去 DME 距离的绝对值小于 5 000 ft 时,FCC 也进入 OSS 子方式。这就使得飞机可以通过紊乱区并可以转弯。

飞机的倾斜角不会超过选定的限制值,最大倾斜率是 4.0(°)/s。

若按压 OVR/LOC 方式选择电门或选择另一倾斜方式,则 VOR 方式被取消。

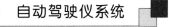

若 A/P 在 CMD,VOR 信号无效大于 8 s,则 VOR 方式也将取消。

3.4.4　水平导航的控制方式与应用

1. 水平导航控制方式

水平导航(LNAV)控制是人工选择的飞行方式。在该方式下,FCC 依飞行管理计算机(FMC)计算所得的滚转指令控制飞机的航向运动,使飞机沿着 FMC 的飞行计划所规定的航线飞行。

通常飞机的飞行航线由一串按顺序排列的航路点来确定(点集),设计点-点之间的航线。通常以大圆路径连接起来,大圆路径飞行可保证飞机准确地按预定航迹飞行,预定航迹是连接飞机两个相邻航路之间的一条直线,所以沿大圆航线飞行是最短距离飞行。飞行前,飞行员已在飞行管理计算机的 CDU 上输入了飞行计划航路,通常该计划航路是由数个航路中途点以及起飞机场和着陆机场组成的。此外,生效的航路还包括标准仪表离场程序、标准仪表进场程序和仪表进近程序等。飞行管理计算机依次存储这些航路点的地理坐标位置,并根据飞机的位置按顺序给出飞机飞向下一个航路点的航迹线。飞行管理计算机将会根据导航数据,提供飞机相对于两个航路点之间预定航迹线的航迹偏离、航迹角误差、地速以及到下一个航路点的距离和待飞时间等。航迹角误差为飞机航迹和预选航线之间的误差角。航迹偏离为飞机偏离预定航线的距离,从与航线正交的线段上量取。航线偏离时的几何关系如图 3.28 所示,图中 y 为航迹偏离,V 为空速。

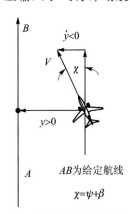

图 3.28　航线偏离时的几何关系

飞行管理计算机制导计算求得航迹偏离、航迹角误差,通过 A/P 的滚转角控制系统操控飞机副翼,控制飞机倾斜转弯使飞机保持在期望航线上。从图 3.28 可知,侧向偏离 y 的变化率可近似为

$$\dot{y} \approx \frac{V}{57.3}(\beta + \psi) \tag{3.16}$$

由于存在协调转弯,侧滑角 $\beta \approx 0$,因此有

$$\dot{y} \approx \frac{V}{57.3}\psi \tag{3.17}$$

依据式(3.12)有

$$\dot{\psi} = \frac{g}{V}\phi \tag{3.18}$$

因此可以找到滚转角与侧偏离 y 之间的关系。依此可得侧偏距控制系统结构如图 3.29 所示。

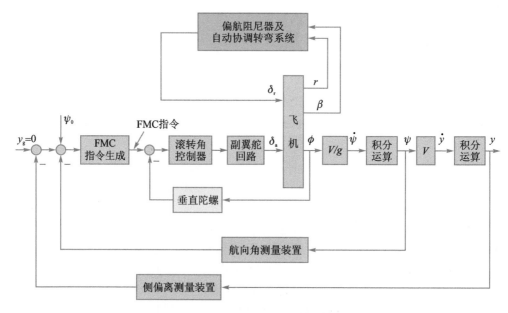

图 3.29　侧偏距控制系统结构图

在水平导航控制中除了要控制飞机在给定的航段外，还要实现不同航段的转接。通常有两种转接方式：一种为过点转接，即飞机飞过本航路点后才开始向另一航段的转换，如图 3.30(a)所示；另一种为提前转换，即飞机不飞过本航段的航路点，当飞机接近本航路点时，即按一定转换轨迹自动飞向下一段航迹，如图 3.30(b)所示。根据飞机到航路点的待飞距离或到航路点的待飞时间，FMC 即可给出控制指令。

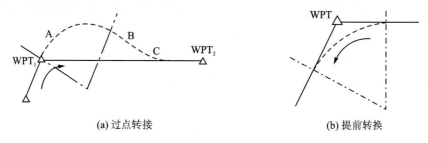

(a) 过点转接　　　　　　　　　　　　　(b) 提前转换

图 3.30　不同航段转接的两种方式

提前转换方法的转换航迹，一种可行方法如图 3.31 所示，是用一段圆弧来连接两段航迹，其圆心角等于前后两段航线的偏差角 $\Delta \rho$，两段航线与圆弧航迹的连接点 p_i 与 p_{i-1} 在绕航路点 WPT_i 的连接圆弧上。如果飞机以某转弯角速 $\dot{\psi}_S$ 转弯，地速为 V_d，则水平转弯半径为

$$R = \frac{V_d}{\dot{\psi}_S} \tag{3.19}$$

由此可得圆弧半径

$$X_s = R \times \tan\left|\frac{\Delta\rho}{2}\right| = \frac{V_d}{\dot{\psi}_s}\tan\left|\frac{\Delta\rho}{2}\right| \tag{3.20}$$

由此,在 WPT_i 已知时,即可求得在本航段上开始转弯的 p_{i-1}。从该式可见,地速越大,两段航线的偏差角 $\Delta\rho$ 越大,越是要求提前转弯。

2. B737 – NG A/P 水平导航控制方式的应用

空中 LNAV 方式接通 LNAV 准则如下:

- FMC 输入有效飞行计划航路;
- FMC 内用于计算水平制导指令的数据有效;
- 气压修正高度有效;
- 在有效航路 3 n mile 以内,飞机在任何航向都可接通 LNAV;
- 在有效航路 3 n mile 以外,飞机必须在 90° 或 90°以内切入航道上,且必须在到达有效航路点前,切入航路。

以下任何一种情况出现,LNAV 方式都将取消:

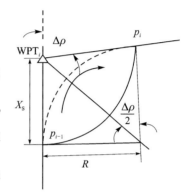

图 3.31　提前转换航迹时各变量关系

- 在 LNAV 电门灯亮时,按压该电门;
- 到达有效航路最后的航路点;
- 到达一个不连续航路;
- 在 VOR/LOC 方式或 APP 方式下(VOR/LOC 已预位),切入所选进近航道;
- 选择了其他横滚方式;
- 飞机没有在捕获的界限内,不符合捕获准则;
- 在 F/D 指令大于 14°时,将 A/P 衔接于 CMD;
- A/P 在 CMD 方式,加在驾驶盘上的力大于 10 lb(1 lb＝0.454 kg)。

3.4.5　横侧向通道各控制方式的副翼指令

FCC 依据上述横滚各种控制方式所得的指令,通过相同的控制回路,计算 A/P 副翼的指令,在生成副翼指令时,FCC 还用以下信号参与计算:

- 横滚姿态;
- 横滚姿态的变化率;
- 横滚 A/P 作动器位置;
- 副翼位置。

由此可形成如图 3.32 所示的计算框图。图中所包含的滚转 CWS 的指令见 3.6 节。此外,计算所得副翼指令除送给副翼 A/P 作动器外,还应在 FCC 内传送给俯仰计算通道,以实现协调转弯的俯仰控制。

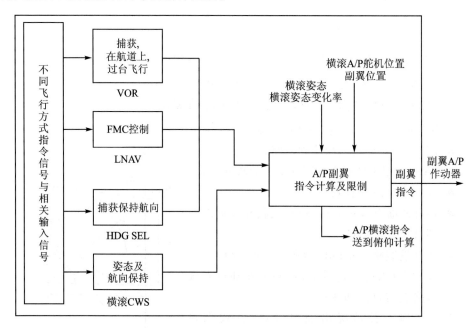

图 3.32   横滚通道各控制方式的副翼指令框图

3.5   进近、着陆与复飞控制方式

3.5.1   概　述

在终端区,飞机的进近方式可以有所不同,可以采用 VOR 倾斜进近,亦可以采用仪表着陆系统(ILS)进近着陆方式,不同的飞机所采用的进近方式不同。下面主要介绍仪表着陆系统进近着陆方式。

仪表着陆系统机上设备除了仪表着陆的各种接收机等无线电设备外,还应包括下述飞机的自动着陆系统,主要有:

- 飞行自动控制系统;
- 发动机油门自动控制系统;
- 自动刹车、减速控制系统(包括自动襟翼控制、自动增阻控制系统等)。

此外,还应在飞机上提供高精度无线电高度表,可以精确地测量 0.5～100 m 的高度。

1. 终端进近程序

民用飞机的终端进近和着陆是由仪表着陆程序决定的。可以把标准进近划分为5 个阶段,如图 3.33 所示。图中 1 表示进场航线,是引导飞机从航路网络到达机场终端区边界上的进场无线电信标(VOR)这一航段,图中 IAF(Initial Approach Fix)

称为起始进近定位点,从此点开始进近到机场。如果进近航线没有空位,飞机应在此处作标准等待飞行(图中 2 表示),起始近进段 3 引导飞机到进近基准线的延长线上(即由航向信标所形成的着陆航向平面)。为了柔和地过渡到着陆航向平面,希望切入角不应大于 45°。起始进近段,应利用全向信标台(NDB)引导飞机进行程序转弯(图中 4 表示)。达到着陆方向平面 5 时,飞机转向着陆方向。这一过程为中间进近段(Intermediate Approach),并从 6 处开始,将飞机稳定在等高线上(近似为 500 m),同时慢慢将空速减小到 1.3 倍失速空速上。在高度为 500 m,下滑角 $\Gamma=2.5°$ 的典型数据下,在着陆跑道前 11.5 km 处达到纵向下滑线,并将飞机稳定在下滑线上,直到飞到离跑道前端 7.4 km 处的外指点标(OM),飞机开始第四进场阶段最后进近(Final Approach)。最迟飞到高度为 120 m 时,飞机以着陆构型(放下起落架、着陆襟翼)和终端进近速度稳定在下滑线上(图 3.33 中的 8 点),如图 3.34 所示,

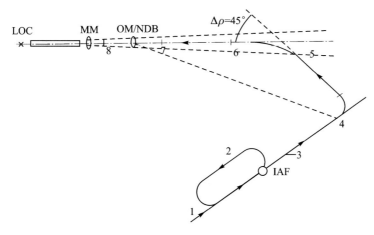

图 3.33　典型进场阶段

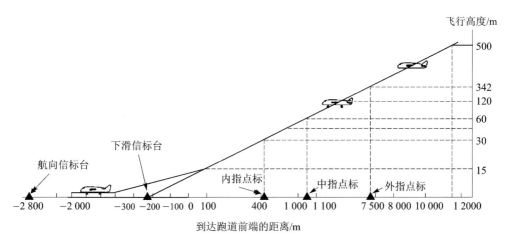

图 3.34　ILS 引导的终端进近段

约在 60 m 高度处飞越中指点标 MM；约在 45 m 高度上，不再使用下滑线信号，而是利用无电线高度表进行控制和显示。从大约 15 m 高度开始拉平飞机，把下降速度从大约 3.5 m/s 降到 0.5 m/s，而空速减小到略大于失速速度。接地前约在 6 m 高度上，要尽快将偏流角减到零，将发动机以空转运行，在接地后飞机减速，并在着陆航向信标引导下滑跑。

最后，应达到相应的着陆最低标准，如果不满足着陆标准，开始最后复飞阶段，以便安全中止终端进近。最低着陆标准如表 3.1 所列。

表 3.1　最低着陆标准

类　　别	决断高度/m	水平方向能见度/m
无 ILS	120	—
ILS I	60	800
II	30	400
III	0	200
IV	0	50
V	0	0

2. 仪表着陆系统(ILS)

仪表着陆系统(ILS)已在有关无线电机载设备课有了详细介绍。仪表着陆系统(ILS)的下滑信标台及航向信标台发射无线电波，在机场跑道的上空形成了飞机着陆的高度和航向飞行轨迹的基准面，两个基准面的交线，即为 ILS 下滑轨迹线，如图 3.35 所示。图 3.36 分别为下滑信标台和航向信标台所形成的无线电波束剖面。在飞

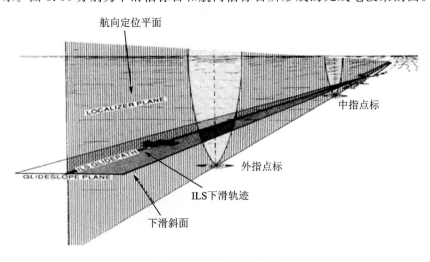

图 3.35　ILS 下滑轨迹线

机上装有相应的接收机,当飞机质心偏离下滑斜面时,下滑信号接收机将会输出偏离信号;类似地,当飞机偏离航向定位面时,相应的接收机也会输出偏离信号,控制系统依据上述偏离信号,分别控制飞机的俯仰轴和横滚轴运动,保持飞机的质心位于下滑轨迹线上。航向定位面作为航向基准,在 ±5° 范围内,有效距离为 45～33 km;在 ±15° 范围内,有效距离为 31～18 km。下滑斜面为高度基准,其与地面夹角通常为 3° 左右,其信号在等信号斜面的 ±0.5° 范围内才可使用,其作用距离为 18 km。

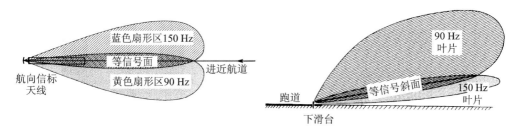

图 3.36　下滑信标台和航向信标台所形成的无线电波束剖面

　　进场和着陆是最复杂的飞行阶段。由于这一阶段飞行高度低,所以对飞行安全的要求也最高,尤其在终端进近时,飞机的所有状态都必须高精度保持,直到准确地在一个规定的点接地。自动着陆系统经过几十年的发展和考验,已用在所有的民用飞机上。通过所有子系统的余度技术和监控技术,自动着陆系统能允许在最低的能见度下以标准运行方式,按程序着陆。

3.5.2　俯仰进近与自动拉平控制系统

　　俯仰控制的主要任务是从第 7 阶段开始将飞机稳定在下滑线上,并从 15 m 高度开始实现拉平,降低飞机的垂直下降速率。因此,俯仰自动进近着陆系统通常有两种工作模式,即下滑控制模式及自动拉平控制模式。

1. 自动下滑控制系统

　　自动下滑控制系统的主要功能是控制飞机沿仪表着陆系统所形成的下滑线飞行。为实现这种控制功能,最基本的方法是依机上仪表着陆系统接收机所测得的飞机偏离下滑线的偏离角信号,通过升降舵控制飞机俯仰角,进而改变飞机的航迹倾斜角,使飞机质心回到下滑线。在控制过程中,发动机油门控制系统将保持所需的飞行速度。由此可见,下滑控制系统的基本内回路是飞机的俯仰角控制系统。为了构成系统的外回路,首先应找到飞机的俯仰角与飞机偏离下滑线偏离角 Γ 之间的运动学关系。

　　图 3.37 是飞机质心偏离下滑线时的运动关系,图中 Γ 是飞机质心偏离下滑线的误差角,d 是飞机偏离下滑线的垂直距离,h 是飞机质心离地面的垂直距离。从图中可得

$$\tan \Gamma = d/R \tag{3.21}$$

近似地有

$$\Gamma \approx d/R$$

$$\dot{d} = V\sin(3° + \gamma) \approx V(3° + \gamma)/57.3 \tag{3.22}$$

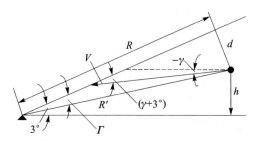

图 3.37 飞机质心偏离下滑线时的运动关系

通常，假定初始时飞机位于下滑线上，所以初始航迹倾角 γ_0 应等于 $-3°$，所以有

$$\gamma = \gamma_0 + \Delta\gamma, \quad \dot{d} = V\sin(3° + \gamma) \approx V(3° + \gamma_0 + \Delta\gamma)/57.3 \tag{3.23}$$

于是

$$d = \int_0^t \dot{d}\,\mathrm{d}t = \int_0^t V(3° + \gamma_0 + \Delta\gamma)/57.3\mathrm{d}t \tag{3.24}$$

依此，可以构成如图 3.38 所示的下滑控制系统的原理结构图。图中下滑控制器（常称耦合器）由比例环节与积分环节相串联构成。从图中还可以看到 $\Gamma = d/R$ 中的 R 随飞机接近跑道将变得越来越小，从而使整个系统的开环放大系数变得越来越大，并可能使下滑系统失去稳定性。为此耦合器的比例环节的放大系数通常应随 R 的减小而成比例地减小。目前，不直接测量飞机质心到下滑台之间的实际距离 R，而是利用无线电小高度表测量飞机质心的离地高度 h，并与偏离角 Γ 一起估算出 R 值。实际上，从图 3.37 上可知

$$\cos\Gamma = R/R', \qquad R = \cos\Gamma \times R'$$

$$\sin(3° - \Gamma) = h/R', \qquad R' - h/\sin(3° - \Gamma)$$

所以

$$R = \cos\Gamma \times h/\sin(3° - \Gamma) \approx h \times 57.3/(3° - \Gamma) \tag{3.25}$$

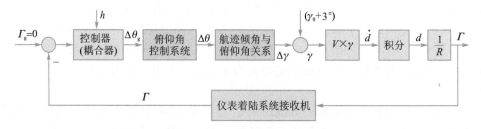

图 3.38 下滑控制系统的原理结构图

在下滑过程中如受到常值干扰力矩作用或受到常值垂直风 W 影响时，将会产生稳态

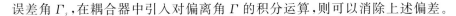

误差角 Γ_s,在耦合器中引入对偏离角 Γ 的积分运算,则可以消除上述偏差。

2. 自动拉平控制系统

飞机着陆前必须把它沿下滑线下滑的垂直下降速度（$-3.5\sim-4.5$ m/s）降到允许的着地速度（$-0.3\sim-0.6$ m/s）。所以,飞机必须在规定的高度上离开下滑线,并以连续的过渡过程飘落,同时达到规定的正俯仰角,以保证安全着地。拉平控制系统的任务就是控制飞机的俯仰角将下滑时的垂直下降速度减小到允许的着地下降速度。

经验证明,可以把拉平段轨迹设计成指数曲线,实际上就是使垂直下降速度 $\dot{h}$ 随高度 h 的减小而降低,即

$$\dot{h}(t)=-ch(t)=h(t)/\tau \tag{3.26}$$

式中 $c=1/\tau$。上式可以写成

$$\tau\dot{h}+h(t)=0 \tag{3.27}$$

该式为一阶齐次微分方程,其解为

$$h(t)=h_0 e^{-t/\tau} \tag{3.28}$$

这即为一条指数曲线。式中,τ 为拉平指数轨迹的时间常数;h_0 为拉平开始的起始高度;$h(t)$ 为飞机距地面的实际高度,可以用无线电高度表精确测量。如果按该式来设计拉平轨迹,只有当拉平时间足够长时,才能使飞机触地,显然这不符合实际。实际上,飞机触地时允许有很小的着地速度 $\dot{h}_d$（$-0.3\sim-0.6$ m/s）,因此,可以要求

$$\dot{h}(t)=-ch(t)=-h(t)/\tau+\dot{h}_d$$

对于大型民用客机,h_0 通常为 15 m,时间常数 τ 为 4 s 左右。为了实现上述拉平轨迹,可以将该式作为系统的指令信号,通过控制飞机的俯仰角,改变飞机的垂直下降速度来实现该方程。为此,拉平轨迹控制系统亦应以飞机俯仰角控制系统为基本内回路,测量实际的飞行高度 $h(t)$ 以及垂直下降速度,构成如图 3.39 所示的拉平控制系统结构图。图中拉平耦合器（控制器）是为改善拉平轨迹而加入的,通常可以取比例加积分等运算。采用这种控制方案,拉平轨迹如图 3.40 所示,实际上,相当于跑道平面要高于指数曲线的渐近线一定距离 h_d。

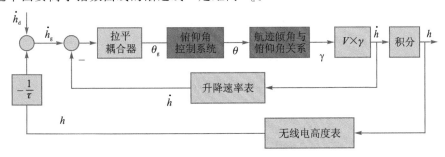

图 3.39　拉平控制系统结构图

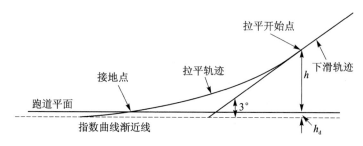

图 3.40　拉平轨迹

3.5.3　侧向波束导引系统

自动着陆过程中,必须将飞机保持在航向垂直基准面内,以使飞机对准跑道中心线。实现这种侧向波束导引的基本方法是通过 ILS 系统测得飞机质心偏离侧向波束中心线的偏离角,然后控制飞机副翼进行倾斜转弯,使飞机进入波束中心线,消除偏离角,其控制方案与 3.4.3 小节的甚高频全向导航(VOR)控制是类似的,在此不再进行讨论。

侧向着陆控制系统的一个重要问题是遇有侧风时,在下滑过程中,通常要使飞机产生一个前置偏流角,使飞机机头向着侧风飞行,地速对着跑道中心线。但在接地前不远处,必须将飞机机头对准着陆跑道,为此必须尽量迅速、直接地在接地前完成修正偏流角。偏流角修正是通过侧滑角控制系统来实现。

在飞机落地后,为保持飞机在跑道中心线,还应构成跑道中心线制导系统。该系统主要接收航向信标的偏离和偏离速率信号以及机体偏航角速度信号,产生控制指令按一定比例分别控制前轮和方向舵。当断开自动驾驶仪时,该系统中止工作。

3.5.4　B737－NG A/P 的进近、着陆与复飞控制

1. B737－NG A/P 的进近方式

(1) 概　述

B737－NG A/P 的进近有以下多种方式。按压 VOR/LOC 方式选择电门选择 VOR 或 LOC 倾斜进近方式。若在导航控制板上设置的是 VOR 频率,则选择 VOR 倾斜进近方式;若在导航控制板上设置的是 ILS 频率,则选择 ILS 倾斜进近方式。若按压 APP 方式选择电门,则选择 LOC 和 G/S 方式用于进近。在以上进近方式下均可打开 F/D。也可以将 A/P 衔接于 CWS,仅使用 A/P 的横滚 CWS 指令进近。

① VOR 倾斜方式

若真空速小于 250 节,则无线电高度小于 1 500 ft(1 ft＝0.305 m),起落架放下,且在导航控制板上设置的是 VOR 频率。若按压 VOR/LOC 方式选择电门,则选择了 VOR 倾斜进近方式。VOR 进近方式与 VOR 巡航方式非常相似,在 VOR 进近

阶段,波速偏离及航道误差信号增益比 VOR 巡航方式要小,此时只能向跑道靠近,而不能对准跑道中心线。

② CWS 进近方式

将 A/P 衔接于 CWS,仅用于 A/P 的横滚 CWS 指令进近。航向保持子方式不工作,而姿态保持子方式工作。

当以下任一条件出现时,机组可以使用横滚 CWS 进近方式:

- F/D 在 LOC 衔接方式,A/P 在 CWS 方式;
- 在 250 节空速以下 VOR 方式衔接,A/P 在 CWS 方式;
- 高度低于 1 500 英尺,起落架放下,A/P 在 CWS 或在 CMD,但无有效方式。

③ LOC 进近方式

选择 LOC 方式,ILS 频率必须在导航控制板上设定,ILS 航道在 MCP 上设定,且 ILS 接收机提供横向制导捕获并跟踪 LOC 波束。使用 LOC 进近方式,在控制飞机向跑道靠近后,还能精确地对准跑道中心线。当 G/S 不能使用或使用不同的垂直轨迹下降时,驾驶员仅利用 LOC 进近。

④ G/S 进近方式

按压 APP 方式选择电门,方能进入 G/S 进近方式,此外,ILS 频率必须先在导航控制板上设定,ILS 航道在 MCP 上设定,ILS 接收机提供垂直制导,捕获并跟踪 G/S 波束。

按压 APP 方式选择电门,除 APP 方式选择电门灯点亮外,并预位 AFDS 以捕获航道和下滑道,此时横滚方式显示 VOR/LOC 预位,俯仰方式显示 G/S 预位,同时允许接通两部自动驾驶仪。

(2) LOC 方式

LOC 方式有三个子方式。FCC 使用 VOR/LOC 方式选择电门信号、MCP 上选择的跑道方向、飞机的磁航迹、水平加速度、飞机的横滚姿态、LOC 航道偏离、无线电高度以及下滑道捕获信号计算这三种子方式的横滚指令。三个子方式分别如下:

① LOC 预位子方式

当飞行员按压了 VOR/LOC 方式选择电门,且选择了一个 ILS 频率,A/P 衔接于倾斜 CWS,HDG SEL 或 LNAV 方式的条件下,LOC 方式预位。此时,飞机按一定的切入角接近 LOC 航道,并判断飞机是否捕获 LOC 航道。应注意,按压 MCP 板上的 VOR/LOC 方式选择电门仅使 LOC 方式预位。

② LOC 捕获子方式

FCC 用飞机的航迹角、飞机的速度、LOC 偏离、ILS 航道误差及飞机距跑道的距离等数据确定 LOC 波束的捕获点。当飞机到达捕获点,有效的倾斜方式转换到 VOR/LOC。在 LOC 捕获方式,倾斜角限制为 30°,倾斜率限制是 7(°)/s。在该方式下,FCC 利用 ILS 航道误差及航道偏离信号控制飞机的倾斜。

③ LOC 在航道上(航道跟踪)子方式

当满足 LOC 偏离小于 0.8、波束率小于 0.045(°)/s、倾斜角小于 6°时,进入 LOC 航道跟踪子方式。另外,当 LOC 偏离小于 0.8、LOC 在捕获方式超过 135 s 时,也会进入 LOC 在航道上子方式。在该方式下,FCC 利用 ILS 航道误差信号控制飞机滚转,并进行侧风修正。

LOC 方式工作如图 3.41 所示。

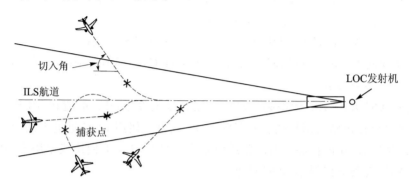

图 3.41 LOC 方式工作

(3) G/S 进近方式

G/S 作为进近的俯仰方式,有下述两个子方式:G/S 预位及 G/S 捕获。

① G/S 预位子方式

当飞行员选择了一个 ILS 频率、A/P 或 F/D 接通且按压了 APP 方式选择电门,则 DFCS 即进入 G/S 预位子方式。此时,FMA 上显示白色的 G/S 字符,APP 方式选择电门灯亮。

② G/S 捕获子方式

当飞机所在位置的波束偏离小于 0.19°至少 2 s,G/S 捕获出现。FCC 自动禁止俯仰巡航方式。

应注意,A/P 在捕获 G/S 之前,首先捕获 LOC。当 G/S 和 LOC 均在捕获方式,APP 方式选择电门灯灭时,这意味按压 APP 方式选择电门并不能取消该方式。

(4) 单通道与双通道进近

按压 APP 方式选择电门,则可以选择 LOC 进近及 G/S 进近,即实现完全依靠仪表着陆系统同时实现航向及俯仰进近,即实现 APP 进近。但此时还分单通道进近与双通道进近两种方式。单通道即只有一套自动驾驶仪接通工作,双通道进近则两套 A/P 都需要接通工作。双通道比单通进近的优点是:要求的决断高度更低;可以实现自动着陆及自动复飞。

① 单通道进近

飞行员想进行 ILS 进近,则按压 APP 方式选择电门,此时仅一套 A/P 衔接,则进行的是单通道进近。F/D 可以是关闭,也可以是打开一个或两个。

在进近阶段,A/P 捕获 LOC 和 G/S,A/P 在捕获 G/S 之前,必须首先捕获 LOC,捕获了 LOC 和 G/S 之后,A/P 进入进近在航道上(航道跟踪)方式。

进近在航道上与 LOC 在航道上子方式一样,但进近在航道上时本侧无线电高度表必须有效;无线电高度低于 1 500 ft 且 G/S 下滑道捕获。在单通道进近时也可以使用拉平控制,但拉平方式不在 FMA 上显示其通告,且当飞机达到决断高度时需人工断开 A/P。

② 双通道进近

飞行员可以进行双通道进近,首先按压 APP 方式选择电门,然后将第二套 A/P 衔接于 CMD。F/D 可以是关闭,也可以打开一个或两个 F/D。

这种进近方式除 A/P A 和 A/P B 均衔接外,其他与单通道进近相似。

飞机达到 800 ft 无线电高度之前,第 2 套 A/P 必须衔接于 CMD,低于该高度,第 2 套 A/P 就无法衔接于 CMD。

A/P 在无线电高度为 50 ft 时开始拉平控制,拉平方式控制飞机平滑接地,这是 FCC 自己计算的指令,而不是 G/S 方式的一部分。驾驶员应在飞机接地时或着陆后断开 A/P。但飞机在到达 350 ft 无线电高度之前,如果没有进入拉平预位方式,A/P 将断开。

2. 自动复飞

(1) 概 述

当不满足着陆条件时,飞行员应采取措施实现复飞,在双通道进近时,即两套 A/P 均衔接于 CMD,在飞行员按压 TO/GA 电门后,则可以实现双通道自动驾驶复飞。如果只有一套 A/P 衔接于 CMD,飞行员按压 TO/GA 电门,只是将自动驾驶仪断开,采用人工复飞。在执行双通道自动驾驶复飞时,飞行员按压 TO/GA 电门,将取消进近方式而进入复飞方式。

A/P 复飞方式包括 A/P 复飞预位、A/P 减推力复飞、A/P 全推力复飞及 A/P 复飞退出 4 个阶段。

(2) A/P 复飞预位

若飞机高度低于 2 000 ft 无线电高度,且两套 A/P 衔接于 CMD,拉平方式预位或生效,则在飞机接地(轮子转动)前,A/P 复飞预位均有效。此时按压 TO/GA 电门,则进入 A/P 减推力复飞阶段。若在接地后按压 TO/GA 电门,两套 A/P 断开,但 F/D 和 A/T 不变,则仍处于复飞方式。

(3) A/P 减推力复飞

在 A/P 复飞预位后,飞行员按压任何一个 TO/GA 电门,开始 A/P 复飞方式。

俯仰指令最初是抬头 15°,然后根据襟翼的位置控制飞机的速度。若一台发动机故障,俯仰指令是速度控制,保持 MCP 板上设置的目标速度。倾斜指令是保持飞机离地后当时的磁航迹。A/T 指令是减推力,但仍保持正的爬升率。

(4) A/P 全推力复飞

飞机达到 A/P 减推力复飞的设定值后,驾驶员可再次按压 TO/GA 电门。这将增大推力的设定值(在第 5 章中将有详细说明)。

(5) A/P 复飞的退出

如果系统的状态使单通道 A/P 不能提供对升降舵足够的控制,则俯仰通道就不能退出 A/P 的复飞方式。当配平情况发生变化,使单通道 A/P 可以提供足够的升降舵运动时,俯仰 A/P 的复飞方式可以退出。

若无线电高度大于 800 ft,且飞行高度接近 MCP 上设置的复飞高度,则俯仰 ALT ACQ 方式有效,飞机在 MCP 高度保持平飞。若飞机在 MCP 高度改平,后衔接的 A/P 将断开。MCP 上 IAS/MACH 显示器显示当前速度。A/P 一直保持横滚通道在 CWS R 方式,直到驾驶员选择了其他的横滚方式。这表明 A/P 已退出了复飞方式。

另一种退出 A/P 的 G/A 的方法是按压 HDG SEL 方式选择电门,但俯仰通道仍保留在 A/P 俯仰复飞方式。这时,横滚是单通道控制,而俯仰仍是双通道控制。后衔接的 A/P 断开其横滚方式,并断开其副翼舵机,两套 A/P 仍在 CMD 方式。

若飞行员选择了一个俯仰巡航方式,如 LVL CHG,A/P 退出俯仰复飞方式。不能用俯仰 CWS 方式来退出 A/P 俯仰复飞。

3. 自动着陆

仅当选择了 APP 方式,将两套 A/P 衔接于 CMD,实现双通道进近的条件下,方可实现自动着陆功能。自动着陆是由下述三个部分组成,即进近、拉平和复飞,由俯仰及倾斜指令进行控制。

为了保证自动着陆控制的可靠性,自动着陆仅当两个 FCC 的 A/P 均衔接时才能工作。为了实现双通道 A/P 的正常工作,在实现自动着陆时,需要实现下述功能:

① 同　步

当每个 FCC 衔接 A/P 在 CMD 或 CWS 方式时,相应的 A/P 作动筒要与使其控制的舵面当前位置同步,以防止作动筒与输出轴连接时舵面产生突然运动。

② 初始化

在初始化时,首先衔接的 FCC 将控制律数据传送到后衔接的 FCC 的两个 CPU 中,先衔接的 FCC 两个 CPU 之间也相互传送数据。FCC A 及 FCC B 有相同的数据,保证它们的俯仰及倾斜指令是一致的。

③ 一致化

FCC 分别比较两个 A/P 的升降舵及副翼作动筒(舵机)的输出位置,若两者不同,则使两者一致,以确保两个作动筒(舵机)相互一致。

④ 监　控

为了实现上述三项功能,需要对这些功能进行监控,以保证两个 FCC 的 A/P 的性能：

- 设置舵面位置监控电路，用于比较舵面位置与 A/P 舵机位置的一致性；
- A/P 作动筒（舵机）位置监控电器，用于比较 A/P 舵机位置与 A/P 指令的一致性；
- CPU 指令监控电路，用于比较主 CPU 与备用 CPU 的计算指令的一致性。

任何一项不一致，都将断开自动着陆功能及自动驾驶仪。

3.5.5　进近、着陆与复飞控制的作动器指令

依据前述进近、着陆与复飞控制的俯仰及滚转控制的分析，可得升降舵与副翼作动器指令的生成示意框图如图 3.42 所示。在该过程中，俯仰与滚转通道应协调组合完成控制。

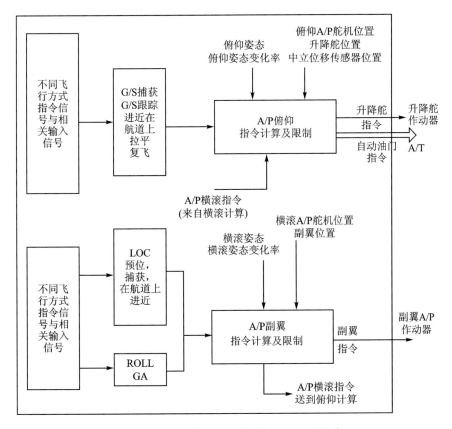

图 3.42　进近、着陆与复飞控制的作动器指令

3.6　驾驶盘操纵 CWS 方式

3.6.1　概　述

现代民用飞机的自动驾驶仪除有完全自动驾驶的 CMD 工作方式外,还都设置有驾驶盘操纵 CWS 方式,此时,飞机要依靠由飞行员操纵驾驶杆(或驾驶盘)来操纵飞机飞行,与机械操纵不同,CWS 操纵需要将飞行员的操纵杆力转换为电信号,并送到 FCC 中,经过一定的计算产生控制指令,由 A/P 作动器(舵机)驱动舵面作动器操纵飞机,仍然是一种闭环控制,这相当于在自动驾驶仪方式下的人工手动操纵。

不同型号飞机,所设计的 CWS 的具体操作方式亦有所不同。现以 B737-NG A/P 的驾驶盘操纵 CWS 方式为例做简单介绍。B737-NG A/P 的驾驶盘操纵基本分为 CWS 横滚及 CWS 俯仰两种。

3.6.2　CWS 横滚方式

(1) 概　述

在 CWS 横滚方式,驾驶员可以像 A/P 未衔接那样来控制飞机,对飞机的控制来自 CWS 横滚力传感器,并通过 FCC 实现。FCC 使用 CWS 横滚力传感器、飞机磁航向、真空速、飞机横滚姿态及飞机横滚率信号计算 CWS 横滚指令。采用以下三种方法可以衔接横滚 CWS 方式,此时在 FMA 上显示有 CWS R:

- 按压 CWS A/P 衔接电门;
- 按压 CMD A/P 衔接电门,但未选用其他横滚方式;
- 横滚 CMD 方式生效时,施加在驾驶盘上的力大于 10 lb。

在 CWS 横滚操纵方式,施加在驾驶盘上的操纵力,有以下三种状态标准:

① 锁定状态:若飞机横滚角小于或等于 30°,操纵力小于 2.25 lb;若横滚角大于 30°,操纵力小于 3.0 lb。

② 弱力操纵:若操纵力大于锁定标准但小于或等于 10 lb。

③ 强力操纵:若操纵力大于 10 lb。

CWS 横滚操纵方式有三种子方式:姿态保持、航向保持和 CWS 横滚操纵。

(2) 姿态保持子方式

当衔接在 CWS 方式时,若横滚角大于 6°,A/P 进入到姿态保持子方式。在该子方式,A/P 保持 A/P 进入 CWS 子方式时飞机的横滚角。

当 A/P 在 CWS 方式时,若横滚角大于 30°,驾驶盘上的操纵力处在锁定标准之内,则 FCC 将控制姿态,将其减小并保持在 30°。横滚率限制是 4.0(°)/s。

（3）航向保持子方式

当衔接在 CWS 方式时，若横滚角小于 6°，A/P 进入航向保持子方式。在该方式下，A/P 在 3 s 内将飞机横滚角减小至 0°，然后保持飞机航向。

（4）CWS 横滚操纵子方式

当驾驶盘上的力高于锁定状态，A/P 进入横滚 CWS 操纵子方式。驾驶员将控制飞机横滚，CWS 横滚力传感器将信号送到 FCC，FCC 将产生的控制信号送到 A/P 副翼作动筒（舵机）。此时根据施于驾驶盘力的大小，分为弱力操纵与强力操纵两种。

当 A/P 衔接在 CWS 方式，或衔接在 CMD 方式，但并没有生效的横滚方式时，飞行员只要用弱力状态即可用驾驶盘操纵飞机。

若 A/P 在其他的横滚 CMD 方式，如 HDG SEL，且驾驶盘操纵力处于强力状态，A/P 将进入 CWS 横滚方式。

若 A/P 在单通道进近方式，也可以使用 CWS 横滚操纵。

3.6.3　CWS 俯仰方式

（1）概　述

在 CWS 俯仰方式，机长与副驾驶的 CWS 俯仰力传感器的信号通过 FCC，实现对飞机的控制。FCC 用正、副驾驶 CWS 俯仰力传感器、计算空速和未修正的气压高度输入信号计算 CWS 俯仰指令，通过 A/P 升降舵机及升降舵作动器操纵飞机俯仰运动。

衔接 CWS 俯仰方式有以下三种方法，衔接后在 FMA 上显示有 CWS P。

- 按压 CWS A/P 衔接电门；
- 按压 CMD A/P 衔接电门，但没选用俯仰方式；
- 在某一俯仰 CMD 方式下，施加在驾驶杆上的力超过 21 lb，即高制动状态。

在俯仰 CWS 操纵方式，施加在驾驶杆上的力有以下三种标准状态：

① 锁定状态：驾驶杆上的力小于 5.0 lb。

② 弱力操纵状态：驾驶杆上的力大于锁定标准而小于或等于 21 lb。

③ 强力操纵状态（高制动状态）：驾驶杆上的力大于 21 lb。

CWS 俯仰方式有姿态保持和俯仰操纵两个子方式。

（2）姿态保持子方式

当衔接 CWS 方式后，如果驾驶杆上的操纵力处于锁定状态范围，A/P 进入姿态保持子方式。在该方式下，A/P 保持 A/P 进入 CWS 方式时飞机的俯仰姿态。

（3）CWS 俯仰操纵子方式

当施加在驾驶杆上的力大于锁定状态，处于弱力操纵或强力操纵状态，就进入

CWS俯仰操纵子方式,此时,驾驶员就直接控制飞机的俯仰姿态,机长和副驾驶的CWS俯仰力传感器将操纵信号送到FCC,FCC用两个信号的均值计算控制指令,并将控制指令送到A/P作动筒。当驾驶杆上的力回到锁定状态,A/P进入姿态保持子方式。

显然,如果衔接了CWS俯仰方式,或衔接了CMD方式,但没有生效的俯仰方式,此时,只用弱力状态的杆力就可以用驾驶杆操纵飞机的俯仰运动。若A/P在其他的俯仰CMD方式,如V/S,驾驶杆上的力只有达到强力操纵标准,A/P才能退出俯仰CMD方式而进入CWS俯仰方式。在单通道进近方式时,也会出现CWS俯仰方式,但双通道进近时不允许使用CWS方式。

3.7 自动驾驶仪警告和通告功能

自动驾驶仪很重要的附加功能是对系统工作状态的某些不正常现象发出警告和通告。B737-NG系列飞机,通常有下述一些警告和通告:

(1) A/P 警告灯

当系统出现有某些不正常状态或系统工作发生变化时,位于ASA上A/P警告灯会发生红色闪亮或红色常亮。此外,还可以产生琥珀色的警告灯。

(2) A/P ILS 偏离警告

当飞机处在ILS进近,且偏离ILS轨迹太远时,FCC提供一警告信号给DEU,LOC和G/S刻度由白色变为琥珀色,指针以4 Hz的频率闪亮。

(3) MCP 高度窗口警告

当FCC存储器内的高度改变,而高度选择器没有任何改变或FCC存储器内的高度与MCP上显示的高度不一致5 s时,DFCS提供高度窗口警告。DFCS提供以下方式警告:音频警告出现2 s,然后消失8 s,持续这样的循环;在PFD上高度显示周围出现一琥珀色框;MCP上显示高度为50 000 ft。

(4) MCP 板上速度窗口的警告

MCP板上速度窗口的速度警告分为两种:低速警告与超速警告。当飞机速度太低,约为1.3倍失速速度时,低速警告向机组显示飞机速度太低,此时在MCP板上速度窗口的左边出现A字符。当飞机速度超出了起落架标牌速度、襟翼标牌速度或飞机的性能极限,此时在MCP板上速度窗口的左边出现超速警告旗。速度窗口的速度警告如图3.43所示。

(5) 自动着陆警告

当飞机高度低于500 ft发生A/P断开或出现安定面配平警告,或低于200 ft时出现ILS偏离时,自动着陆警告通告器的红色灯将闪亮。

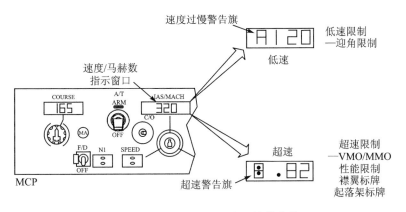

图 3.43　MCP 板上速度窗口的警告旗

3.8　自动驾驶仪的使用

3.8.1　自动驾驶仪的接通与脱开

1. 自动驾驶仪的接通

目前阶段,所有民用飞机,只有在飞机达到规定的高度后方可接通和使用自动驾驶仪来操纵飞机。尽管飞机的自动化程度在不断提高,但在相当远的将来,在滑跑和起飞阶段,飞行员的直接操纵仍是不可缺少的。在起飞阶段不允许自动飞行的主要问题在于,起飞时,飞机在起飞跑道上加速,转入离地和第一个上升飞行阶段,直到收起起落架,其特殊条件是有侧风,速度尚低或者发动机停车的情况,在该阶段,面对一些特殊的情况,飞行员的直接操纵才会积极机智地处理,保证飞行安全。但在起飞阶段,自动驾驶仪的飞行指引功能则会协助飞行员进行起飞阶段的操纵(关于起飞阶段飞行指引功能使用将在第 4 章中讨论)。

在开始起飞滑跑前,正、副驾驶员要将 F/D 电门置于"ON"位,且在 MCP 上用航向选择旋钮选择跑道方位,用坡度限制控制旋钮选择坡度限制值,同时用高度选择旋钮选择一个 MCP 高度,并将自动油门预位,用 IAS/MACH 旋钮选择 V2(计划目标)速度。起飞前的设置完成后,如当驾驶员按压了油门杆上的 TO/GA 电门时,则飞机开始起飞滑跑,并通过 FD 的指引,驾驶员操纵飞机滑跑,正常离地和爬升,在爬升达到自动驾驶仪接通高度(通常为离地高度为 400 ft 左右),并满足一定的接通条件后,按下自动驾驶仪的衔接电门即可接通自动驾驶仪。在衔接自动驾驶仪之前,要习惯性地去检查航向、高度、导航等参数的设置是否适当。对于 B737 - NG A/P 来说,在 MCP 板上有 4 个自动驾驶仪按钮式衔接电门,其中两个电门,即 CMD A 及 CWS A 供 A/P A 使用,另外两个电门,即 CMD B 及 CWS B 供 A/P B 使用,每一个 A/P 可以衔接在 CMD 或 CWS 状态。如果自动驾驶仪衔接条件存在,当按下任一个电门时即可接通自动驾驶仪,开关电门灯将点亮。如果按下 CWS 电门,则 A/P 将进入 CWS 横滚方式及俯仰方式,如果按下 CMD 电门,A/P 进入的方式要由许多条件确定,这里不再详述。如自动驾驶仪衔接条件不存在,自动驾驶仪不能衔接且开关电门灯将不会点亮。在自动驾驶仪衔接后,某些条件还必须保持;否则,自动驾驶仪将会断开,电门灯也将熄灭。在双通道工作时,为了加入第二条通道,还有一些附加的预衔接逻辑条件必须被满足。

总之,要想衔接 A/P,FCC 中预衔接逻辑条件必须有效,要想保持 A/P 在衔接位,保持逻辑条件必须有效。一般来说,保持逻辑条件除了个别条件有所变化外,所有预衔接条件都必须被满足。对于不同型号的飞机,所要求的预衔接逻辑条件和保持逻辑条件不尽相同,但在操作训练文件中都有明确的规定,这里不再详细列举说明。

2. 自动驾驶仪的脱开

当 A/P 接通后,除非飞行员脱开或产生另外某些条件,A/P 将会一直保持接通。飞行员主动脱开自动驾驶仪的最常用方法是,通过按压驾驶盘上的自动驾驶仪脱开电门或者按压 MCP 上的自动驾驶仪脱开杆。在脱开自动驾驶仪时,飞行员应控制好飞机,以防发生意外。

一般来说,如果任何一个前述讨论过的接通条件和保持条件丢失,那么 A/P 将会自动脱开。

在双通道工作时,A/P 脱开衔接也附加有一些特定的条件。在任何时候,如果飞行员在驾驶舱内的操纵机构上施加足够的力,也可以超控自动驾驶仪;如果自动驾驶仪被超控,将会向机组发出信号。

无论是哪种原因造成自动驾驶仪脱开,在 A/P 脱开时,自动驾驶仪脱开警告灯闪亮,并伴有音响。若飞行员再次按压驾驶仪盘上的 A/P 脱开电门,则可以人工切断警告灯和音响。对不同型号的飞机,也特定设计有专门的 A/P 脱开的逻辑条件,这些条件在相应的操作训练文件中均有详细的说明。

3.8.2 自动驾驶仪系统的检测

自动驾驶仪系统是一个由多种电子及机械组件构成的复杂系统,在环境等各种内外因素的影响下,都有可能破坏系统的正常工作或降低系统的可靠性。为了保证系统安全可靠地工作,除了正常定期地对自动驾驶仪系统进行检查维修外,在每次飞行前和飞行中,都必须对自动驾驶仪系统进行有关的监控和检测。

为了给测试和故障诊断提供最大的方便,提高检测的水平,现代飞机均在系统和各组件内设置有机内测试(BIT)的功能,BIT 功能就是实现对系统状态的监控、故障检测和故障隔离的自动测试,用于实现 BIT 功能的硬件和软件,称为机内测试设备(BITE)。自动驾驶仪的 BIT 分为飞行前 BIT、飞行中 BIT 及飞行后 BIT。

（1）飞行前 BIT

飞行前 BIT 主要用于检查系统工作前的准备状态，检查系统是否正常，能否投入正常工作，给出通过或不通过的指示。飞行前 BIT 主要采用上电自检方式，当系统电源接通后，自行进入检测，并在规定时间内完成。该项检测的目的是评估系统计算机硬件是否完好，如进行计算机 RAM、ROM 检测，CPU 自检以及交叉通道信息检测，专用模拟量通道回绕测试和电源测试等，并由专门的软件程序控制，检测结果在飞行前 BIT/维护的显示装置上显示。

此外，还可以由操作者（如飞行员）人工设置而进入飞行前 BIT 检测，并在规定时间内完成测试，检测内容较完整，通常有计算机测试、I/O 检测、电源检测、专用传感器测试、备份计算机检测、舵机系统检测、座舱显示检测以及总线控制器及总线信息传输测试等。检测的目的是对系统的完好性进行判断，确认系统能否无缺陷起飞，检测结果要进行登记和申报显示。一般情况下，依据检测结果，要以一定方式（视觉、听觉）提醒操作者进行干预，决定"再次测试或退出"。检测结果的申报显示可分为综合显示与详细显示两种，综合显示，仅告知"发现故障"与"未发现故障"的综合结果，可作为操作者（如飞行员）决策是否无故障起飞或因检测未通过而中止起飞的依据。而详细显示，则详尽地展现检测结果中故障的各种信息等。

（2）飞行中 BIT

主要是在系统运行中监测系统关键功能的特性，并进行故障隔离。这种检测不需要人工设置，它由系统内部所设计的一系列监控线路、监控装置和软件自动完成，可连续或周期性地进行。通过检测可以确定硬件故障，并可采取相应的措施，隔离已出现的故障，防止对系统可能造成的影响。

（3）飞行后 BIT

主要用于系统飞行后的维护检测，检查飞行中的故障情况，进一步隔离故障，或用于维修后的检验等。这种检测由专门设计的维修 BITE 进行。

3.8.3　使用自动驾驶仪的限制

现代民用飞机广泛采用自动飞行控制系统实现自动飞行，目前除了起飞阶段外，在爬升、巡航、下降和进场着陆、复飞阶段均可采用自动驾驶仪实现自动驾驶飞机完成飞行运输任务。

为了保证安全自动驾驶飞行，针对飞机本身结构及飞行能力的限制，自动驾驶仪对飞行性能也设置了一些基本的限制。通常系统均提供下述包络指令限制及通告：

迎角限制：A/P、F/D 及 A/T 的迎角限制是指速度控制超出人工选择的速度或 FMC 指令的最小可能速度。此限制接近失速速度的 1.3 倍。

起落架标牌速度：起落架标牌转换限制起落架标牌速度的最大速度指令。当起落架放出时，控制该速度。

襟翼标牌速度：襟翼标牌转换限制襟翼标牌速度的最大速度指令。当襟翼放出时,控制该速度。

VMO/MMO:VMO/MMO(最大工作速度/最大工作马赫数)转换提供了机组人员可以选择的或 FMCS 能够控制的最大速度限制。当飞机达到 VMO/MM0 速度时,DFCS 控制 A/T 进入速度方式或衔接速度方式用于升降舵的控制。

性能限制:仅当在 VNAV PATH 工作方式下,DFCS 可以使性能限制转换有效,对于 VNAV PATH 下降而言,由于 FMC 有转换请求,性能限制转换将引起方式转换到高度层改变方式。这一请求是防止飞机超出任何速度限制。

当飞机飞行速度达到给定的包络限制时,在 MPC 板上的速度窗口会给出速度过慢(迎角限制)及超速旗标。

就目前自动飞行控制系统的发展水平,飞行员在实现自动飞行时必须严格按照规定的操作规则使用自动驾驶仪。在应用自动驾驶仪操纵飞机时,飞行员还应特别注意:

(1)要记住,当前民用飞机完成飞行运输任务的主导者仍是正副飞行员。尽管有自动驾驶仪在飞行管理系统及其他设备的配合下,几乎在各个阶段均能完成自动飞行,但这只是可以使飞行员工作变得简单,减缓飞行员工作负担和身体疲劳,使飞行员有更多的注意力去完成其他重要的操作,但绝不意味着飞行员可以完全休息睡大觉。飞行员要时刻通过仪表和观测,监控飞机和发动机的工作状况,以便一旦飞行发生偏差,能及时操纵改出。

(2)飞行员除了要感受和享受自动飞行所带来的效益外,也一定要充分了解在实现自动化飞行时所带来的一些困境。例如,由于高度自动化,使飞行员在空中减少了工作量,并过分空闲,造成惰性,从而降低了警觉性。又如,现代自动飞行控制系统的输入输出信息量很大,这增加了飞行员对信息的读取理解和判断决策上的脑力负荷,使心理负荷加重。此外,现代自动飞行时的飞行方式和控制输入方式较多,在某些方式的自动过渡中易使飞行员模糊与误解,并且也极易发生输入差错,构成重大飞行危害。如果飞行员的知识水平不够和训练不充分,对飞行自动化的理解较浅,极易对某些自动化飞行产生曲解与误操作等。为此,飞行员一定加强自身的技能训练,充分了解和掌握自动飞行的理论和应急处理能力是极为重要的。

(3)在现代自动飞行技术条件下,飞行员一定不应失去人工控制飞机的能力,飞行员保持和加强训练手动控制飞机的飞行技术,在当前和未来均是十分重要的。

3.9　思考题

1. 简述自动驾驶仪的各种功能及辅助功能。

2. 飞行控制系统中为什么多数均采用舵回路? 通常有哪两种舵回路的基本结构?

3. 试说明稳定和控制飞机的俯仰角和航向角的基本控制方法。

4. 试说明稳定和控制飞机的航迹的基本控制方法。

5. 试说明飞机导引回路的基本结构。

6. 为什么要采用同步回路？它的基本控制结构如何？

7. 自动驾驶仪指令方式(CMD)与驾驶盘操纵方式(CWS)工作有何区别？

8. MCP 板上有多少显示器？各有什么特点？

9. 在控制飞机姿态角及航迹的系统中常常加入被控量的速度反馈和在控制器中加入积分环节,试说明其作用。

10. 试说明为什么在纵向控制系统中均加入有高度捕获控制方式,它的基本控制方法如何？有何特点？

11. B737‐NG A/P VOR 控制方式中有哪些子方式？其具体过程如何？

12. 在水平导航控制中不同航段转接控制通常有两种方式,试说明具体控制方法。

13. 试简单说明下滑控制、拉平控制的基本方法。

14. 单通道进近与双通道进近有何区别与特点？

15. 自动复飞的过程如何？

16. 简述自动驾驶仪接通和脱开的条件与方法。

3.10　自测题

1. 舵回路是闭环负反馈回路,基本组成包括哪些？

    A. 信号比较放大器(控制器)　　　　B. 反馈测量装置

    C. 舵面　　　　　　　　　　　　　D. 舵机

2. 飞机自动驾驶仪的内回路(姿态回路)主要用来做什么？

    A. 控制和操纵飞机的速度　　　　　B. 控制和稳定飞机的姿态

    C. 控制和操纵飞机的加速度　　　　D. 控制飞机内部操纵系统

3. 自动驾驶仪制导回路用来控制飞行做什么？

    A. 控制飞机的飞行高度　　　　　　B. 控制飞机的飞行姿态

    C. 控制飞机的飞行速度　　　　　　D. 控制飞机的侧向航迹

4. 对自动驾驶仪工作回路的描述中,正确的是什么？

    A. 舵回路是由舵机作为被控部件而形成的闭合回路

    B. 舵回路与飞机和测量飞机姿态的敏感元件构成的回路,就是姿态稳定回路

    C. 在姿态稳定回路的基础上加入导航数据可以构成导引或制导回路

    D. 同步回路在自动驾驶仪衔接后工作

5. A/P 控制飞机的方式有哪些？

    A. FD、CMD　　　　　　　　　　　B. CMD、CWS

    C. CWS、FD   D. CWS、CMD、FD

6. FCC 俯仰控制方式有哪些？

    A. V NAV、L NAV、ALT ACQ、ALT HLD、LVL CHG

    B. V NAV、ALT ACQ、ALT HLD、V/S

    C. V NAV、ALT ACQ、APP、V/S、LVL CHG

    D. V NAV、ALT ACQ、ALT HLD、V/S、LVL CHG

7. LOC 方式的子方式有哪些？

    A. LOC 预位、LOC 捕获、LOC 在航道上

    B. LOC 捕获、LOC 在航道上

    C. LOC 预位、LOC 捕获

    D. LOC 预位、LOC 捕获、着陆

8. 如何选择高度捕获方式？

    A. 按压高度捕获按钮

    B. 当飞机到达选择的高度时，自动进入高度捕获方式

    C. 当飞机接近 MCP 选择的高度时，自动进入高度捕获方式

    D. 当飞机以小角度切入航道时，自动进入高度捕获方式

9. 衔接 FCC A 到 CMD 方式，但没选任何工作方式，A/P 将工作在什么状态？

    A. FD   B. CWS

    C. HDG SEL、HLD HOLD   D. L NAV、V NAV

10. 在 LVL CHG 方式，A/P 的输出是哪项？

    A. 用升降舵控制飞机的速度   B. 用升降舵控制飞机的姿态

    C. 用升降舵控制飞机的升降速率   D. 用安定面控制机头的俯仰

11. 自动驾驶仪工作在指令状态（CMD），其目标参数来自什么？

    A. FCC 和 MCP   B. FCC 和 FMC

    C. FMC 和 MCP   D. 驾驶杆的输入

12. MCP 上有坡度限制旋钮，调整它可限制飞机的什么角？

    A. 俯仰角   B. 偏航角

    C. 倾斜角   D. 迎角

13. 在自动着陆阶段，下面说法正确的有哪些？

    A. 自动油门控制飞行速度   B. 自动驾驶仪实现自动着陆功能

    C. 自动驾驶监控系统故障   D. 飞行指引控制飞行速度

14. 在自动着陆阶段同时接通多套 A/P 系统的目的是什么？

    A. 用不同的 A/P 分别控制飞机的高度、速度和姿态

    B. 提高自动着陆系统的可靠性

    C. 用另外的 A/P 来监控主 A/P 的工作

    D. 更好地与 A/T 配合

15. 在按压 APP 电门之后,下面说法正确的是什么?

    A. 航向信标先被捕获
    B. 下滑信标先被捕获
    C. 指点信标先被捕获
    D. 航向和下滑同时被捕获

16. 在双通道进近阶段,在什么高度自动接通拉平方式?

    A. 100 ft
    B. 50 ft
    C. 35 ft
    D. 2 ft

17. 双通道进近什么时候必须衔接第二部 A/P?

    A. 1 000 ft 以上
    B. 800 ft 前
    C. 500 ft 前
    D. 1 500 ft 前

18. DFCS 什么飞行阶段只能衔接 A/P?

    A. 爬升
    B. 巡航
    C. 起飞
    D. 拉平

19. DFCS 什么飞行阶段只能衔接 FD?

    A. 爬升
    B. 巡航
    C. 起飞
    D. 拉平

20. DFCS 进入自动着陆方式的条件是什么?

    A. 选择了 L NAV 和 V NAV 方式
    B. 选择了 VOR/LOC 和 G/S 方式
    C. 选择了 APP 方式,并将两套 A/P 衔接于 CMD 方式
    D. 无线电高度 RA 大于 400 ft,小于 1 600 ft,ILS 信号有效

21. 关于起飞前准备必须作以下什么工作?

    A. MCP 板上选择 IAS/MACH 为 V2+20 节
    B. MCP 板上选择 HEADING 为跑道航向
    C. MCP 板上选择 ALTITUDE 为第一次爬高高度
    D. 只打开一边的 F/D

22. 关于 L NAV 和 V NAV 描述正确的是什么?

    A. 两者的衔接高度都要求在 400 ft 以上
    B. 下降过程中 V NAV 断开会使得 L NAV 断开
    C. LOC 捕获 V NAV 自动断开,G/S 捕获 L NAV 自动断开
    D. V NAV 接通,飞机爬升过程中,自动油门保持 FMC 推力限制,AFDS 保持 FMC 目标速度
    E. V NAV 接通,飞机巡航中,自动油门保持 FMC 目标速度,AFDS 保持 FMC 高度

23. DFCS 当前的工作方式在哪里显示?

    A. MCP 上相应的方式灯
    B. MCP 上相应的开关上的 ON 灯
    C. PFD 左侧
    D. PFD 上部

24. 当飞机双通道近进到 350 ft 前,拉平方式没有预位,下面说法正确的是什么?

    A. A/P 变成复飞方式   B. A/P 变成单通道

    C. A/P 断开   D. A/P 变成 FD 方式

25. 当飞机坡度小于 6°时衔接 A/P 到 CWS 位,A/P 横滚控制方式是什么?

    A. 姿态保持   B. 航向保持   C. 大翼水平

第 4 章

飞行指引系统

4.1 飞行指引系统概述

飞行指引系统,简称 FD(Flight Director),为了便于飞行员操纵飞机,现代飞机都装备了飞行指引系统,直接向飞行员发出操纵飞机的指令,指导飞行员操纵飞机进入预定飞行路线,保证飞机按给定的航迹飞行。现代飞机的飞行指引功能都与自动驾驶仪组合在一起,构成自动驾驶/飞行指引系统,并常将飞行指引系统称为飞行指引仪。所谓"指引",主要强调指挥飞行员,通过飞行指引计算机(在现代民机即为飞行控制计算机(FCC))接收的各种飞机状态参数和目标参数,处理后将指令显示在主飞行显示器(PFD)或电子姿态指引仪(EADI)上面,不直接操纵飞机,而是作为指挥信号让飞行员跟随指令操纵飞机。如图 4.1 所示,飞行指引仪,在飞机起飞、爬升、巡航、下降、进近、复飞等阶段都提供指引信息给飞行员。

飞行指引系统,主要是根据飞机的实际飞行状态和目标飞行状态进行比较,并计算出进入目标状态所需要的操纵量,这个操纵量以指引符号的形式在指示器上显示出来。飞行员可以很轻松地跟随指引符号,操纵飞机向上还是向下、向左还是向右飞行,保证飞机正确地切入或保持在预定航线或预定的飞行状态。所以,飞行指引系统,主要是实现指挥飞行员按预定指令操纵飞机。

本章首先主要介绍飞行指引系统的组成和工作原理以及飞行指引仪的指引方法,然后重点说明在不同飞行阶段飞行指引的应用,最后概要地介绍飞行指引仪的技术新应用。

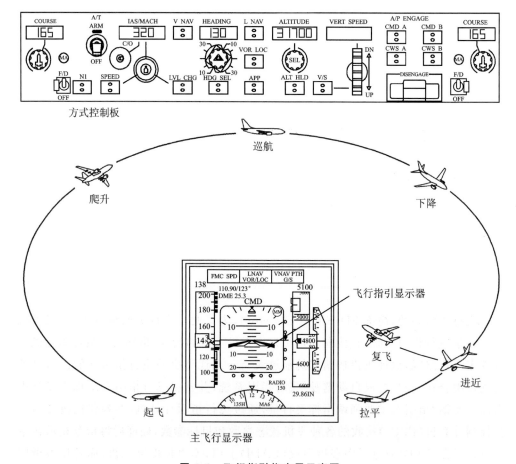

图 4.1　飞行指引仪应用示意图

4.2　飞行指引系统的组成与工作原理

4.2.1　飞行指引系统的组成

如图 4.2 所示,飞机的飞行指引系统主要是由飞行指引系统方式选择器、飞行指引计算机(即 FCC)、姿态指引指示器等部件组成的。

方式选择器,也叫方式控制面板(MCP),用来接通和关断飞行指引系统。选择指引系统的工作方式,也就是飞机的引导方式,其工作方式主要分为俯仰通道和横滚通道,俯仰通道也可以理解为垂直方式,横滚通道也可以理解为水平方式。俯仰通道上可选择的方式有高度选择、高度保持、垂直速度、指示空速、马赫数等方式;横滚通道上可选择航向、VOR/LOC、自动进近、复飞等。

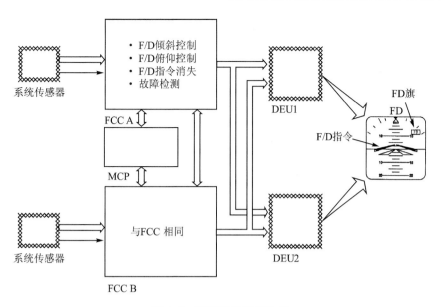

图 4.2　飞行指引系统组成

　　由于现代飞机均构成自动驾驶/飞行指引系统,因此飞行指引的方式选择器与自动驾驶仪的方式控制板是共用的,如第 3 章中图 3.7 所示。

　　飞机指引计算机是自动指引系统的核心部件。现代飞机基本将飞行指引(FD)功能整合到飞行控制计算机(FCC)内,FCC 根据接通的飞行指引系统,以及 MCP 上所选的横滚通道和俯仰通道的工作方式,结合所接收的各种信号和状态信息进行处理,计算出对应引导方式下需要进行的姿态变化量或目标姿态,并将其指示在姿态指引指示器(EADI 或 PFD)上。

　　姿态指引指示器主要作为显示装置。现代飞机主要分为 PFD 和 EADI,它主要由符号发生器(DEU 或 EFIS SG)将指引信息处理显示出来。

4.2.2　飞行指引系统的工作原理

　　对于现代飞机来说,都安装了飞行管理系统(FMS)和电子飞行仪表系统(EFIS),其飞行指引功能得到更大的发展。其飞行指引指令的计算由飞行控制计算机(FCC)来完成。飞行控制计算机根据方式选择与衔接连锁线路的相关信息,确认相应的控制律及输入信号,计算相应的控制指令即目标姿态,再与飞机的实际姿态相比较,按一定控制算法解算出飞行指引指令,进而送到电子飞行仪表系统,在主飞行显示器(PFD)或电子姿态指引仪(EADI)上显示出来。

　　现代飞机都采用多余度设计,都会有至少两套系统处于工作状态。正副驾驶两侧显示器上所显示的指引信号分别来自本侧的 FCC。当其中一侧出现故障时,可以通过转换,实现正副两侧仪表上使用同一侧的飞行控制计算机的指引信号。

4.2.3　飞行指引指令的计算

正如前面所述,现代飞机飞行指引和自动驾驶功能都统一由 FCC 实现,从而实现俯仰和横滚两个通道的工作方式的一致性。或者说,两者的工作方式基本是一致的,进行方式转换也是同步的,如图 4.3 和图 4.4 所示。从图中可见,飞行指引和自动驾驶指令,均在同一 FCC 中以不同的计算模块进行计算,但所需要的输入信号并不完全相同。自动驾驶指令计算时需要作动器和舵面的反馈信号,但飞行指引指令的计算不需要这些信号,因为 F/D 不直接控制舵面运动,它计算所得的指令直接传输给显示器。此外,还可以看到,在 CWS 工作状态时指令信号也不进入 F/D 计算模块,这表明,CWS 操纵时没有飞行指引。

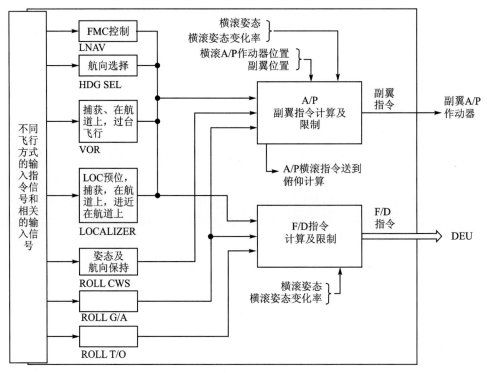

图 4.3　自动飞行横滚通道指令计算

与自动驾驶仪所不同的是,飞行指引仪不去直接操纵飞机,它只是"指挥"驾驶员飞,而自动驾驶仪是"替"驾驶员飞。概括起来有两点:在自动驾驶仪衔接前,飞行指引仪为驾驶员提供目视飞行指引指令;在自动驾驶仪(AP)衔接后,飞行指引仪用来监控自动驾驶仪的工作状态。

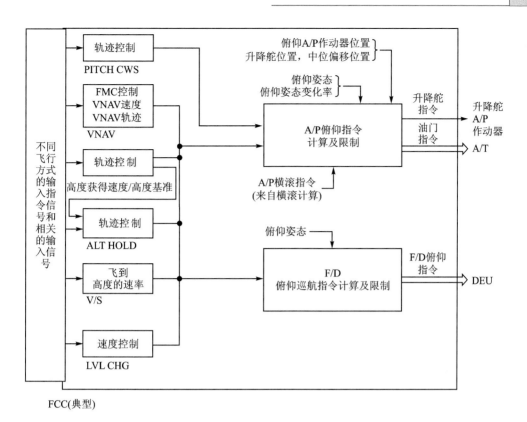

图 4.4　自动飞行俯仰通道指令计算

4.2.4　F/D 指令消失

　　若非正常情况出现,则 A/P 断开,对飞行指引仪而言,在 CDS 上显示的飞行指引指令消失,因此,驾驶员看不到它。若 FCC 无法计算 F/D 横滚指令,则 FCC 将使横滚指令杆消失;类似地,若 FCC 无法计算 F/D 俯仰指令,则 FCC 将使俯仰指令杆消失。

　　当飞行指引仪选择横滚或俯仰方式时,如果发生了某些情况,将会使飞行指引仪横滚或俯仰指令杆消失,通常每种型号飞机都会针对不同的工作方式,规定一些逻辑条件,当满足这些条件时,飞行指令杆将会消失,这些逻辑条件在手册中都会有详细说明。

4.2.5　故障探测

　　在 FCC 内含有故障检测电路,它连续监控 FCC 工作,若发现故障,则将信号送到 CDS,在 PFD 指示器上会显示 F/D 旗(琥珀色)(见图 4.2)。

4.3 飞行指引仪的指引

飞行指引仪指引信号的指示方式多种多样。如图 4.5 所示,早期的飞行指引方法是零读指示器,用两根纵横相交的十字指引针(杆)与指示器中央小圆圈的相对位置偏差来表达指引指令。其中,水平指引针可以上、下移动,表示纵向操纵量;垂直指引针可以左、右移动,表示横向操纵量。

当两针交叉点位于小圆圈中时,表示操纵是正确的,如图 4.5 所示。而当纵向指针上移,侧向指引针右偏时,驾驶员应拉杆使飞机抬头,并压杆(驾驶盘右偏)使飞机向右倾斜,直到两指引针回到小圆圈内为止。

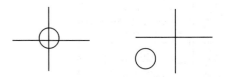

图 4.5　早期飞行指引仪

早期另外一种形式的指引杆,称为"八"字或倒"V"形指令杆。如图 4.6 和图 4.7 所示,小飞机与指令杆之间的上下偏差代表俯仰指引指令,小飞机与指令杆的相对转角代表倾斜指引指令。驾驶员根据俯仰指令操纵升降舵,根据倾斜指令操纵副翼,直到八字杆与小飞机完全重合。

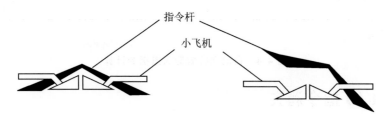

图 4.6　八字飞行指引仪图示

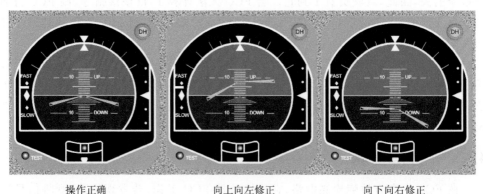

| 操作正确 | 向上向左修正 | 向下向右修正 |

图 4.7　八字飞行指引杆

如今在电子飞行仪表(EFIS)中,如图 4.8 所示,仍在使用零读指示器式指引杆,不过其中的小圆圈已用更为形象的小飞机符号所取代。当调整飞机姿态使飞机符号的中心点对准十字指引杆的交叉点时,表示操纵正确。

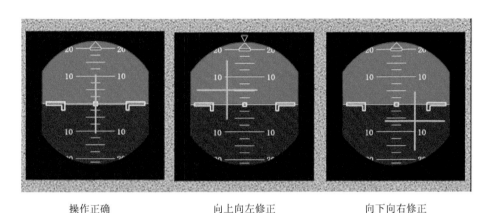

操作正确　　　　　　向上向左修正　　　　　　向下向右修正

图 4.8　十字飞行指引杆

对于先进机型上的指引系统,如图 4.9 所示,又增加了在地面起飞以及着陆减速滑跑阶段的指引,称为偏航指引杆。

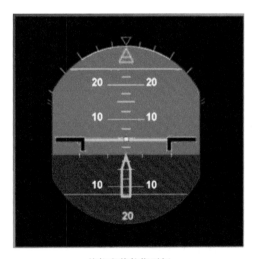

俯仰和偏航指引杆

图 4.9　偏航指引杆

有些飞机,其飞行指引杆以另外一种形式给出,称作航迹俯仰角/航迹角指引,俗称小鸟/扁担,它能提供航迹指引。如图 4.10 所示,即小鸟表示飞机的实际飞行轨迹,扁担表示理想的预选飞行轨迹,驾驶员应设法使小鸟对准扁担的正中间。

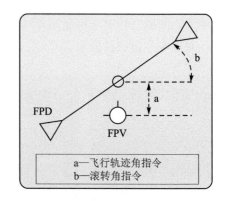

图 4.10 航迹指引杆

4.4 飞行指引仪的工作模式

与自动驾驶仪的工作方式一样,接通飞行指引仪之后,飞行指引仪的工作方式也分为俯仰通道和横滚通道。

在现代飞机上,飞行指引和自动驾驶功能都统一由飞行控制计算机(FCC)实现,因而两者在横轴和纵轴的工作方式是飞行指引和自动驾驶仪所共用的;或者说,两者的工作方式是始终保持一致的,进行方式转换时也是同步进行的。当只接通飞行指引或只衔接自动驾驶仪时,所选方式为飞行指引或自动驾驶仪单独使用,当飞行指引和自动驾驶仪都接通时,所选择的方式是两者共用的。因此,第3章讨论的自动驾驶仪工作方式也完全适用于飞行指引仪。

(1) 俯仰通道常见方式

● 高度保持方式:提供俯仰指令使飞机保持在目标高度上。

● 垂直速度方式:提供俯仰指令使飞机以所选择的升降速率爬升或下降。

● 高度层改变:指引系统和自动油门协调工作,提供俯仰指令使飞机以所选的速度爬升或下降到预选高度上,而自动油门系统会控制发动机的推力。

● 垂直导航方式:提供俯仰指令使飞机以 FMC 速度,在通过控制显示组件(CDU)预定的垂直剖面上飞行。

(2) 横滚通道常见方式

● 航向选择方式:提供倾斜指令使飞机转向并保持在所选择的航向上。

● VOR/LOC 方式:提供倾斜指令使飞机跟踪所捕获的 VOR 航道或 LOC 航道。

● 水平导航方式:提供倾斜指令使飞机按 FMC 提供的侧向制导指令,沿飞行计划中定义的航路飞行。

(3) 俯仰和横滚共用的方式

● 进近方式(APP)：在该方式下，飞行指引仪的横向是工作在航向(LOC)方式，纵向是工作在下滑道(G/S)方式。

4.5　飞行指引仪的使用

4.5.1　方式控制板的使用

如前所述，现代飞机飞行指引仪的控制面板与自动驾驶仪方式控制板(MCP)共用，是自动飞行控制系统的主要输入装置之一，如图4.11所示，它包括接通和断开飞行指引仪的按钮开关，并通过它选择飞行指引仪的横滚和俯仰的工作模式，以及所选择的目标参数，MCP上有两个电门用来打开或关闭F/D A 或F/D B，每个F/D电门上有一个主F/D指示灯，此灯亮表明哪个FCC是主FCC。

MPC板在第3章中已做了详细说明。

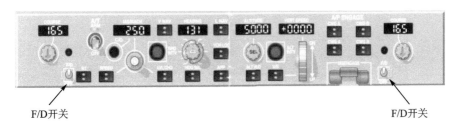

图4.11　方式控制面板 MCP

4.5.2　方式信号牌的使用

飞行方式通告器(FMA)在PFD或EADI的上部，如图4.12所示，主要分自动油门/俯仰通道/横滚通道/三栏显示，自动飞行状态栏显示在姿态球上部。如果飞行指引仪接通，FD会显示在自动飞行状态栏，俯仰和横滚两个通道的工作方式会显示在第二栏和第三栏。

4.5.3　不同指引方式的使用

飞行指引仪，在不同阶段有不一样的工作方式，在飞机起飞、爬升、巡航、下降、进近、复飞等阶段都有其工作特点。

1. 起飞阶段

飞机从滑跑到起飞过程，高度达到400 ft后才能接通自动驾驶，在整个起飞阶段主要由飞行指引仪提供俯仰和横滚的指令显示，指挥飞行员的起飞动作。

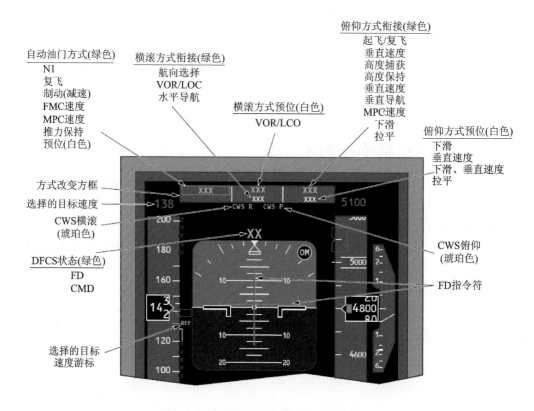

图 4.12　飞行方式通告器 FMA(原图 3.8)

在此期间分 4 个阶段。

(1) 起飞滑跑之前(Before Takeoff Roll)

飞机在地面,飞行员处于起飞准备阶段,可以先按压 MCP 面板接通飞行指引仪 FD,俯仰和横滚两个通道没有选择具体工作方式。主飞行显示器 PFD 上的自动飞行状态栏显示出 FD 接通,因为没有选择具体工作方式,所以这个阶段飞行指引杆没有指示,如图 4.13 所示。

(2) 起飞滑跑(Takeoff Roll)

飞行员按压油门杆上的起飞复飞电门 TO/GA,飞机进入起飞滑跑阶段,此时 PFD 自动飞行状态上显示 F/D 接通工作,两个 F/D 的主灯都亮,表示两个 F/D 是独立的。F/D 俯仰通道工作在 TO/GA 方式,俯仰指引杆显示低头负 10°,横滚通道指引杆显示机翼水平姿态,如图 4.14 所示,给飞行员一个压杆滑跑的指令。当飞机滑跑速度超过 60 节,F/D 俯仰指引杆显示抬头 15°,给飞行员抱杆抬头拉升的指令。

(3) 拉升(Lift Off)

飞行指引仪 F/D 继续保持在 TO/GA 方式,俯仰指引杆保持 15°抬头的指令,让飞行员保持抱杆拉升,指引飞行员控制飞机速度和飞机的爬升率。

图 4.13　起飞滑跑之前 F/D 状态

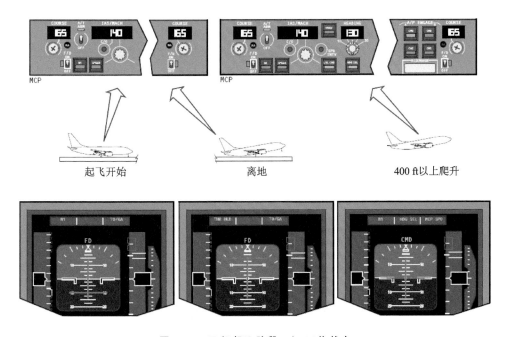

图 4.14　飞机起飞阶段 F/D 工作状态

（4）爬升（Climb Out）

飞机一直稳定爬升,横滚通道稳定飞机在当前的水平姿态,俯仰通道依然在 TO/GA 方式下指引飞行员操纵,从而稳定飞机的速度、姿态、高度。直到飞机爬升到 400 ft 后,飞行员可以接通自动驾驶 A/P,此时,仅 A/P 衔接于 CMD 的 FCC 所对应的 F/D 主灯亮。接通 A/P 后,飞行员可以按需选择相应的俯仰和横滚两个通道的工作,指令控制飞机舵面的偏转,从而让飞机进入自动驾驶,按目标参数去飞行。如图 4.14 所示,飞机接通自动驾驶的 CMD 方式后,"HDG SEL"来控制飞机航向的变化,"LVL CHG"来控制飞机的高度。

自动驾驶 A/P 接通后,FCC 代替飞行员来操纵飞机舵面的运动,飞行指引仪 F/D 监控自动驾驶 A/P 的工作状态。若自动驾驶 A/P 不接通,则飞行员也可以一直按照飞行指引仪的指引杆操纵飞机向预定目标飞去。

2. 爬升/巡航/下降

如图 4.15 所示,飞行指引仪 F/D 接通后,主要分横向和纵向两个通道的工作。横向方面,也叫横滚通道,主要有 LNAV、HEADING SEL、VOR/LOC 三种工作方式;纵向方面,也叫俯仰通道,主要有 VNAV、LVL CHG、V/S、ALT HOLD 四种方式。

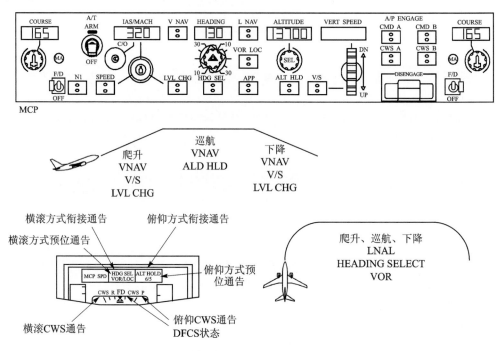

图 4.15　飞机爬升/巡航/下降阶段 F/D 工作状态

① 水平导航 LNAV:按 FMC 计算的侧向制导指令提供给飞行员横向操纵飞机,沿 FMC 飞行计划中定义的航路飞行,如图 4.16 所示。

② 航向选择 HEADING SEL:提供横滚通道指令,使飞行员操纵飞机转向并保持在所选择的航向上,如图 4.17 所示。

③ VOR/LOC 方式:跟踪所捕获的 VOR 航道或 LOC 航道,提供横向指令使飞行员操纵飞机,如图 4.18 所示。

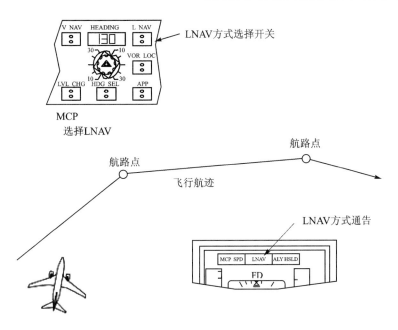

图 4.16　飞行指引 LNAV 工作方式

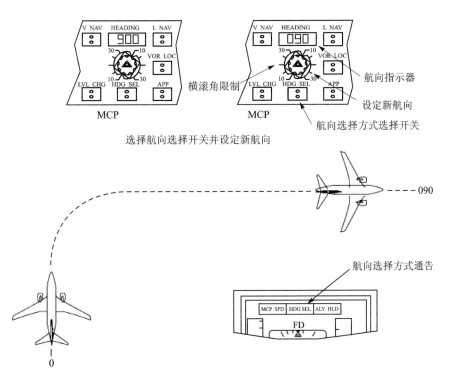

图 4.17　飞行指引 HEADING SEL 工作方式

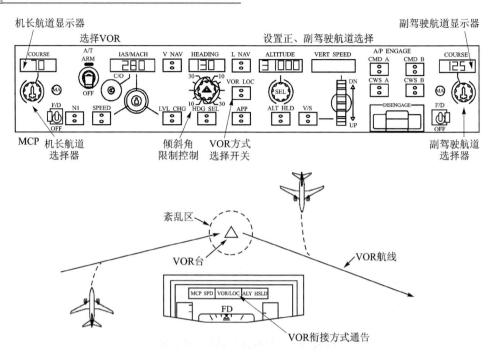

图 4.18　飞行指引 VOR/LOC 工作方式

④ 垂直导航 VNAV：FMC 计算的俯仰制导指令提供给飞行员纵向操纵飞机，沿 FMC 飞行计划中定义的航路飞行，如图 4.19 所示。

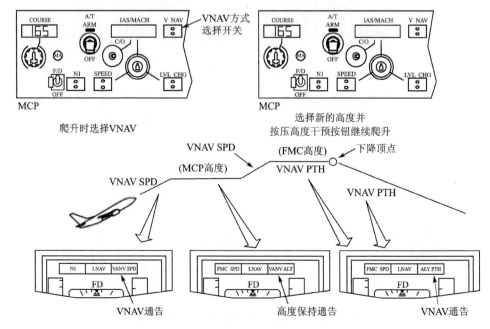

图 4.19　飞行指引 VNAV 工作方式

⑤ 高度层改变 LVL CHG：指引系统和自动油门的协调工作方式，提供俯仰指令使飞机以所选的速度爬升或下降到预选高度上，而自动油门系统会控制发动机的推力，如图 4.20 所示。

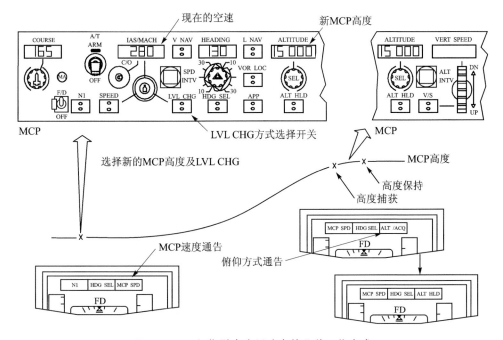

图 4.20　飞行指引高度层改变的几种工作方式

⑥ 高度层捕获方式 ALT ACQ：控制飞机到达预选的目标高度上，如图 4.20 所示。

⑦ 高度保持方式 ALT HOLD：提供俯仰指令使飞机保持在目标高度上，如图 4.20 所示。

⑧ 垂直速度方式 V/S：提供俯仰指令使飞机以所选择的升降速率爬升或下降，如图 4.21 所示。

3. 着陆进近

在 APP 进近方式下，飞行指引仪的横向工作在航向 LOC 方式，纵向工作在下滑道 G/S 方式，给指令引导飞行员进入最优化的路径进近和着陆，如图 4.22 所示。

4. 飞行指引复飞(F/D G/A)

若驾驶员想终止进近，或着陆时飞机进入风切变状态，则可以使用 F/D G/A 方式。该方式有以下两种情况：F/D 复飞生效；F/D 复飞退出。

当飞机低于 2 000 ft 无线电高度时，如果没有同时将两个 A/P 衔接在 CMD 方式，驾驶员按压了任何一个 TO/GA 电门，都将导致断开 A/P，而启动 F/D 复飞方式，FMA 上显示的有效的俯仰方式是 TO/GA。横滚方式通告空白。俯仰指令最初是抬头，然后转到速度控制，其参考值根据襟翼位置而定。若一发动机故障，俯仰指

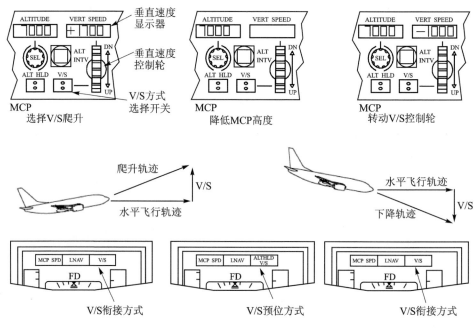

图 4.21 飞行指引 V/S 工作方式

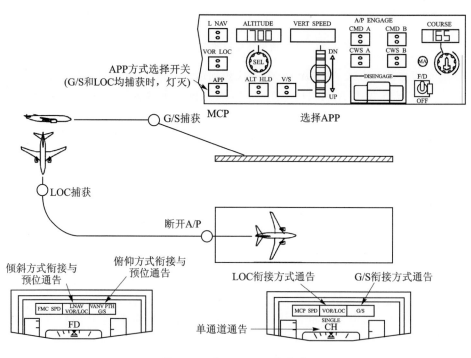

图 4.22 进近 APP 工作方式

令是速度控制。其参考值是 MCP 速度。横滚指令是保持飞机离地时的磁航迹。

在 F/D 复飞时,即使 F/D 电门在 OFF 位,在 PDF 上的飞行指引显示也会自动出现,称之为"弹出"方式。

当飞机低于 400 ft 时,DFCS 保持在 F/D 复飞方式,除非驾驶员将 F/D 电门关断。高于 400 ft,驾驶员可以设置其他的横滚或俯仰方式。若驾驶员首先改变了俯仰方式,横滚方式将变为 HDG SEL,若首先改变横滚方式,则俯仰方式将保留在俯仰复飞方式。

F/D 复飞方式如图 4.23 所示。

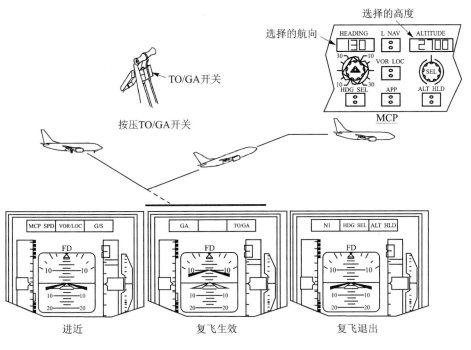

图 4.23 F/D 复飞方式

4.6 飞行指引仪的技术新应用

航空新技术的广泛应用,飞行指引系统 FD 在新技术上的应用都有其发展,尤其在 HUD 平视显示系统的应用后,飞行指引系统 FD 又增添了其新的特点。

平视显示系统(Head Up Display – HUD System)的基本组成,如图 4.24 所示,通过 HUD 计算机归集飞机各系统重要飞行参数,处理发送到 OHU(Optical Head Unit)头顶投影装置,转换成单色光信号投射到前方的玻璃合成仪,同时,外界视景透射穿过玻璃合成仪,图像叠加,形成带飞行参数的视景合成体。

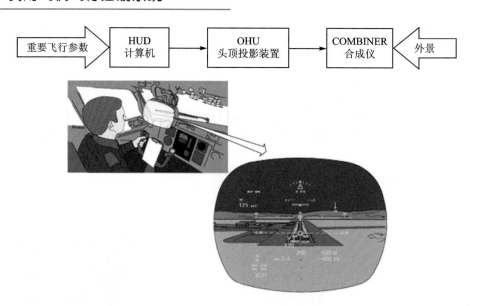

图 4.24　HUD System 系统组成

　　飞行员只要保持直立坐姿，双眼平视前方的 HUD 玻璃合成仪，就能实时观察到飞机前方飞行环境，又能清晰地获取大部分重要飞行信息，大大增强了飞行员情景意识和飞机状态统筹能力。

　　B737-NG 平视显示系统获取了和传统仪表系统一样重要的关键飞行参数，如图 4.25 所示，包括主飞行显示 PFD 和导航显示 ND 上显示的飞行信息、飞机空速、地速、姿态、高度、航向等内容。

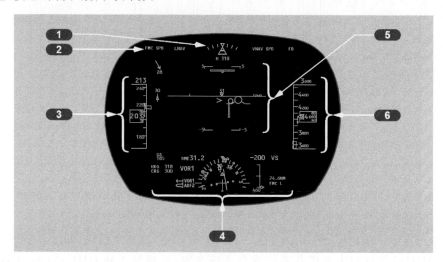

注：1—坡度刻度与指针；2—飞行方式信号牌；3—空速指示；4—导航指示；5—姿态指示；6—高度指示

图 4.25　B737-NG HUD System 合成仪关键飞行符号

B737 - NG 平视显示系统还会利用自身计算机处理和生成一些重要飞行数据和指引信息,显示出一些传统仪表无法显示的符号和数据,包括风切变改出、剩余跑道长度、防擦机尾、飞行矢量数据、加减速度提示、飞行引导提示符等。

飞行指引符是飞行指引系统在 HUD 平视显示系统上的技术新应用,如图 4.25～图 4.27 所示,它由两个圆圈组成,大圈为飞行航迹指示符号,小圈为指引引导符号。

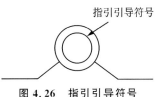

图 4.26　指引引导符号

飞行航迹提示符号:用大圆圈标识,提供飞机将要进入的飞行轨迹矢量预测指示,强调是飞机即将到来的瞬时航迹。

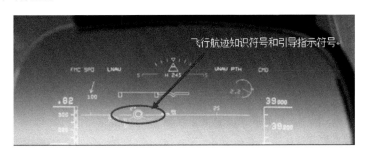

图 4.27　飞行航迹指示符和指引引导符

指引引导符号:用小圆圈标识,由 HGS 或 DFCS 数据,飞行控制系统统筹计算,是传统飞行指引系统 FD 在 HUD 上的新应用,提供一个指引引导信号给飞行员,飞行员去操纵飞机去捕获飞行航迹。

图 4.28 列举了几种新型飞行指引仪在平视显示器上的应用。第一种情况,指引飞行员操纵飞机向上飞;第二种情况,指引飞行员操纵飞机向左下飞;当飞行员操纵飞机,使得飞机飞到预定的目标值时,就是第三种情况,这时会是大圈套住小圈的形态。

图 4.28　新型飞行指引仪工作方式

　　这样圆圈状的提示符有利于飞行员更精确地操纵,飞行员可以在不断监视飞机的能量和路径的同时,更直观、形象地操纵飞机,大圈追小圈、大圈套小圈运动形态,更容易地使飞机捕获最佳航路。

4.7　思考题

　　1. 试说明飞行指引系统的功能。

　　2. 试简单说明飞行指引系统由哪几个主要部件组成。

　　3. 自动驾驶仪指令与飞行指引系统指令均在 FCC 中进行,试说明两个指令计算有何异同。

　　4. 试简述说明目前常用的飞行指引指示方法。

　　5. 在进行 F/D 操纵时,在各种情况下,在 PFD 上有可能出现哪些指示?

　　6. 目前飞机起飞阶段不能使用自动驾驶仪,只能采用 F/D 来进行起飞操纵,试说明如何利用 F/D 进行起飞。

　　7. 请简述飞行指引复飞的工作方式。

　　8. 试说明采用 HUD System 进行飞行指引的优点。

　　9. 试说明采用 HUD System 进行飞行指引的方法。

4.8　自测题

　　1. 正副驾驶的 F/D 指令信号来自以下哪项?

　　　A. 衔接的 FCC

　　　B. MCP

　　　C. FCC A 落地后转为 FCC B

　　　D. 正驾驶来自 FCC A,副驾驶来自 FCC B

　　2. 在爬升阶段,先打开第二部 F/D,然后衔接自动驾驶仪 A 于 CMD 方式,则主 FCC 为以下哪项?

　　　A. FCC A　　　　B. FCC B　　　　C. 不分主次　　　D. 以上均不对

　　3. FD 指令杆显示在何处?

　　　A. PFD　　　　　B. ND　　　　　C. EICAS　　　　D. PFD & ND

　　4. 对于飞行指引,说法不正确的是哪项?

　　　A. 所有飞行阶段都可以显示飞行指引指令

　　　B. 起飞时左右飞行指引指令可以相互独立

　　　C. 要显示飞行指引指令 MCP 板上的 F/D 电门必须在 ON 位

　　5. 以下哪项不属于飞行指引系统部件?

　　　A. FCC　　　　　B. MCP　　　　C. 作动筒　　　　D. PFD

6. 以下哪项不会产生飞行指引指令？

    A. V/S 方式   B. LVL CHG   C. VNAV   D. PITCH CWS

7. 对于飞行指引，说法正确的是哪项？

    A. 飞行指引操作升降舵运动

    B. 飞行指引操作安定面运动

    C. 飞行指引使副翼偏转

    D. 飞行指引不操作任何舵面

8. 对于飞行指引在 HUD 上的应用，说法正确的是哪项？

    A. 也是分俯仰和横滚两个指引杆

    B. 飞行指引以引导符的圆圈形式指引

    C. 飞行指引没有指示

    D. 飞行指引驱动舵面工作

9. 下面哪项不属于飞行指引工作方式？

    A. HEADING SEL

    B. ALT HOLD

    C. ROLL CWS

    D. VOR

10. 起飞过程中按下 TO/GA 开关后，FD 指引杆如何指示？

    A. 俯仰向上 10°，倾斜为大翼水平

    B. 俯仰向下 5°，倾斜为大翼水平

    C. 俯仰向下 2°，倾斜为大翼水平

    D. 俯仰向下 10°，倾斜为大翼水平

11. 按压任一 TO/GA 电门接通复飞方式，如果两部自动驾驶不工作，飞行指引仪是否给出复飞指引？

    A. 是   B. 否

第 **5** 章

推力管理系统

5.1 概　述

飞机发动机(动力装置)是飞机最重要的构成部件,飞机发动机所产生的推力是飞机飞行的必要的条件。正如在飞行原理课程中所讲述的,在通过俯仰姿态控制或保持空速的条件下,通过控制发动机的推力,可以控制飞机的爬升速率,从而控制飞机的垂直航迹;同时,还清楚地了解到,在保持飞机俯仰姿态的条件下,通过控制发动机的推力,可以控制和改变飞机的速度,因此,发动机的推力是控制飞机轨迹与空速的重要手段。

众所周知,飞机在不同飞行阶段所需要的发动机的推力是不同的,并且发动机的推力与燃油的消耗即飞行的经济性直接相关,同时推力的调节控制也直接影响发动机的寿命,可见,在整个飞行过程中必须对发动机的推力进行精确有效的控制和管理。

早期的飞机,发动机的推力由飞行员用手动调节座舱中油门手柄进行操控,飞行员根据不同的飞行状态对发动机推力的要求,手动调节油门手柄,控制发动机的推力来实现速度及姿态的控制,这种人工推力调节增加了飞行员的工作负担,并且也难以实现精准控制和提高燃油及发动机效率。随着航空技术的发展以及在全球油价大幅上涨的情况下,对发动机推力的调节提出了更高的要求,从而逐步发展了在自动油门调节基础上的推力控制与管理系统。

推力控制与管理就是根据飞机不同飞行阶段以及不同飞行状态,结合发动机的寿命、燃油经济性等需求,优化发动机推力,以最优指标下的推力性能模型与算法,完成对发动机推力的计算、控制与管理。飞机实现推力控制与管理,并与飞机上其他相关系统配合,可以完善飞行管理、提高飞行性能,节省燃油、降低飞行成本,确保飞机飞行安全性并有效地提高飞机的经济性,同时极大地减轻飞行员的工作负担。因此,

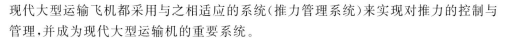

现代大型运输飞机都采用与之相适应的系统(推力管理系统)来实现对推力的控制与管理,并成为现代大型运输机的重要系统。

本章首先以民用飞机推力管理为出发点,概要地讨论有关推力管理的概念和系统组成架构以及主要工作方式,之后,重点讨论推力管理系统中与自动飞行控制系统耦合最为密切的自动油门系统的组成以及在飞行过程中的应用。为了便于说明,本章仍以 B737 - NG 系列飞机的自动油门系统为例进行讨论。

5.2　推力管理系统的架构

5.2.1　推力管理的原理架构

推力管理系统定义为:根据最优指标下的推力性能模型与算法,在飞机从起飞到着陆的全过程自动执行推力管理功能(包括推力等级选择、自动油门控制、减推力起飞、推力配平、推力指引等) 的系统。为了实现推力管理的基本要求,通常,推力管理系统的原理架构大致由下述几部分构成:

(1) 推力管理层

推力管理层是推力管理系统的“指挥中心”,由推力管理计算机构成。其主要实现推力数据预测、推力等级的计算管理、油门方式的选择以及系统工作状态的监控和发动机低压风扇转数 N1 的同步等。

民用飞机一般将飞行阶段划分为起飞(TO) 、爬升(CLB) 、改平(LVL) 、巡航(CRZ) 、下降(DES) 、进场(APP) 、复飞(GA) 等几个阶段。在不同的飞行阶段,依据最优飞行轨迹的要求,可以优化设计得到不同的飞行剖面。如爬升阶段,可以设计为最经济爬高、最大角度爬高、最大速度爬高等;在巡航阶段亦可以设计为最经济巡航、最长距离巡航、人工速度巡航等;每个阶段及每种飞行剖面,飞行对推力的需求是不同的。因此,一般会将推力按不同的飞行阶段划分为不同的等级以方便调节。不同等级的推力决定了油门的不同工作方式。

发动机推力的控制,实际是控制发动机低压风扇的转数(N1)。在 N1 一定时,发动机推力与空速、温度成一定的函数关系,并以发动机性能数据库的形式进行存储。对于翼吊双发发动机,由于发动机存在制造误差以及飞行状态的特殊性,发动机的转数 N1 可能不同步,这种小范围的不同步可以采用电子配平实现同步。

(2) 自动油门控制层

自动油门控制层接收来自于推力管理层的“指令要求”,主要是发动机低压风扇转数 N1 的目标值和极限值,自动控制油门的衔接与断开、确定自动油门的工作方式、计算油门杆指令以及监视整个自动油门系统的工作。

(3) 发动机控制层

发动机控制系统接收自动油门系统的输出信号,用来提供完整的发动机控制,它负责对每台发动机提供推力控制。

(4) 驾驶舱控制显示

按功能进行划分,认为推力管理系统的驾驶舱控制显示系统由以下四部分组成:油门方式控制板、推力方式控制板、油门方式通告器、推力方式通告器,分别用于选择和显示推力限制模态和油门工作方式,实现良好的人-机接口功能。

在这四个组成部分当中,推力管理层扮演着"管理者"的角色,自动油门控制和发动机控制层类似于"执行机构",油门杆驱动装置、发动机及其子系统则是"被执行者"。系统各层级之间有序地执行计划、组织、指挥、协调和控制,最终实现保障飞行安全、优化飞机性能、降低运营成本、减轻驾驶员负担的目的。

5.2.2 推力管理系统实现架构

推力管理功能需要多个系统综合完成,涉及航路规划、飞机姿态的控制以及发动机推力调节等功能,这些功能分布在飞行管理系统(FMS)、自动飞行系统以及发动机控制系统中,因此,在现代主要民用飞机中,并没有一种统一完整的系统结构,并且其构架随着飞机航电系统构架的发展也在不断地变化。当前,世界上两种主要机型,即波音与空客系列飞机,由于航电系统的构型方案不同,其主要机型上推力管理方案也有较大差别。

1. 波音系列飞机的推力管理架构

在波音系列飞机中都提出了推力管理计算机/系统(TMC/TMS)的概念。

在 20 世纪 80 年代初投入商业运行的 B757(B767)飞机,在其自动飞行控制系统(DFCS)中就包含有推力管理系统(TMS),其核心部件是单套的推力管理计算机。

该系统所设定的推力管理功能是:

① 基于飞行状态的变化,实现飞行推力限制的计算,其结果除了在发动机指示及机组告警系统(EICAS)上显示外,主要用于自动油门控制计算的限制值。当选择垂直导航工作方式时,推力限制值由飞行管理计算机提供。

② 自动油门控制提供全飞行过程的各种工作方式的油门的控制。

该系统主要由下述三部分组成:

- 单套推力管理计算机;
- 推力方式选择板(TMSP),为 TMC 进行推力限制计算提供所选择的推力限制方式和假设温度输入;
- 单套自动油门伺服系统,由 TMC 进行控制驱动油门杆。

系统原理结构如图 5.1 所示。

B757(B767)飞机 TMS 可以单独或与自动飞行指引系统(AFDS)和飞行管理计算机一起工作。

下面介绍典型波音系列飞机推力管理系统架构。

当前多数波音系列飞机沿用波音传统的 TMS,将推力管理功能整个综合在

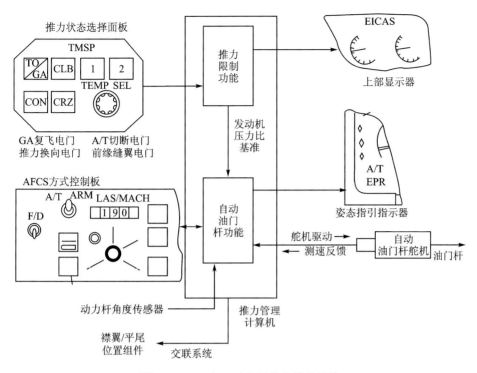

图 5.1　B757（B767）飞机推力管理系统

FMS 中完成，以利于使用 FMS 的数据库来进行性能管理。推力控制被称为自动油门（AutoThrottle，A/T），A/T 包含在数字飞行控制系统（DFCS）中，与 A/T 相关的系统主要有：

① MCP：MCP 与 A/T 之间的交联主要包括 N1 模式（推力模式）选择、速度模式选择、A/T 开关（用于预位 A/T）。

② 飞行管理计算机（FMC）：FMC 在各个飞行阶段都要计算推力的限制值（N1 limits）和推力目标值（N1 targets）并经过显示电子组件（DEU）输给发动机电子控制器（EEC）。

③ 发动机电子控制器（EEC）：接收 FMC 的 N1 控制值，计算相应的油门杆解算器角（TRA），并送给 A/T，然后 A/T 利用 EEC 给出的 TRA 值来控制相应的推力。

④ 自动推力伺服马达（ASM）：自动推力伺服马达接收 A/T 给出的推力控制信号，并且将其转换为电信号驱动伺服马达。

⑤ 推力控制台（Control Stand）：推力控制台主要传送相关的控制变量，包括起飞/复飞信号等。

⑥ 大气数据惯性基准单元（ADIRU）：ADIRU 主要给 A/T 提供飞机当前的飞行状态数据，用于 A/T 计算相关的油门指令。

这种典型波音系列飞机的推力管理构架如图 5.2 所示。

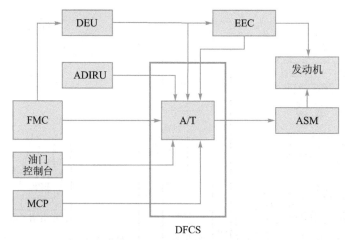

图 5.2　典型波音系列飞机的推力管理构架

2. 空客系列飞机的推力管理架构

在空客飞机的架构中,推力控制系统的名称为自动推力(AutoThrust,A/THR)。空客飞机一般将自动驾驶、自动推力、飞行管理均驻留在飞行管理导引计算机 FMGC(Flight Management and Guidance Computer)中。在空客的架构中,与 A/THR 相关的系统主要包括大气数据惯性基准系统(ADIRS)、飞行增稳计算机(FAC)和 FMGC 中的 AP/FD 部分。在空客飞机上,AP/FD、A/THR 功能被集中在 FMGC 的飞行引导部分里。FMGC 在各个飞行阶段对速度、速度限制进行管理,并且将推力控制的指令传送至飞行引导(FG)中,飞行引导中的 A/THR 与自动驾驶仪等协调工作,并且 A/THR 将会计算出一个推力控制值,将其传送至 FADEC(全权限数字发动机控制)进行发动机的控制,直接控制发动机的推力输出,油门杆信号直接送到 FADEC,进行人工推力控制,没有伺服机构,不驱动油门杆的随动。系统原理架构如图 5.3 所示。

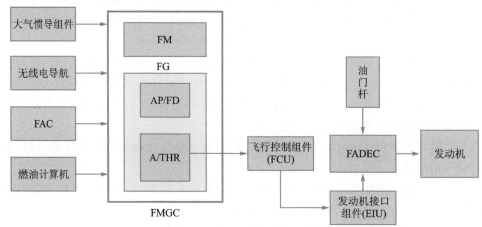

图 5.3　典型空客系列飞机的推力管理架构

5.3 推力控制的主要工作方式

在飞行过程中,对飞机飞行轨迹和状态产生直接影响的是发动的推力,目前在各种飞行阶段中,控制发动机推力的工作方式主要有以下几种。

5.3.1 N1 工作方式

发动机推力的控制,实际是控制发动机低压风扇的转数(N1)。在 N1 一定时,发动机推力与空速、温度成一定的函数关系。发动机推力大致与 N1 成正比关系。在选择 N1 工作方式时,就意味着在该阶段飞行过程中,发动机推力控制系统控制推力为 EEC 所得到的油门杆角度解算器(TRA)的目标值,从而保持所需的推力。

在 N1 工作方式时,自动油门系统根据由推力管理层依据所设定的飞行阶段等级确定相应的 N1 限制值,以及由 EEC 得到的 N1 指令值、TRA 的目标值和实际值进行控制。

在有些飞机上,是限定发动机的压力比(EPR),故称为 EPR 工作方式。

在选择 N1 工作方式时,改变发动机的推力,将改变飞机的爬升率,从而控制飞机的垂直轨迹运动,但此时飞机的飞行速度是由 A/P 控制升降舵改变飞机俯仰角实现的。改变俯仰角控制速度的物理实质是改变重力 G 在飞行方向上的投影,从而引起飞机加速度的变化。在俯仰角控制系统的基础上,增加一个速度控制外回路即构成速度控制系统,如图 5.4 所示。为了实现速度负反馈,必须要测量空速及空速的变化率。目前可以利用大气数据计算机系统提供飞机的空速参量和空速变化率参量。

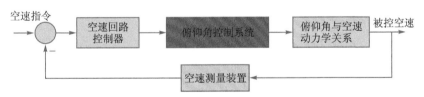

图 5.4 俯仰角控制速度原理结构图

若测量飞机的马赫数,并进行负反馈控制,则可实现飞机马赫数保持,并称为马赫数保持系统。

5.3.2 速度/马赫数工作方式

速度/马赫数工作方式是指通过控制发动机推力来控制飞机的速度或马赫数,使实际的空速/马赫数与目标空速/马赫数保持一致。目标空速/马赫数来自 MCP 板上的设置,或 FMC 的指令。如飞行原理中所说,单纯改变发动机推力的稳态结果是只改变飞机的姿态而速度不变。因此,在采用速度/马赫数工作方式时,还必须采用俯仰控制系统保持飞机姿态。

发动机推力控制飞机速度的系统结构图如图 5.5 所示。图中油门自动调节器是控制发动机油门位移的伺服控制系统,发动机环节表示油门变化后发动机推力变化的动态过程。为了实现对空速的控制,与前一种方案类似,需利用不同的空速测量装置,测量实际的空速进行反馈。

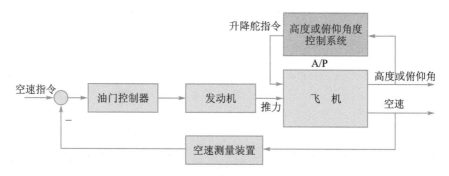

图 5.5　发动机推力控制飞机速度的系统结构图

图中的自动驾驶仪 A/P,可以是俯仰角控制系统,也可以是高度控制系统。当推力增加时,攻角及航迹倾斜角均会发生变化,因此飞机高度亦会发生变化。如果 A/P 是高度控制系统,则当推力增加时,空速向量处于水平,推力增量全部对空速起作用,从而改变空速。

5.3.3　其他工作方式

除前述两种主要工作方式外,根据飞机运行过程中一些特殊状态要求,常常还设计有一些其他工作方式。例如:

- 预位(ARM)工作方式:在该工作方式时,自动油门可以并准备好接收指令,油门伺服系统已供电,但系统逻辑阻止了伺服马达移动油门。
- 回收(RETAR)工作方式:将油门杆推至慢车位。
- 复飞工作方式:针对复飞的不同过程,设定不同的推力值。
- 油门保持工作方式:在起飞滑跑期间,当空速达到一定值时,自动进入油门保持工作方式,此时,系统断开油门伺服系统电源,防止在起飞滑跑期间和初始爬升阶段,移动油门杆。

5.4　自动油门系统

1.　概　述

自动油门系统由 DFCS 的 MCP 板或驾驶舱中的电门启动,响应飞行员在 MPC 板上选择的或 DFCS 自动选用的方式请求,以及飞行管理计算机 FMC 的方式请求和指令要求,利用来自飞机不同传感器的信号,计算和控制发动机的推力。自动油门系统从起飞到接地之间全程工作。

自动油门系统的主要任务就是控制油门的衔接与断开、确定自动油门的工作方式、计算油门杆指令并通过伺服系统控制油门杆移动以及监视整个自动油门系统的工作。

应注意,不同机型飞机的自动油门系统其构造组成及工作是不完全相同的,有时相差还会较大,但基本组成及工作方式和应用还是一致的。因此,为了说明和讨论方便,下面各节内容主要以 B737 - NG 系列飞机为例进行说明。

2. 自动油门系统组成及交联部件关系

自动油门系统主要由下述部件组成,如图 5.6 所示。

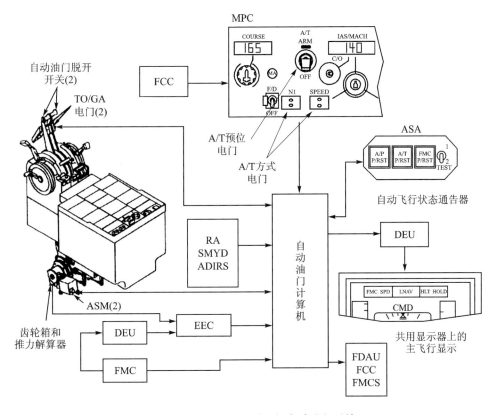

图 5.6　B737 - NG 系列飞机自动油门系统

(1) 自动油门计算机

自动油门计算机是自动油门系统的核心部件,是一个数字式的计算机。它从许多系统获取输入信号来计算油门杆指令,并向自动油门伺服马达传送指令以移动油门杆。A/T 计算机持续地监控系统的工作。

与通常数字计算机类似,它由下述主要部件组成:

- 直接存储器存取（DMA）；
- 中央处理单元（CPU）；
- 只读存储器（ROM）；
- 供电源。

其中中央处理单元（CPU）主要完成下述工作：

① 确定何时 A/T 衔接和断开：CPU 监视并确定控制律数据是否满足。如果满足，则 CPU 允许 A/T 衔接。当衔接后，CPU 传送一个信号到 MCP，以保持 A/T 预位伺服马达（ASM）。如果 CPU 确定控制律数据不满足，则逻辑将断开 A/T 系统。CPU 向自动飞行状态通告器传送信号以给出通告。

② 确定工作方式：CPU 允许选择不同的自动油门方式。

③ 计算油门杆指令：CPU 使用 A/T 控制律来计算 A/T 指令。控制律给出所期望的指令并将该指令与实际飞机的状态相比较。比较中的差值将产生一个用于自动油门伺服马达（ASM）的油门杆移动速率的指令。

④ 监视系统的工作：A/T 计算机使用一个操作程序和一个机内自检（BIT）程序，持续地监控系统的工作。如果它发现故障，则将故障记录在其存储器中。

⑤ 自动油门计算机还向飞行数据采集组件（FDAU）、飞控计算机（FCC）以及飞行管理计算机系统（FMCS）传送有关数据。

(2) 自动油门伺服马达（ASM）

ASM 在中央操纵台和驾驶舱地板下面，分别有左右 2 套，通过齿轮箱、推力解算器组件（TR）以及操作台下面的机械装置与油门杆相连。ASM 从 A/T 接收数字推力速率指令并将数据转换为电脉冲来驱动伺服马达。马达经由齿轮箱和滑动离合器驱动推力解算器（TR）组件，以使油门杆（T/L）移动到所期望的推力解算器角（TRA），并将速率反馈送到 A/T 计算机。

ASM 具有下述部件：ARINC 429 收/发器、控制组件、马达及电源。其中：

① ARINC 429 接收器接收 A/T 计算机发送的推力速率指令、推力解算器角（TRA）选择、TRA 最大限制等信号，将其转换为适当的格式后，将它们发送到控制组件。

ARINC 429 发送器将控制组件的油门杆测量的实际速率及力矩和伺服状态等数据，经格式转换后发送到 A/T 计算机。

② 控制组件：接收来自 ARINC 429 数字接收器的数据以及来自马达的速率反馈信号，确定何时传送马达速率指令，控制马达旋转的速率及方向并限制油门杆转角小于最大值。

③ 马达：它是一个可变向的 DC 步进马达。当 A/T 衔接时，它从 A/T 计算机接收电源，它也从控制组件接收速率指令来控制自身的旋转。马达向控制组件传送速率反馈信号。马达有一个连接于齿轮箱的输出轴。齿轮箱将油门杆和油门杆角解算器控制到所期望的角度。

（3）油门方式选择板

在 DFCS 的方式选择板 MCP 的左边包含几个有关自动油门系统的选择开关，如图 5.7 所示。

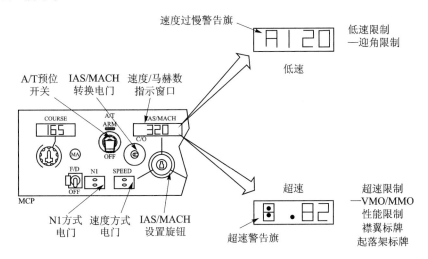

图 5.7 MCP 上自动油门系统的选择开关

① MCP A/T 预位电门

A/T 预位电门在 MCP 上，A/T 预位电门衔接 A/T 系统。当将电门置于预位时，绿色的 A/T 预位灯亮。如果条件有效，则衔接电磁线圈将电门保持在预位的位置。如果 A/T 计算机探测到问题，则电门自动地回到 OFF 位。当将 A/T 预位电门置于 OFF 位时，也可以人工地断开 A/T。

② MCP A/T 方式选择电门

MCP 设有下述 A/T 方式选择电门：

● N1 工作方式；

● 速度工作方式。

在正常工作中，DFCS 自动地选择工作方式。当工作方式被选择后，DFCS 将方式选择器电门灯接通。当电门灯亮时，可以通过按压电门来取消该工作方式。当自动驾驶仪和飞行指引信号断开时，可以按压所期望的方式选择电门来选择一个 A/T 的工作方式。按压已工作的电门则可以取消该工作方式。

③ 指示空速/马赫数选择及显示

在 MCP 板上还有速度与马赫数选择旋钮以及速度或马赫数的 LCD 的显示窗口。IAS/MACH 旋钮用来设置 MCP 空速及马赫数。IAS 显示范围为 100～399 节，增量为 1 节；马赫数显示范围为 0.60～0.89，增量为 0.01。显示器有一个警告旗，在速度过低或超速时会闪亮，LCD 的左侧显示该警告旗。当 VNAV 方式有效时，IAS/MACH 显示器是空白的。

此外,还有 IAS/MACH 转换电门,当飞机的马赫数大于 0.6 时,按压此电门,显示器从 IAS 节转到马赫数或从马赫数转到 IAS 节。若马赫数小于 0.6,则仅显示节(空速),而转换电门不起作用。

(4) 油门杆及其控制电门

油门杆位于驾驶舱内,在左和右油门杆上有:

● TO/GA 电门;

● A/T 断开电门。

油门杆及其控制电门如图 5.8 所示。

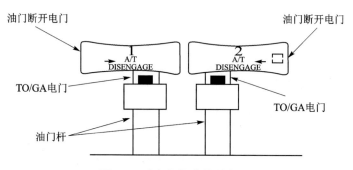

图 5.8 油门杆及其控制电门

按压 TO/GA 电门来衔接 DFCS 和自动油门到起飞或复飞方式。在地面上,当按压电门时,两个系统都将进入起飞方式。在起飞过程中,A/T 系统将使发动机推力增加到起飞 N1。在进近过程中,当按压 TO/GA 电门时,A/T 系统将使发动机推力增加到复飞推力方式设置,该等级的推力低于最大的复飞推力。当第二次按压 TO/GA 电门时,发动机推力增加到全复飞推力限制。

按压 A/T 断开电门可以断开自动油门系统。此时自动飞行状态通告器(ASA)的 A/T 红色警告灯闪动并且 MCP A/T 预位电门回到 OFF 位。第二次按压 A/T 断开电门将使 A/T 警告复位。

(5) 飞行管理计算机(FMC)

飞行管理计算机(FMC)作为发动机推力的管理层,根据每个飞行阶段计算发动机 N1 限制值和 N1 目标值,并将其发送给显示电子组件(DEU),同时,还向自动油门计算机发送 N1 目标值;此外,为了后续计算和控制的需要,还向自动油门计算机发送许多数据,如总重、最小速度、大气静温等。

(6) 显示电子组件(DEU)

在每个飞行阶段中,FMC 将计算的发动机 N1 限制值和 N1 目标值发送给 DEU。A/T 计算机向 DEU 发送方式数据以便在共用显示器(CDS)的 FMA 上显示 A/T 的工作方式。DEU 在发动机显示器上显示 N1 限制值,并向 EEC 传送 N1 目标值。

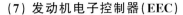

（7）发动机电子控制器（EEC）

显示电子组件（DEU）向 EEC 传送 FMC 的 N1 目标值。EEC 使用该数据计算与其相当的 TRA 目标值。

每个 EEC 通道向 A/T 计算机传送各种有关数据，如推力解算器角度（TRA）、N1 指令显示值，以及实际 N1 下的 TRA、目标 N1 下的 TRA、最大 N1 下的 TRA 值等。

（8）大气数据惯性基准组件（ADIRU）、无线电高度表（RA）及失速管理偏航阻尼器

为不同阶段及工作方式的自动油门控制指令计算提供所需要的大气数据和飞机姿态信息等。

（9）自动油门显示及告警

与自动油门系统相关联的显示与告警装置有以下几种：

① 自动油门方式通告牌：用于显示自动油门当前的工作方式，该机自动油门方式显示在主飞行显示器（PFD）的左上角第一列，如图 5.9 所示。

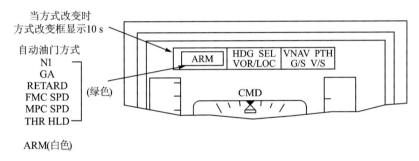

图 5.9　自动油门方式通告牌

② 发动机显示器上部显示下述由 FMC 计算的推力通告：推力方式通告牌（TMA）和 N1 刻度盘上的基准 N1 游标，如图 5.10 所示。

在正常工作期间，FMC 计算发动机推力 N1 限制。FMC 将这些发送到 DEU，以在发动机显示器 N1 刻度盘上显示基准 N1 游标。在正常工作期间，基准 N1 显示在实际 N1 方框的上边。通常这里是空白的。

在非正常工作期间，当 FMC N1 数据无效或无计算的数据（NCD）时，三个划线代替 FMC 推力方式显示在 TMA 上。显示于实际 N1 方框上的基准 N1 用虚线显示，以表示在 N1 刻度盘上的基准 N1 游标不是由 FMC 设置的。

③ 自动飞行状态通告器（ASA）：在 ASA 前面板上有三个警告灯，其中间的为 A/T 警告灯。当自动油门断开时，A/T 计算机发送一个信号用来给出一个红色闪动的视觉警告。按压该闪动的红色灯时断开电门来取消警告。

3. 自动油门工作方式选择及其指令计算

如前所述，推力管理对油门的控制有多种工作方式，主要有 N1 工作方式、速度/马赫数工作方式及其他几种附加方式。

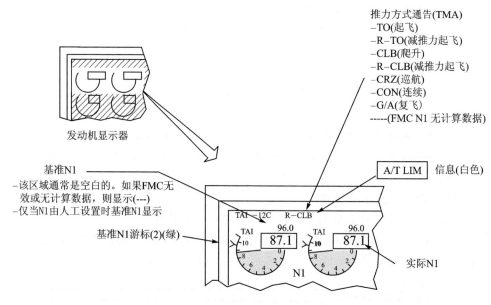

图 5.10　发动机显示器上显示的信息

(1) N1 工作方式

N1 工作方式是指自动油门系统根据所确定相应的 N1 限制值，以及由 EEC 得到的 N1 指令值以及 TRA 的目标值和实际值对发动机推力进行控制。

N1 工作方式在起飞、爬升及最大推力复飞阶段使用。这种工作方式可以由下述 4 种方法选择：

- 在 DFCS 未衔接时，驾驶员可以按压 MCP 上的 N1 选择器电门人工地选择 N1 方式。
- 当 DFCS 衔接时，DFCS 自动请求该方式。当 DFCS 衔接于 VNAV 爬升或高度层改变爬升时，FCC 指令 A/T 到 N1 工作方式。
- 在地面上，TO/GA 电门作为起飞被按压。
- TO/GA 电门在减推力复飞期间，第二次被按压（在空中）。

在这种工作方式下，自动油门控制计算机主要接收下述信号完成指令计算：FMC 的 N1 目标值、EEC 的 N1 指令值、EEC 的 TRA 目标值和实际值以及 EEC 给出的 N1 和 TRA 最大值。

在该工作方式下，需要设置和控制推力。其过程是：由 FMC 根据飞行阶段的要求，提出 N1 目标值，并经由 EEC 计算一个相当的 TRA 目标值，并将其发送给自动油门计算机；同时自动油门计算机还接收由 EEC 传送的实际 TRA 值，并以此生成速率指令发送给 AMS 及 TR（油门杆解算器）组件，且由 ASM 控制推力为设置值。最大的 TRA 目标值确保在控制过程中发动机的限制不被超过。

仅对起飞和最大推力复飞状态，A/T 使用 FMC 的 N1 目标值和 EEC 的 TRA

目标值作为更精确的推力控制以达到 FMC 的 N1 限制。

(2) 速度/马赫数工作方式

该工作方式在自动驾驶仪保持飞机俯仰姿态的条件下,通过控制发动机推力实现将飞机的空速控制到一个目标空速。目标速度可以是驾驶员在 MCP 板上所选择的速度,称为 MCP 速度或选择速度。如果自动驾驶仪处于 DFCS 的 VNAV 方式,则目标速度是 FMC 飞行计划所规定的速度,称为 FMC 速度或管理速度。

该工作方式可以人工或自动地选择。若 DFCS 被衔接,则 DFCS 自动地根据系统目前的俯仰工作方式选择 FMC 或 MPC 速度工作方式。MCP 速度工作方式也可人工地按压 MCP 板上的速度工作方式电门来选择。

在速度工作方式下,自动油门计算机使用下述输入数据进行管理和指令计算:目标空速、目标马赫数、计算空速、马赫数、真空速、纵向加速度和最小使用速度(来自 SMYD)。

自动油门计算机将目标空速与来自于 ADIRU 的飞机的实际速度、计算空速或马赫数相比较,实际速度与目标速度的差产生一个油门杆的速率指令以设置推力。为了改善系统速度的控制质量,指令生成的控制规律还引入了纵向加速度信号。自动油门计算机将来自 SMYD 的最小使用速度与来自 ADIRU 的计算空速相比较,设定一个最小速度下限。自动油门计算机将不允许速度低于这个速度下限。

(3) 附加工作方式

① 预位工作方式

预位工作方式是在 A/T 方式没有工作时被选择。在预位方式下,A/T 能够并准备好接收指令。ASM 已供电,但 A/T 控制逻辑阻止了伺服马达移动油门。

A/T 在下列这些条件下进入预位方式:

● 在地面上,在飞行前 A/T 被预位后;
● 在起飞滑跑过程中,处于油门保持方式时,高于 800 ft 气压高度;
● 在下降收油门过程中,当油门杆到达后止动位。

在预位工作方式时,使用油门保持方式信号和油门回收方式信号计算指令。

② 油门保持工作方式

油门保持方式是自动的,A/T 在起飞地面滑跑期间,当计算空速为 80 节时进入该方式。在该方式下,A/T 断开到 ASM 的电源,以防止起飞滑跑和初始的爬升期间 A/T 移动油门杆。当气压高度大于 800 ft 并且离地 10 s 后结束。

在该方式下,A/T 计算机依据下述输入信号进行控制:计算空速、气压高度和空地有关信号。进入油门保持方式时,油门杆维持在起飞 N1 设置,如果需要,驾驶员可以移动油门杆。

在起飞完成后,A/T 计算机从油门保持转为预位方式,并维持在预位方式直到 N1 或速度方式被选择。

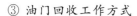

③ 油门回收工作方式

该工作方式下，A/T 将油门杆移回到后止动位。该工作方式有下述两个子方式：

（a）下降回收方式

该方式出现在从高空下降的过程中，即出现在 DFCS 的 VNAV 速度方式下降过程中，或当在 MCP 上 LVL CHG 下降被选择时。在 DFCS 的 VNAV 速度方式下降过程中，A/T 通常在 FMC 下降顶点（TOD）处开始回收油门杆到慢车位。当油门杆到达后止动位时，A/T 方式从回收改变为预位。A/T 保持在预位方式直到选择了新的方式为止。

在下降回收方式下，A/T 计算机给油门杆指令以降低发动机的推力到慢车。在下降回收中，油门杆以 1(°)/s 的速率移动到后止动位。

（b）拉平回收方式

该方式出现在着陆拉平过程中。A/T 将油门杆回收到慢车位。当飞机改平着陆和接地时，油门杆移动到后止动位，在接地后 2 s A/T 断开。

对于拉平回收，A/T 计算机使用速度方式选择、襟翼位置、无线电高度及自动驾驶仪拉平等有关信息进行指令计算。

在着陆期间，如果飞机处于下滑道上并且在使用 MCP 速度方式，则 A/T 进入拉平回收方式。A/T 给出指令使油门杆以 3(°)/s 的速率移动到后止动位。在拉平回收方式期间，油门杆在 6 s 内到达慢车。着陆后，油门杆以 8(°)/s 的速率移动到慢车止动。

④ 复飞工作方式

在进近期间，当飞行高度小于 2 000 ft 时，复飞预位，此时，当按压 TO/GA 电门一次时，A/T 给出一个减推力复飞指令，此时为 GA 复飞方式。在复飞期间，如果按压 TO/GA 电门第二次，A/T 给出最大推力复飞指令，达到 FMC 复飞 N1 限制，此为 N1 复飞方式。

如果在 MCP 板上选择了 N1 或速度方式，则复飞方式复位。

在该方式下，A/T 计算机依据下述输入信息进行控制：N1 方式、速度方式、TO/GA 电门输入、无线电高度、总重及襟翼位置。

对减推力复飞，A/T 使用一个内部计算的推力值以获得 8% 的爬升梯度。对于最大推力复飞，使用 FMC 的 N1 目标和 EEC 的 TRA 目标来设定推力。

5.5　在全飞行过程中推力工作方式的应用

推力管理系统或自动油门系统在飞机整个飞行过程，包括起飞各阶段，爬升、巡航、下降、进近、拉平、着陆和复飞各飞行阶段均可应用，如图 5.11 所示。由于不同飞行阶段飞机的飞行状态和飞行要求不同，因此对发动机推力的要求亦有所不同，对发动机推力控制亦应采用不同且与飞机飞行方式要求相一致的工作方式。所以讨论在全飞行过程中推力工作方式的应用时，必须与飞机在不同飞行阶段所采用的飞行控制相结合。飞行控制与推力控制的结合是一种综合管理控制。

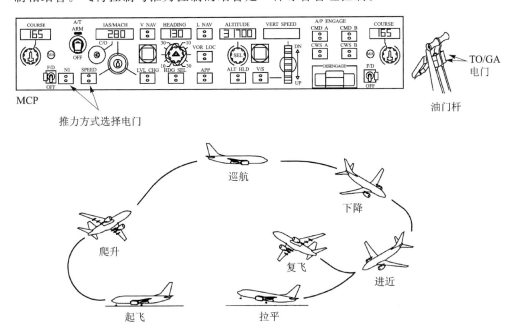

图 5.11　自动油门在全飞行过程的应用

对于每个飞行阶段，自动油门工作方式可从 MCP 上选择。如果 DFCS 衔接，则它将自动选择 A/T 方式。在 MCP 上，N1 或速度方式电门灯燃亮以显示该方式工作，如果此时按压相应电门，则将取消该工作方式。按压 TO/GA 电门，将启动自动油门起飞或复飞工作方式。

5.5.1　自动油门在起飞阶段的应用

在准备起飞时，应使用 FMC CDU 来输入必要的航前数据，并且在 DFCS MCP 上选择参数和设置所期望的方式。起飞通常分为 4 个阶段：飞行前、起飞开始、起飞滑跑和开始爬升。

(1) 飞行前

为了使用自动油门起飞，飞行前应在 FMC CDU 上输入必要的数据，将 MCP 设为起飞方式并输入所需参数，将 A/T 预位电门放置在预位处。输入完成后，应在相应显示器上核实相应的状态及参数。

(2) 起飞开始

在起飞滑跑开始时，驾驶员按压油门杆上的 TO/GA 电门，油门的工作方式变为 N1 起飞，并且 A/T 移动油门杆到 FMC 计算的起飞 N1 限制对应的 TRA。

（3）起飞滑跑

当发动机推力和转速增加到起飞 N1 限制时，飞机加速。当空速达到 80 节时，A/T 计算机进入油门保持方式。此时，油门杆维持在相对于起飞 N1 限制的目标 TRA。如果需要，驾驶员可以人工地控制推力。

（4）开始爬升

在初始爬升过程中，高于 800 ft 机场的气压高度并且离地后 10 s，A/T 方式从油门保持变为预位方式。此时，飞行员可以在 MCP 上选择一个新的 A/T 方式。如果 DFCS 是衔接的，则 DFCS 自动选择与飞行方式相一致的一个 A/T 方式。

5.5.2　自动油门在爬升阶段的应用

如前所述，在开始爬升过程中，自动油门可以处于 N1 或速度工作方式。由于可以在高于 400 ft 无线电高度时衔接自动驾驶仪，并选择一个 DFCS 俯仰方式作为爬升，即此时已进入初始爬升。在爬升过程中，DFCS 俯仰方式可以由飞行员选择，通常可以有垂直导航（VNAV 速度）、高度层改变（LVL CHG）和垂直速度（V/S）3 种方式，但正常的俯仰方式是 VNAV 方式。不同的俯仰方式，对自动油门的要求也不同。

（1）垂直导航（VNAV）爬升

正常的起始爬升是 DFCS VNAV 俯仰方式。在 VNAV 方式下，DFCS 自动地选择 N1 作为 A/T 方式。此时，A/T 控制发动机推力到 FMC 爬升的 N1 目标。自动驾驶仪使用升降舵来控制空速。但 MPC 板上 IAS/MACH 速度窗是空白的。

（2）高度层改变（LVL CHG）爬升

在爬升期间，可以在 MCP 上选择 LVL CHG 作为 DFCS 俯仰方式，此时 DFCS 将选择 N1 为 A/T 方式。在 DFCS LVL CHG 爬升时，A/T 设置推力为 EEC TRA 目标，该 TRA 目标是由 EEC 作为相当于 FMC 爬升 N1 目标计算的。自动驾驶仪使用升降舵来控制空速。该空速为在 MPC 板上 ISA/MACH 窗口设置的速度。

（3）垂直速度（V/S）爬升

在起始上升过程中，可以选择 V/S 作为 DFCS 俯仰方式并设置所期望的垂直速度。DFCS 将为 A/T 选择 MCP 速度方式。在 V/S 爬升方式期间，A/T 控制发动机推力来控制空速到在 MCP 上所选择的速度。自动驾驶仪使用升降舵来保持爬升速率到在 MCP 上所选择的垂直速率。

5.5.3　自动油门在巡航阶段的应用

在巡航飞行期间，A/T 控制发动机推力来控制空速。它可能是 FMC 目标速度或在 MCP 上选择的速度。在巡航飞行期间，正常的 DFCS 俯仰方式是 VNAV。也可以选择高度保持作为 DFCS 俯仰方式。具体应用分下述 3 种情况说明。

（1）VNAV 高度捕获／高度保持

在 DFCS VNAV 爬升期间，飞机爬升到 FMC 目标高度或在 MCP 上所选择的一个较低的中间高度。A/T 是在 N1 方式下。当飞机接近所选择的高度时，DFCS 捕获该高度并在该高度上改平。A/T 工作方式从 N1 变为 FMC 速度方式。如果是捕获 MCP 上设置的高度，改平后 DFCS 俯仰方式变为高度保持（ALT HOLD），如果是在 FMC 的高度改平，则俯仰方式为 VNAV PTH。MCP 的 IAS/MACH 窗口为空白。

（2）VNAV 巡航

在 DFCS VNAV 巡航期间，A/T 为 FMC 速度方式，A/T 控制推力以保持 FMC 的目标空速，但 MPC 板的 SPD 开关灯并不点亮，这意味着不能通过按压该电门取消该工作方式。如果要改变方式，则必须选择一个新的方式。自动驾驶仪使用升降舵来保持高度，此时 DFCS 的俯仰方式为 VNV PTH。

（3）高度保持

在 DFCS 高度保持（ALT HOLD）方式中，目标高度是在 MCP 上所选择的高度。在爬升（或下降）期间，当飞机接近 MCP 上所选择的高度时，DFCS 捕获该高度并通过自动驾驶仪使用升降舵来保持该高度。A/T 是 MCP 速度方式，控制油门杆以保持 MCP 上所选择的目标空速。此时 MCP 速度方式灯点亮，MCP IAS/MACH 窗口显示所选择的速度。

5.5.4　自动油门在下降阶段的应用

在下降期间，依据所选择的方式，自动油门系统控制发动机推力控制空速或下降速率（V/S）为一定值。在下降期间，正常的 DFCS 俯仰方式是 VNAV，驾驶员也可以选择其他的方式，如高度层改变（LVL CHG）或垂直速度（V/S）。A/T 通常回收推力到慢车位，并与所选的 DFCS 俯仰方式相一致。

（1）VNAV 下降

在 DFCS VNAV 巡航期间，当飞机达到 FMC 计算的下降顶点时，自动油门慢慢地将油门杆移到后止动位，以回收推力到慢车位进行下降，此时 A/T 方式是预位，但 DFCS 可能请求 A/T 方式从预位变为 FMC 速度方式，以增加推力来保持 FMC 目标速度和下降速率。

飞机持续下降到 FMC 或 MCP 选择的高度。当 DFCS 捕获并且在所选择的高度上改平时，A/T 从预位改变为 FMC 速度方式，A/T 控制发动机的推力以保持飞机速度到 FMC 目标速度。自动驾驶仪控制升降舵保持所选的高度。

（2）LVL CHG 下降

飞行员在 MCP 上选择一个较低的目标高度并按压 LVL CHG 方式电门，即启动 LVL CHG 下降，在该期间，自动油门设置推力到慢车，DFCS 使用升降舵保持所选择的 MCP 空速。飞机下降到 MCP 上所选择的高度。在该高度改平时，自动油门衔接在速度方式,通过控制油门来提供发动机推力以使飞机保持在 MCP 速度上。DFCS 从 LVL CHG 变为高度保持俯仰方式,并使用升降舵保持 MCP 高度。

(3) V/S 下降

飞行员在 MCP 上选择一个较低的目标高度并按压 V/S 方式电门,且在 MCP 上设置 V/S 速率即启动 V/S 下降。在该期间,A/T 进到 MCP 速度方式,A/T 控制推力来保持 MCP 上的目标空速。DFCS 使用升降舵来控制 MCP 上的 V/S 下降速率。当飞机到达所选择的高度时,A/T 保持在速度方式,它增加推力以继续维持 MCP 所选择的目标空速。DFCS 从 V/S 方式变为高度保持方式并使用升降舵来控制和保持 MCP 高度。

5.5.5 自动油门在进近阶段的应用

下降期间在下滑信标捕获之前,由于所选择的俯仰方式不同,油门可能工作在预位方式或速度方式。在进近阶段可进一步分如下 3 个小阶段:

(1) 下降回收

在 DFCS VNAV 下降时,下滑道捕获之前,A/T 通常处于下降回收方式,并将推力设置为慢车,或依据所选择的其他 DFCS 俯仰方式,A/T 处于速度方式。

在 DFCS VNAV 下降时,如果要使 A/T 工作在速度方式,则需要在 MCP 上选择油门速度方式;或由 DFCS 自动选择速度方式,此时 MCP 板上速度方式灯点亮,IAS/MACH 窗口显示所选的速度。

(2) 下滑信标(G/S)捕获

在下降期间,可以选择 DFCS 进近方式(APP)捕获下滑信标。捕获下滑信标后,DFCS 使用升降舵来保持下滑信标的垂直航迹,A/T 方式是 MCP 速度方式,自动油门通过调节油门杆保持在 MCP 上所选择的速度。

(3) 拉平回收

在进近期间,飞机在下滑道上,当高度为 50 ft 无线电高度时,DFCS 开始拉平机动飞行,此时向 A/T 计算机发送一个拉平离散信号。在拉平期间,A/T 维持在 MCP 速度方式,在无线电高度为 24 ft 时,自动油门开始拉平回收,油门杆被移动到后止动位。

如果 DFCS 没有衔接在进近方式,在无线电高度为 27 ft 时,在下滑道上,自动油门在 MCP 速度方式,且襟翼放下超过 12.5°,则 A/T 转换为拉平回收。

接地 2 s 后,自动油门自动断开。当油门在正常着陆断开时,没有听觉或视觉警告。

5.5.6 自动油门在复飞阶段的应用

在进近到着陆期间的下滑道上,当低于 2 000 ft 无线电高度时,自动油门开始复飞预位。预位后,如果在进近期间按压 TO/GA,则自动油门进到复飞方式。

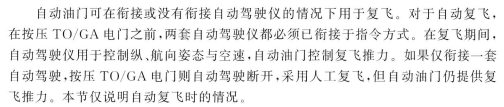

　　自动油门可在衔接或没有衔接自动驾驶仪的情况下用于复飞。对于自动复飞，在按压 TO/GA 电门之前，两套自动驾驶仪都必须已衔接于指令方式。在复飞期间，自动驾驶仪用于控制纵、航向姿态与空速，自动油门控制复飞推力。如果仅衔接一套自动驾驶，按压 TO/GA 电门则自动驾驶断开，采用人工复飞，但自动油门仍提供复飞推力。本节仅说明自动复飞时的情况。

（1）减推力复飞

　　在第一次按压 TO/GA 电门后，A/T 给出减推力复飞指令，向前移动油门杆，以获得一个额定的爬升速率。此时，自动油门计算机给出一个推力值，以获得一个 8% 的爬升梯度，通常它将小于可能的全额定复飞推力，所以称减推力复飞。

（2）最大推力复飞

　　在复飞期间，在自动油门达到减推力复飞推力后，第二次按压 TO/GA 电门时，A/T 移动油门杆到由 FMC 计算的全额定复飞 N1，称为最大推力复飞。

（3）在高度上改平

　　在复飞期间，当飞机接近 MCP 上的高度设置时，自动驾驶仪捕获并在此高度上改平然后进到高度保持方式。自动油门方式变为 MCP 速度方式。

　　通过上述 B737 - NG 飞机自动油门工作方式的应用讨论，可以看到，自动油门各种工作方式的使用密切地与飞机的飞行阶段及自动驾驶仪的工作方式有关，自动油门工作方式的选用取决于自动驾驶仪的工作方式。一般来说，为保证飞机不至于进入失速或超速状态，要优先保证速度控制。当自动油门系统与自动驾驶仪都衔接工作时，如果自动驾驶仪控制飞机的速度，则自动油门系统会控制发动机的推力；如果自动驾驶仪控制其他参数如升降速度、高度等，则自动油门系统则控制飞行速度。

5.6　思考题

1. 推力管理系统的主要功能是什么？原理上系统分为哪几层？
2. 简单说明推力管理系统的工作方式。
3. 试说明飞机速度两种主要控制方案的构成。
4. 试分析 B737 - NG 系列飞机的自动油门系统计算机的主要功能。
5. 试说明自动油门伺服马达系统的组成。
6. 试说明有哪些与自动油门系统相关联的显示与告警装置。
7. 试说明在哪些飞行阶段应用 N1 工作方式及选择方法。
8. 试说明在哪些飞行阶段应用速度工作方式及选择方法。
9. 试分析在起飞和复飞阶段自动油门的应用。
10. 试分析在进近阶段自动油门的应用。

5.7 自测题

1. 自动油门的工作方式有几种选择方法？

    A. FMC 自动选择

    B. MCP 上选择

    C. DFCS 自动选择

    D. 人工从 MCP 上选择，DFCS 自动选择，人工用 TO/GA 开关选择

2. 下面关于自动油门系统 A/T 的说法，正确的是哪项？

    A. A/T 输出操纵指令到油门伺服机构

    B. A/T 为 FMCS 提供目标指令

    C. 在 VNAV 方式衔接时，发动机推力限制由 A/T 计算机提供

    D. 必须在 MCP 板上选择好工作方式，A/T 才能正常工作

3. 在高度层改变(LVL CHG)爬升期间，A/T 工作方式是以下哪项？

    A. MCP SPD   B. FMC SPD   C. THR HLD   D. N1

4. A/T 工作在速度方式，其目标速度来自什么？

    A. FMC   B. FCC   C. CDU   D. MCP

5. 在巡航阶段，AFCS 与 A/T 通常是如何配合工作的？

    A. AFCS 保持速度，A/T 保持推力

    B. AFCS 保持姿态，A/T 控制速度

    C. AFCS 和 A/T 同时控制飞行速度

    D. AFCS 保持高度，A/T 控制速度

6. A/T 系统的速度方式可由哪项自动选择？

    A. Y/D   B. F/D   C. A/P   D. FMCS

7. 正常情况下 A/T 使用的 N1 限制值来自哪项？

    A. FCC   B. FMC   C. A/T 计算机   D. 人工输入

8. A/T 系统油门推力保持(THR HOLD)方式出现在哪个阶段？

    A. 飞机起飞阶段   B. 巡航阶段

    C. 进近方式   D. 自动着陆阶段

9. 复飞时，压下 TO/GA，A/T 进入什么工作方式？

    A. 减推力复飞   B. 全推力复飞

    C. 油门保持   D. 速度

10. 以下什么方式是自动油门系统的工作方式？

    A. 高度保持方式   B. 垂直速度方式

    C. V NAV 方式   D. 速度方式

11. 在起飞爬升时,A/T 工作方式是什么?

    A. 速度方式   B. N1 方式

    C. 垂直速度方式   D. 高度层改变方式

12. 人工选择自动油门(A/T)的工作方式在何处进行?

    A. FMCS CDU   B. A/T 计算机

    C. MCP   D. 导航控制面板

13. 离地后,自动油门保持在 THR HLD(油门保持)位置,直到以下哪项为止?

    A. 400 ft 无线电高度

    B. 800 ft 无线电高度并且离地 10 s

    C. 400 ft 无线电高度并且离地后 18 s

    D. 800 ft 无线电高度并且离地后 18 s

14. 要想自动油门加到全复飞 N1 限制值,何时第二次按压任一 TO/GA 电门?

    A. 连续按压

    B. 在自动油门达到减推力复飞推力后

    C. 在达到计划的爬升率后

15. 当 MCP 上 IAS/MACH 窗出现中间带点的 8 字符时,表示什么意思?

    A. 飞机超速   B. 飞机欠速

    C. 显示的是马赫数   D. 显示的是未修正的速度

16. 自动油门的复飞方式什么时候预位?

    A. 在下降到 2 000 ft 无线电高度以下时

    B. 当下滑道捕获时

    C. 当出现"FLARE"拉平预位时

第 **6** 章

配平系统

6.1　概　述

  飞机在空中平稳飞行时,可以认为作用在飞机上的各种力矩达到了平衡。但是由于飞行速度的变化、燃油消耗等因素导致的重心变化、舵面偏转等导致的气动外形变化以及气流扰动等外界因素都会引起飞机平衡状态发生改变,影响飞机的正常平稳飞行。飞行员为了保持飞机的飞行稳定,需要经常操纵舵面,使飞机重新获得平衡,这会使飞行员因为长时间施加杆力而感到疲劳,为此在飞机上通常都安装有配平系统。配平系统的作用就是为协助飞行员消除上述不平衡力矩和保持飞机稳态而设置的系统。配平方式可分为人工配平和自动配平。人工配平是由飞行员操作(手动或电驱动)配平操纵机构来实现的。而自动配平则是在飞行员不参与的情况下由自动配平系统自动调整配平舵面来完成的。

  针对飞行姿态的俯仰、偏航、滚转三个轴向运动,配平系统也可分为俯仰配平、方向舵配平和副翼配平系统。由于俯仰配平最为重要,本章主要讨论俯仰配平的有关问题。首先将概要地介绍俯仰配平系统的功能及方法,重点讨论俯仰自动配平方法及相关问题;其次将概要地说明速度配平及马赫配平的功能及配平方法。在讨论上述三种配平方法时,仍将以 B737 - NG 系列飞机的相关配平系统为例进行说明。

6.2　俯仰配平系统

6.2.1　俯仰配平系统的功能

  飞机为获得升力以克服重力必须以正迎角 α_0 飞行。为了平衡 α_0 所形成的稳定力矩,驾驶员必须操纵舵面,给出平衡舵偏角 δ_{e_0},以保证飞机水平飞行,这是重力给纵向通道带来的特殊问题。此外,在飞行过程中,如果飞行员或者自动驾驶仪要实现一种新的工作状态,例如设定了新的空速值,那么由于速度改变将改变飞机原有的平衡状态,并产生新的俯仰力矩。要让飞机重新回到平衡状态,需要对飞机持续地产生附加力矩,这需要飞行员持续操作驾驶杆,对升降舵施加一定的力,产生所需的附加力矩。飞行实践表明,驾驶员连续地对驾驶杆施加固定的力将使驾驶员疲劳不堪,即使力不大,也会使驾驶复杂化,长期固定偏转升降舵,也会影响飞行员的正常操纵。为此,目前在飞机上都使用俯仰配平系统,通过外加能量偏转飞机上一定的配平舵面,产生所需的附加力矩。

俯仰配平系统是飞机配平系统的主要组成部分,它通过对俯仰配平舵面进行偏转,实现对飞机俯仰力矩的平衡。常见的俯仰配平舵面一般有水平安定面和升降舵调整片。

6.2.2　升降舵调整片与水平安定面的配平作用

1. 升降航调整片的配平作用

调整片是安装在升降舵舵面后缘的辅操纵面,它的偏转与升降舵的偏转是彼此独立的,如图 6.1 所示。调整片的面积常小于升降舵面积的 $1/10$,当调整片偏转时,水平尾翼的升力可看作不变,因为调整片离升降舵转轴较远,所以相对升降舵可获得较大力矩,如图 6.1 所示。当升降舵偏转 $-\delta_e$ 角,产生向下的升力 L_{δ_e},此时飞行员通过手轮或接通专门电动机来操纵调整片反向偏转 τ_e 角时,调整片产生反向气动力 L_{τ_e},如果保证 $L_{\delta_e} \times a = L_{\tau_e} \times b$ 力矩达到平衡,则驾驶员松开驾驶杆,升降舵也能保持原来状态,从而解决了卸掉升降舵偏转作用在驾驶杆上的作用力。

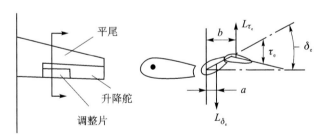

图 6.1　升降舵与它的调整片

2. 水平安定面的配平

升降舵安装在水平安定面的尾部,在利用全动水平安定面配平时,当其前缘向上时,可使飞机产生机头向下的俯仰力矩;反之,前缘向下时,可使飞机产生机头向上的俯仰力矩。当升降舵向上偏转时,操纵整个水平安定面前缘向下偏转,水平安定面产生向下的附加升力,从而使其产生的附加力矩消除升降舵上的铰链力矩,实现"卸荷"。配平完成后,整个平尾成流线型,且铰链力矩等于零,驾驶杆力也为零,从而达到"卸荷"目的。如图6.2所示,水平安定面在0°,如升降舵向上偏转15°,产生一定向下升力,若将安定面向下偏转6°,整个水平安定面保持流线型,升降舵即可"卸荷"。图中所列数值仅为说明配平原理而用,实际的相互偏转角的大小均取决于飞机的姿态与空速等。

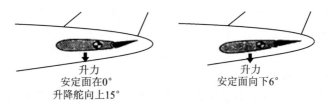

升力
安定面在0°
升降舵向上15°

升力
安定面向下6°

图6.2　水平安定面的配平原理

6.2.3　俯仰配平的方法

一般来说,民航客机具备以下5种俯仰配平方式:

- 人工机械配平:由飞行员手动操作机械配平机构,例如在B737 - NG飞机上操作水平安定面配平手轮。
- 人工电驱动配平:由飞行员通过操作配平电门,由马达驱动配平系统实现人工配平。
- 自动配平:由自动驾驶仪产生指令,通过配平马达自动实现的配平,这是民航客机的主要配平工作方式。
- 马赫配平:当襟翼收起,速度达到一定马赫数时,水平安定面随马赫数变化,产生指令实现配平。
- 速度配平:当襟翼放出时,安定面配平控制器或飞控计算机FCC根据空速自动调节安定面偏转以保持速度稳定。

6.3　俯仰自动配平方法

在人工配平时,驾驶员进行人工配平,并不关心调整片偏角的大小,只是通过手轮或开关接通电机去操纵调整片偏转,直到杆力为零。以这种人工配平方式配合自动飞行控制系统工作是有问题的。在自动飞行控制系统工作时,升降舵上的铰链力矩由舵机承担了,驾驶员感受不到杆力,无法配平。但当自动飞行控制系统断开时,由于舵机不工作,则舵面上的力矩立即引起舵面剧烈的偏转,对飞机产生极大的扰动。所以,在自动飞行控制系统断开之前,驾驶员不得不给驾驶杆施加一定的力,以保持舵面不动,这对驾驶员来说是不方便的。另外,自动飞行控制系统万一发生故障,监控机构会自动断开控制系统,舵面在气动力矩的作用下,立即回到杆力为零的位置,舵面跳动,会引起飞机突然的运动。

产生上述问题的原因主要是,在自动飞行控制系统工作时,舵机承受了气动载荷,没有卸掉铰链力矩。若在自动飞行控制系统工作期间能自动操纵调整片及时卸去铰链力矩,那么一旦断开自动飞行控制系统,舵面仍保持在断开前的位置,故可顺利地过渡到手动操纵。

因此,自动俯仰配平系统就是在自动飞行控制系统工作期间,可以自动操纵调整片(或水平安定面)及时卸去铰链力矩,实现配平的一种自动系统。

6.3.1 采用调整片的俯仰自动配平

在采用调整片进行俯仰自动配平时,通常采用电动马达作为调整片的驱动机构,该电动马达必须依据升降舵的偏转(或铰链力矩)状况进行调节,所以要设置有升降舵偏转角度或铰链力矩的检测装置,并依此通过控制器产生电动马达的控制信号。图 6.3 为一种无动压传感器的调整片的俯仰自动配平系统的原理示意图。若自动驾驶仪接通前所建立的配平状态为 θ_0、δ_{e_0}、τ_{e_0}(已卸去铰链力矩)。接通驾驶仪后,由于某种原因破坏了纵向力矩的平衡,这相当于外干扰力矩的作用,等效为升降舵的偏量 $\Delta\delta_{e_j}$,依俯仰角控制系统的作用原理,将产生一增量升降舵偏角 $\Delta\delta_{e_s}$ 来平衡外干扰力矩。此时舵偏角 $\Delta\delta_{e_j}$ 所产生的铰链力矩增量是舵机的负载,舵机必须付出相应的力矩 ΔM 去克服它,对电动舵机来说,伺服放大器需提供增量电流 ΔI。自动配平系统检测该增量电流,并控制配平电动舵机来调整调整片的角度,减少舵面所承受的铰链力矩,直到卸去舵面铰链力矩为止。随着舵面所承受的力矩减少,伺服放大器的电流亦减少,当完全卸去铰链力矩时,$\Delta I=0$,自动配平电机停止转动,自动配平结束,此时自动配平电机将承受调整片上的气动力矩。为了防止自动驾驶仪工作时,舵面快速偏转对配平系统的影响,在自动配平系统输入端设置了一定的时延和死区。该时延和死区既不能过大,也不能太小。过大固然可以减轻配平系统的工作负担,但

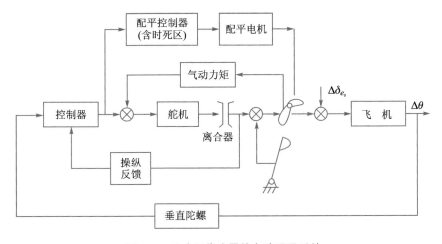

图 6.3 无动压传感器的自动配平系统

会使配平系统工作缓慢,且卸荷不净。太小,飞机短周期运动振荡信号会进入配平系统,使调整片来回偏转,严重干扰自动驾驶仪工作。

6.3.2 采用水平安定面的俯仰自动配平

如前所述,为了保持俯仰力矩平衡,要不断地偏转升降舵偏角。但按可靠性观点,不允许姿态控制器的调整机构来承担这种不断的偏转,从而承担不断变化的舵面载荷。另外,如果利用偏转升降舵来补偿不平衡的俯仰力矩,也容易使升降舵降低它的偏转范围,甚至陷入到偏转的极限,为了克服这种状况,保证升降舵有足够的调节范围,且主要用于飞机的姿态控制和稳定以及抑制扰动的高频信号,现代大型民用飞机主要采用调节水平安定面进行俯仰配平。

图 6.4 是 A320 飞机俯仰控制系统示意图。从图中可见,人工手动配平的结构,驾驶员操纵中央操纵台上的配平手轮,通过机械钢索传动,控制水平安定面作动器,带动水平安定面偏转。而电自动配平由飞行控制计算机产生配平指令信号,控制电动机转动,电动机的机械转角信号与手动机械配平信号进行机械综合后,控制水平安定面作动器,进而带动水平安定面偏转实现配平。对 A320 的飞机俯仰控制系统来说,飞控计算机的自动配平信号是由俯仰控制系统产生的,如图 6.5 所示。从图中可见,水平安定面的自动配平信号是由俯仰电传系统所产生的升降舵指令信号经过积分运算产生的,从而把升降度的偏度信号综合起来(即求平均值),并用于改变工作状态和平衡定常扰动等低频控制信号,这样就相当于控制器中一个附加的(比例+积分)组件,保证升降舵总是回到中间位置。这表明,俯仰配平功能与升降舵的操纵功能综合起来,并始终一起工作,故完全解除了驾驶员的工作负担。

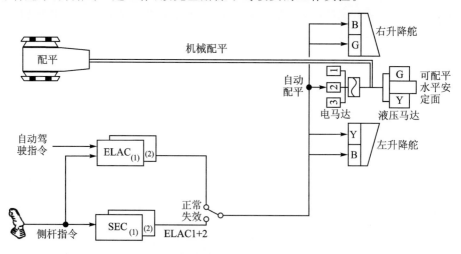

图 6.4 A320 俯仰电传系统结构示意图

对于 A320 的自动配平系统来说,它与电传系统密切相关,为保证其可靠性,水平安定面由两个液压作动器带动螺旋致动器运动,且两个液压作动器分别由黄(Y)

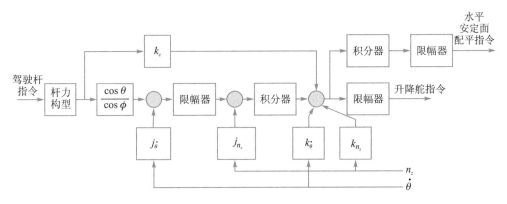

图 6.5　A320 具有自动配平信号的俯仰电传控制

与绿(G)液压源供油,而自动配平电动则为三余度。通过适当选择产生自动配平信号的积分器参数,可以保证水平安定面的偏度限制在－13°～3.5°之间,调节速度限定在±0.3(°)/s(当放下着陆襟翼时为±0.7(°)/s)。在着陆工作方式及防止高速/大马赫和大迎角时,要冻结自动配平。

6.3.3　B737－NG 飞机的 A/P 俯仰自动配平系统

B737－NG 飞机俯仰配平系统包括人工配平、人工主电配平、A/P 俯仰自动配平、速度配平及马赫配平。人工配平是通过手轮拉动钢索对安定面进行配平,它的权限最高,可超控其他配平方法。人工主电配平是通过飞行员按压驾驶盘上的安定面配平电门,并给配平电动马达下达抬头或低头配平指令,驱动安定面进行配平,在自动驾驶仪接通期间,如果使用驾驶盘配平电门,会导致自动驾驶仪断开,在主电安定面配平时,会根据当前襟翼是放出还是收上情况决定安定面的配平速度和配平范围。

A/P 俯仰自动配平系统通过水平安定面实现对飞机俯仰进行配平,主要功能是,当 A/P 衔接时,由 FCC 给水平安定面提供配平信号。

本书主要讨论 A/P 俯仰自动配平、速度配平及马赫配平。

1. A/P 俯仰配平系统的组成

B737－NG 飞机的 A/P 俯仰配平系统结构示意图如图 6.6 所示。主要由以下几个部件构成。

(1) FCC A 和 FCC B

FCC A 能提供以下指令:A/P 配平抬头;A/P 配平低头。

如果 A/P 衔接,FCC 可提供 A/P 配平指令,FCC 在提供抬头配平指令之前要确认没有向前推驾驶杆;FCC 在提供低头指令之前要确认没有向后拉驾驶杆。

若 FCC 在某一时刻没有同时给出抬头及低头配平指令,则 FCC 给出一个配平有效信号。

FCC 提供 A/P 衔接信号作为一个连接信号送到安定面配平电动作动筒,这一信

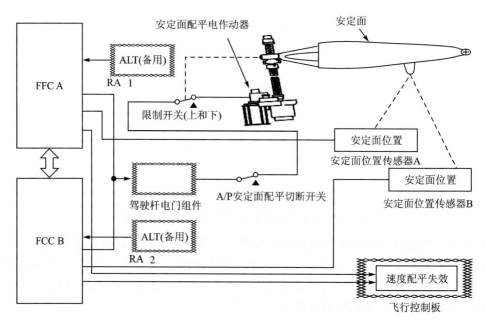

图 6.6 A/P 俯仰配平系统结构示意图

号也是连接有效信号。

FCC 提供一个襟翼收上信号送到安定面配平作动筒。

（2）驾驶杆电门组件

当人工主电配平工作时,驾驶杆电门组件内的电门开路,这样 FCC 的连接信号就送不到配平作动筒。FCC 和主电配平不能同时控制配平作动筒。

如果驾驶员向前或向后移动驾驶杆,信号就送到了两个 FCC,这些信号在 FCC 提供的配平指令与驾驶员的操纵不一致时,断开 FCC 的配平指令。

（3）A/P 安定面配平切断电门组件

当 A/P 安定面配平切断电门位于切断位时,FCC 不能控制安定面配平作动筒。

电门开路时,配平指令及连接信号均不能送到作动筒。同时直流衔接连锁电源能到达 FCC,这一自动安定面配平切断信号告知 FCC 电门处于切断位。

（4）安定面向上及向下限制电门

抬头及低头配平指令通过安定面限制电门。若安定面超出限制,这些电门使指令不能送到作动筒。

（5）安定面配平电动作动筒

配平作动筒从 FCC 得到配平指令,并移动安定面。它向 FCC 提供一信号,告知 FCC 作动筒当前的工作速度,若襟翼放下,则作动筒的工作速度是襟翼收上时的 3 倍。

2. A/P 安定面俯仰配平的指令

A/P 衔接后,FCC 完成安定面自动配平。是否需要安定面配平取决于升降舵相对于安定面的位置。如前所述,配平的实质就是飞机力学平衡。飞机在空中要保持稳定平衡,要求飞机上所有合力为零和所有合力矩为零。即机翼上产生的升力必须等于飞机重力和水平尾翼负升力之和,以及升力作用点的重力产生的反时针力矩必须等于水平尾翼负升力的顺时针力矩。水平尾翼由水平安定面和升降舵组成,它们产生的负升力大小与飞机空速、高度、安定面俯仰位置、水平尾翼形状等密切相关。因此,是否需要安定面配平,与飞行速度、襟翼位置、升降舵的指令以及飞行阶段(如复飞、拉平)等密切相关,FCC 产生配平指令必然要由多种因素决定,为此,为产生配平指令,FCC 要完成如下计算:

(1) 升降舵权限及升降舵指令

A/P 要计算它可以使升降舵运动位移量的大小(升降舵权限)及它可以控制升降舵的偏转量(升降舵指令)。若指令与权限的比值太大,则 A/P 配平安定面以减小这一比值。若不这样做,则升降舵就会运动到它的极限位,A/P 就不再能朝这一方向控制升降舵的运动。

若 A/P 在俯仰复飞方式,则升降舵权限是 9°;若 A/P 不在俯仰复飞方式,则 A/P 用大气全压、大气静压、安定面位置信号计算升降舵的权限。若襟翼在 0°～7° 之间,则升降舵权限被限制在 3°。

若襟翼收上,则 A/P 使用 A/P 升降舵指令;若襟翼放下,则 A/P 用升降舵位置、中位偏移传感器位置、拉平触发偏置信号计算升降舵指令。

(2) 拉平触发偏置信号

拉平触发偏置信号控制安定面使飞机抬头。A/P 控制升降舵运动保持飞机现有姿态,若 A/P 断开,则升降舵回到中立位,拉平触发偏置将使飞机抬头。

当飞机处于双通道进近方式、无线电高度低于 400 ft 和飞机不在俯仰复飞方式条件出现时,A/P 计算拉平触发偏置。

A/P 利用安定面的位置及襟翼位置计算拉平触发偏置指令。

(3) 安定面配平探测器

安定面配平探测器监控升降舵指令与升降舵权限的比值。

若升降舵指令达到其权限的 10%～25%,且有一定的时间,它将提供一个抬头或低头配平信号。

若升降舵指令小于其权限的 2%,则配平信号取消。

若飞机在俯仰复飞方式,在采样周期仅为 800 ms 时,当比值大于 10% 达 500 ms 时,探测器提供配平信号。

(4) A/P 安定面配平指令

A/P 必须满足 A/P 衔接、飞机没有在拉平方式、飞机没有在俯仰 CWS 的操纵方式条件下,才能产生抬头或低头配平指令。

当无线电高度小于 60 ft 时,FCC 将禁止低头指令。

当飞机在空中且在拉平方式、飞机不在复飞方式、A/P G/S 已衔接时,安定面抬头指令仍可出现 5.5 s。在接地之前,这一安定面配平抬头指令使飞机抬头,开始其拉平操纵。

飞机在进入 A/P 复飞方式之后 0.2～5.5 s。安定面配平低头指令仍出现,在此期间,FCC 将禁止任何抬头指令。

3. A/P 俯仰自动安定面配平的衔接

在 IFSAU(综合飞行系统附件)中有隔离二极管可以使衔接连锁电源到以下部件:主电动安定面配平继电器及自动驾驶安定面配平切断继电器。当主电动安定面配平继电器在关(off)位,AFCS 衔接连锁电源到达飞行控制计算机,这个信号告知 FCC 人工电动配平没有工作,A/P 俯仰自动安定面配平方可衔接。当人工电动配平电门有操作时,继电器转换到配平位,电源不能到达 FCC,这将引起自动驾驶仪断开,A/P 俯仰自动安定面配平不能衔接。当自动驾驶安定面配平切断继电器在正常位,AFCS 衔接连锁电源可以到达 FCC,自动驾驶可以衔接。若切断电门在切断位,电源不能到达 FCC,自动驾驶不能衔接。

6.4 速度配平系统

6.4.1 速度配平系统功能

速度配平系统在低速大推力的情况下,通过对水平安定面的自动控制,确保速度稳定。速度配平仅当 A/P 未衔接时工作。

当飞机处于低速,襟翼放下,且大推力情况时,例如起飞、爬升或复飞阶段,速度变化容易导致飞机纵向不平衡。在自动驾驶功能尚未接通时,为保持飞机速度平稳,速度配平功能将自动控制水平安定面,向与速度改变相反的方向偏转安定面,即速度减小时,偏转安定面使机头向下;速度提高时,则偏转安定面使机头向上,从而使飞机回到配平速度。在飞机回到配平速度后,由速度配平系统所指令的安定面位移将被移除。

速度配平是在满足一定条件时自动进行的,具体条件每个飞机可能不同,但大致有:例如,飞机离地 10 s 以后;没有人工电配平在 5 s 以上;两套 A/P 均未接通;速度配平正常;襟翼未收上,起落架已收上等。所以,速度配平仅为当 A/P 未衔接时工作。在襟翼收上时,速度配平将自动终止,当安定面位置达到其限制值时,配平停止,若倾斜角大于 40°,FCC 也将停止速度配平。

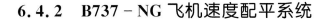

6.4.2　B737－NG 飞机速度配平系统

1. 概　述

B737－NG 飞机速度配平系统是利用该机的俯仰安定面自动配平系统的配平作动器驱动安定面实现配平,并利用同样的 FCC 计算产生配平指令。

ADIRU 将以下信号送到 FCC 进行速度配平计算:计算空速(CAS)、惯性垂直速度、马赫数、倾斜角、迎角。

DEU 将发动机 N1 输入送到 FCC。襟翼位置传感器将襟翼位置数据送到 FCC,无线电高度表将高度数据送到 FCC。FCC 计算速度配平指令信号,并将信号通过驾驶杆电门组件、A/P 安定面配平切断电门和安定面限制电门送到安定面配平电作动器。

FCC 提供以下信号,完成速度配平功能:速度配平抬头、速度配平低头、速度配平基准保持、速度配平警告。

2. 速度配平指令生成

FCC 用计算空速来计算安定面指令信号,并利用安定面指令、安定面位置、惯性垂直速度(在 F/D TO/GA 时不用)信号,在它们综合之前,先通过各自同步器,进行综合后,再通过速度配平切断电子电门以及增益可调的放大器和速度配平探测器部件产生速度配平的抬头或低头指令。速度配平探测器根据输入信号,确定是抬头或低头配平指令,如果同时出现抬头或低头指令,则 FCC 将移除配平电机的离合器电源,断开配平,并提供一个警告信号。

速度配平探测器产生的配平信号,通过与 A/P 安定面配平的电路控制安定面配平电机运动。

6.5　飞机马赫配平系统

6.5.1　马赫配平系统功能

当飞机速度达到临界马赫数时,由于机翼出现局部超音速区域,因此产生激波并使阻力剧增,使这部分的升力减小并出现气动力作用中心后移的跨音速效应,造成机头自动下沉的现象。

为了使飞机在高速飞行情况下能保持平衡,避免飞机自动进入俯冲的危险情况,需要采用马赫配平系统,以飞机的马赫数作为函数自动调整舵面以抵消低头力矩。以 B737－800 为例,当飞机马赫数超过 0.615 时,无论是否接通自动驾驶仪,飞行控制计算机 FCC 都会根据从大气数据惯性基准组件获取的马赫数计算配平值并向马赫配平作动器发出指令,控制升降舵上偏产生抬头力矩或控制水平安定面。当飞机马赫数增加时,水平安定面的前缘会向下配平;当马赫数减小时,水平安定面的前缘会向上配平。

6.5.2 B737 – NG 飞机马赫配平系统

1. 概 述

马赫配平系统采用单独的马赫配平作动筒,该作动筒位于升降舵感觉定中组件上,当作动筒运动时,它就转动感觉定中组件。马赫配平指令仍由 FCC 生成。ADI-RU 将马赫数送到 FCC,FCC 计算马赫配平指令信号,该信号经过综合飞行系统附件组件(IFSAU)送到马赫配平作动筒,任何时候,FCC 通电后,它就计算马赫配平信号。马赫配平系统简化结构如图 6.7 所示(图中没画出 IFSAU)。

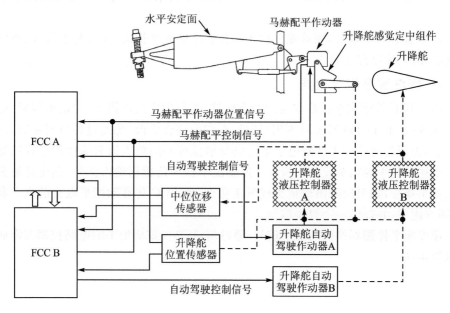

图 6.7 马赫配平系统简化结构

2. 马赫配平作动筒

马赫配平作动筒的一个作用是在高速飞行时,配平升降舵使飞机抬头以补偿飞机下俯。马赫配平作动筒的另一个作用是当飞机在 FCC 控制的中位偏移区域(FC-NSE)时控制升降舵。当襟翼不在收上位,且任何一个发动机 N1 值大于 20% 时,此区域出现。这在起飞阶段可以增加升降舵的运动量。

马赫配平作动筒位于升降舵感觉定中组件上,当作动筒运动时,它就转动感觉定中组件。

电动马达通过传动机构使输出轴做伸缩运动,当作动筒运动时,将引起感觉定中组件转动。当马达不通电时,一个电动制动器使其输出轴制动。在传动机构上有一

个同步器,送出的电信号告知 FCC 输出轴的位置。

马达的固定相位绕组工作电源是 115 V AC,400 Hz。当马达的相位控制绕组得到 36 V AC,400 Hz 电源时,它将转动。在马达转动之前,制动器绕组必须首先得到 28 V DC,以释放制动器。当断开控制绕组的电源时,也断开了制动绕组的电源,马达立即停转。当位置同步器得到 26 V AC,400 Hz 电源时,就输出一个电压信号送到 FCC,以示马赫配平作动筒的位置。

3．马赫配平时 FCC 功能

FCC 给马赫配平作动筒提供所需电源,并计算以下马赫配平信号,使马赫配平作动筒工作:马赫配平指令信号、马赫配平选择信号、马赫配平警告信号。

FCC 从 ADIRU 得到马赫数,并根据马赫数计算升降舵指令,FCC 从马赫配平作动筒得到马赫配平位置信号,FCC 比较两个信号的差值,并计算马赫配平指令。

4．马赫配平系统的工作

当马赫数在 0.615~0.85 之间时,马赫配平系统不管自动驾驶仪衔接与否都会工作。

当 A/P 断开时,感觉定中组件给升降舵动力控制组件(PCU)提供输入,使升降舵运动。来自马赫配平作动筒的信号告知 FCC 它移动了多少。

当 A/P 衔接时,感觉定中组件不能给升降舵的 PCU 提供输入,因为 A/P 升降舵作动筒将升降舵输入扭矩管锁定,使 PCU 的输入连杆不能动。然而,马赫配平作动筒将转动中位偏移传感器,来自中位偏移传感器及升降舵位置传感器的信号送到 FCC,FCC 知道中位偏移位置发生了改变而升降舵位置没动,FCC 就计算一个 A/P 信号,使 A/P 升降舵作动筒运动,从而使 PCU 的输入连杆运动。

当飞机在 FCNSE(中位偏移使能)区域时,马赫配平系统也控制升降舵运动,完成自动中位偏移功能。FCNSE 区域是指襟翼未收上,任何一个发动机的 N1 大于 18%,升降舵的运动依赖于后缘襟翼位置和水平安定面的位置,完成中位偏移功能,以允许飞机起飞时有较大的抬头姿态。

要注意,在系统工作中要选择哪个 FCC 行使马赫配平功能。当飞机通电时,FCC A 控制马赫配平作动筒,若电源不关断,则每次飞机着陆,都将改变 FCC 来控制马赫配平作动筒,这说明,如果在上一个飞行航段中使用 A 通道,在下一飞行航段,空地开关会提供触发信号,选择 B 通道为马赫配平通道。若一个 FCC 的马赫配平功能失效,则另一 FCC 就始终控制马赫配平作动筒。

6.6　俯仰配平系统警告

自动俯仰配平系统出现故障时,相关的监控功能将发出指令,驾驶舱仪表面板上会有故障指示灯或故障信息提示。下面以 B737 - NG 飞机为例加以说明。

6.6.1　A/P 水平安定面配平系统警告

安定面失去配平警告电路监控以下状态：当有指令时，安定面在 10 s 内没有运动；A/P 作动筒位移过大，达 10 s；升降舵指令过大，达 10 s，若任何一个状态出现，警告将出现，点亮仪表板上"STAB OUT OF TRIM"指示灯提醒飞行员，如图 6.8 所示。此外，当警告继电器置位，A/P 衔接，或无线电高度大于 50 ft，或 G/S 未衔接，或安定面失去配平警告已设置等，也将引起安定面失去配平通告器点亮。

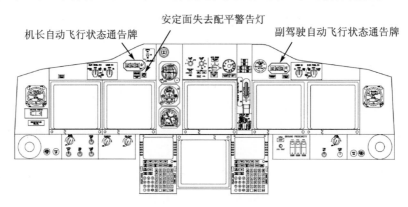

图 6.8　B737-800 安定面失去配平指示灯示意图

6.6.2　速度配平系统警告

FCC 内的速度配平警告功能对速度配平系统状况进行监控。如果空/地传感器无效；有指令时，安定面在 10 s 内未运动；发动机 N1 无效；安定面配平位置传感器无效；来自 ADIRU 的数据无效；连接有效及配平有效信号没有出现等以上状态中任何一个出现，FCC 发出指令点亮在飞行控制板上的"SPEED TRIM FAIL"指示灯，如图 6.9 所示。要说明的是，该灯仅仅指示 FCC 内的速度配平功能模块的状态，也就是说，只反映指令机构的工作状态，并不反映电动马达的情况。

若 FCC 同时给出抬头配平和低头配平指令，则速度配平警告电路也提供一个警告。

如果两个 FCC 速度配平功能失效，则速度配平警告电路提供警告。若仅一个 FCC 速度配平功能失效，灯不亮，系统将自动转换到第二套系统。然而，当有一个 FCC 速度配平功能失效时，若按压主警告复现电门，速度配平失效灯亮；若按压主警告复位电门，灯灭。

6.6.3　马赫配平系统警告

同样地，FCC 监控马赫配平功能的工作情况，若 FCC 的马赫配平功能是好的，它将马赫配平警告信号接地，马赫配平失效灯不亮。若两个马赫配平功能均失效，则飞行控制板上"MACH TRIM FAIL"指示灯点亮,如图 6.9 所示。若仅一个马赫配平功能失效,灯不会亮。然而,如果按压任何一个主警告复现电门,马赫配平失效灯亮;如果按压主警告复位电门,灯灭。

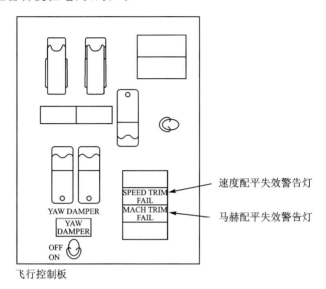

飞行控制板

图 6.9 速度配平/马赫配平失效指示灯示意图

飞行员监控到上述指示灯点亮时,需要按照快速检查单(QRH)进行相应处置。当速度配平或马赫配平失效后,警告系统发出警告,驾驶员则必须注意速度的变化,必要时进行人工配平。当自动配平失效后,驾驶员应意识到升降舵的偏转。当断开自动驾驶改由人工配平时,必须拉住驾驶杆。

6.7 方向舵及副翼配平

对飞机的配平操作,除了上述俯仰轴的配平操作外,还包括对偏航轴以及横滚轴的配平。对偏航轴的配平主要指的是方向舵配平;对横滚轴的配平则主要指的是副翼配平。

由于飞机内部原因如飞控系统故障、发动机失效等,或外界因素如气流的影响,飞机在偏航或横滚轴向的平衡力矩受到影响,为保持该轴向平衡,飞行员需要对操纵杆施加并保持一定控制力。为避免飞行员因为长时间保持杆力而疲劳,需要在飞机上配备方向舵以及副翼配平系统,以便飞行员调整舵面角度消除杆力。以下以 B737-NG 为例,对方向舵以及副翼配平的操作进行简要说明。

6.7.1 方向舵配平

对方向舵的配平采用的是人工操作的方式,即飞行员手动操作副翼/方向舵配平控制面板上的方向舵配平旋钮(见图6.10),对控制方向舵中立位置的方向舵感觉和定中机构进行电动定位,使方向舵偏转,同时方向舵脚蹬也随之相应移动,在方向舵配平指示器上可以观察到方向舵配平单位数。

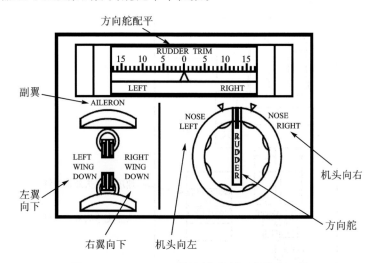

图 6.10 B737 - 800 副翼/方向舵配平控制面板

6.7.2 副翼配平

副翼配平操作与方向舵配平相似,也是由飞行员进行人工操作的,即同时按压两个副翼配平电门指令副翼配平,如图6.10所示。配平时,电动重调副翼感觉和定中组件的位置,使驾驶盘转动并重新调定副翼的中立位置。副翼配平值显示在各驾驶杆顶部的刻度上,如图6.11所示。

图 6.11 B737 - 800 副翼配平指示器示意图

6.8 思考题

1. 什么是俯仰配平?俯仰配平的功能是什么?

2. 俯仰配平主要采用哪些操纵面？其原理如何？

3. 什么是自动俯仰配平？为何要采用自动俯仰配平？

4. 简述 A/P 安定面自动俯仰配平指令产生的原理。

5. 什么是速度配平？为什么要速度配平？速度配平的方法和实施的条件是什么？

6. 简述使用马赫配平的原因、条件及基本方法。

7. 简述 A/P 安定面自动俯仰配平、速度配平和马赫配平失效警告的条件及通告方法。

8. 简述副翼及方向舵配平的方法。

6.9　自测题

1. 关于安定面配平，下列说法正确的是哪项？

　A. 当襟翼放下时，速度配平不工作

　B. 当襟翼放下时，速度配平是低速配平

　C. 当襟翼收上时，速度配平不工作

　D. 仅当 A/P 未衔接时速度配平才工作

2. B737 - NG 飞机马赫配平开始于多少马赫？

　A. 0.4 马赫　　　B. 0.42 马赫　　　C. 0.615 马赫　　　D. 0.2 马赫

3. 飞机倾斜多少度，速度配平断开？

　A. 10°　　　　　B. 25°　　　　　C. 30°　　　　　D. 40°

4. B737 - NG 速度配平控制的是飞机的哪个翼面？

　A. 升降舵　　　B. 水平安定面　　C. 方向舵　　　　D. 副翼

5. 关于 A/P 安定面配平描述正确的是什么？

　A. 为升降舵卸载，升降舵不需大幅超限动作，使气动作用力主要加载在水平安定面上

　B. 防止 A/P 突然断开时造成飞行姿态突变

　C. A/P 不接通时也可以进行 A/P 安定面配平

　D. 水平安定面对升降舵定中机构和感力计算机有机械连接并且随动

6. 当 STAB OUT OF TRIM 灯亮时，以下说法正确的是哪项？

　A. 表明自动驾驶没有对水平安定面进行正确的配平

　B. 表明自动驾驶或飞行员没有对水平安定面进行正确的配平

　C. 表明速度配平系统在工作

　D. 表明水平安定面配平的马达失效

7. 在马赫数配平时，当飞机马赫数增加时，以下哪项说法正确？

　A. 升降舵向下偏转使飞机低头

    B. 水平安定面前沿向下运动使飞机抬头

    C. 水平安定面前沿向上运动使飞机抬头

    D. 升降舵和水平安定面同时向上偏转使飞机抬头

8. 速度配平的条件是什么？

    A. 起飞离地 10 s 到 A/P 接通之前   B. 起飞阶段结束

    C. 空速大于 64 节   D. A/P 接通之后

9. 在高马赫数飞行时，通过以下哪种方式提高飞机纵向稳定性？

    A. 速度配平   B. 升降舵配平

    C. 马赫数配平   D. 以上方法都可以

10. B737-NG 飞行控制板上的"MACH TRIM"失效警告牌，关于它的工作原理错误的描述的是哪项？

    A. 当一个 FCC 给出马赫配平失效信号时，马赫配平失效通告器即亮

    B. 两个 FCC 都给出马赫配平失效信号时，马赫配平失效通告器才亮

    C. 当仅一个 FCC 给出马赫配平失效信号时，马赫配平失效通告器不亮

    D. 当仅一个 FCC 给出马赫配平失效信号时，马赫配平失效通告器不亮，但主警告通告器的复现信号可以使它点亮

11. 关于对 MACH TRIM 描述正确的是什么？

    A. 由于高马赫数飞行时，升力中心后移需要配平

    B. A/P 不接通，配平升降舵

    C. A/P 接通，配平水平安定面

    D. 输出机构用于改变升降舵感觉定中机构的中立位置

12. 安定面配平中配平权限最大的是什么配平？

    A. 襟翼收上时人工主电配平   B. 襟翼放下是人工主电配平

    C. A/P 安定面配平   D. 人工安定面配平

第 **7** 章

飞行管理系统

7.1　概　述

7.1.1　飞行管理系统的简要发展历程

飞行管理的概念最早可以追溯到 20 世纪 20 年代。自从 1929 年杜立特上尉历史性的盲目飞行后,人们感到借助一种系统摆脱完全依靠飞行员的感官飞行的重要性。但飞行管理系统直到 20 世纪 60 年代才真正开始发展起来,并大致经历了 5 个发展阶段:区域导航系统、性能管理系统、飞行管理系统、四维导航和新一代飞行管理系统。

在 20 世纪 60 年代后期和 70 年代前期,飞机上装有高级区域导航系统,利用一台数字计算机及控制显示组件,为飞行员提供水平及垂直导航。在水平方向上,在地面导航台讯号覆盖范围内,使飞机直接飞向目标。在垂直方向上,按飞行计划和空中交通管制所指定的路线飞行。70 年代中期,航空公司为了对付当时的石油危机,开始应用性能数据计算机系统,该系统进行的计算基本上是复现飞行手册中查得到的性能数据,也提供开环最优功率、巡航高度以及当时条件下的空速指引,但并未与自动驾驶仪和自动油门交联,也不具备导航能力。进一步的发展是飞机性能管理系统,它仍是一个性能数据计算机,它根据存储的数据,能自动地对飞机重量、大气温度和风速等参数进行综合分析,决定最经济的飞行速度和飞行高度,获得最佳飞行垂直剖面,并与自动驾驶仪和自动油门交联,制导飞机按此剖面飞行,使飞机始终处于最省油状态,但飞行员要负责导航工作。随着电子技术的发展,数字计算机技术在 80 年代初,随着 B757/767 及 A310 等民用飞机投入使用,出现了把高级区域导航系统和性能管理系统综合在一起的飞行管理系统。它具有大容量的导航数据库,在正常飞行范围内可提供闭环横向制导能力;它还具有大容量的性能数据库,能提供经济的垂直导航能力。从此,大多数民用飞机都相继安装了飞行管理系统。

20世纪80年代中期,空中交通日趋繁忙,往往不能准时着陆,需要在空中保持或排队等待飞行,浪费燃料,故又发展了四维导航,也就是在导航中考虑时间因素,控制飞机按空中交通管制系统给定的时间准时到达机场,从而缩短航线使用的高峰期,提高飞行安全性,并减少燃油消耗。到近些年又进一步发展新一代的飞行管理系统,其明显的特点是:全面的基于性能的导航功能;具有全面的性能计算功能;数据库存储量增长迅速,存储内容也更加丰富;更注重系统的通用性;图形式人机接口,多功能控制显示单元(MCDU)采用彩色液晶显示器;更强的管理功能;能满足未来航空导航系统(FANS)的功能增长的要求。

7.1.2　现代飞行管理系统的定义

飞行管理系统的定义,狭义上来讲,是指飞机航电系统中的飞行管理计算机以及相应的控制显示装置所构成的总体。但广义上来讲,飞行管理系统一般是指飞机航电系统的核心部分,它是综合化的自动飞行控制系统,它集导航、制导、控制、显示、性能优化与管理功能为一体,实现飞机在整个飞行过程中以优化的方式自动管理与控制,从而大量节省燃油,提高机场的吞吐能力,保证飞机的飞行安全和飞行品质,并极大地减轻驾驶员的工作负担,带来巨大的经济效益。

现代飞行管理系统提供多种功能来帮助飞行员去导引飞机沿着从起飞机场到降落机场的四维航迹飞行。总结起来,飞行管理系统具有以下优点:

① 经济效益:实现自动导航和飞行轨迹导引使飞机性能最优,从而降低飞机的飞行成本。

② 满足空中交通管理需求:适应空中交通量的增长及随之而来的更严格的空中交通管制需求,尤其是可以适应四维导航的需求。

③ 具有精确的导航资源:已经具有可利用的精确导航资源,如组合 GPS/IRS 系统、无线电导航系统(VOR、DME 等)和 ILS。

④ 计算能力提高:随着微处理器和能存储大量数据的低成本固态存储设备的不断发展,已有非常强大、可靠的计算系统可供使用。

⑤ 具有数据总线系统:通过数据总线系统可以有效地把各种向飞行管理系统提供数据的子系统连接起来。

本章首先简要说明飞行管理系统的基本结构组成,并重点讲述飞行管理系统的导航、性能计算与制导三大功能及其他显示与监控功能,在此基础上,将介绍飞行管理系统在飞机飞行的不同过程中的应用。在本章后半部分,将概要地介绍 B737 - NG 系列飞机的飞行管理系统。

7.2　飞行管理系统的基本组成

7.2.1　概　述

　　现代飞行管理系统(FMS)是由许多计算机、传感器、无线电导航系统、控制组件、电子显示仪表以及警告系统构成的大系统。如果抛开一些次要的传感器,飞行管理系统是由下述四大分系统构成的,如图 7.1 所示,飞行管理计算机是 FMS 的核心部件。

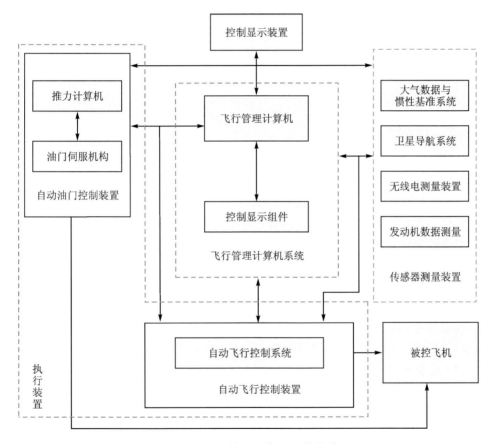

图 7.1　飞行管理系统 FMS 的构成

● 飞行管理计算机及控制显示装置;
● 信息测量系统,主要为惯导部件(IRS)、大气数据计算系统(ADS),以及仪表着陆系统(ILS)、无线电导航系统等;
● 自动飞行控制系统及自动油门控制系统;
● 各种显示装置等。

上述四大分系统形成了一个大的闭环控制系统。各分系统之间的数据利用公共数据总线进行传输。上述四个分系统又可以独立工作,分别执行各自独立的功能。这样就保证了系统中任一分系统的故障不会引起 FMS 全部失效。

7.2.2 飞行管理计算机

飞行管理计算机(FMC)是 FMCS 的核心部件。它的主要功能是接收来自各种传感器输入的当前阶段飞机位置、速度、姿态等导航信息以及发动机状态和燃油状态数据,并利用所存储的有关飞机和发动机性能及导航数据资料,对比飞行计划以及飞行轨迹预测进行导航计算、性能优化,实现水平导航和垂直导航,生成飞行制导指令输出给自动驾驶仪/飞行指引系统和自动油门系统,实现自动飞行,同时将飞机当前的信息传输给不同的显示仪表进行实时显示。简言之,飞行管理计算机主要实现导航计算、性能计算和制导三大功能。此外,还完成控制显示及系统监控等功能。

典型飞行管理计算机为双余度结构,通过总线与其他分系统和机载航电系统实现数据通信和功能交联。

7.2.3 传感器测量装置

FMCS 为完成上述各种功能,需要有各种参数数据,这些参数数据主要是由下面各种传感器和测量仪表提供的。

(1) 大气数据与惯性基准系统(ADIRS)

飞机上的大气数据与惯性基准系统(ADIRS)中惯性基准系统向飞行管理计算机输送飞机的经纬度位置、真航向、磁航向、南北和东西向速度、俯仰角、倾斜角、惯性高度、惯性升降速度和地速等信息。而大气数据计算机则提供所需大气数据,如飞机高度、空速、马赫数和温度等信息。

(2) 卫星导航系统

利用卫星定位系统,通过选择最佳导航卫星进行导航计算获得飞机当前位置信息,通过信息融合算法对惯性测量信息进行校准与修正。

(3) 无线电测量装置

飞机上装有不同的无线电测量装置,如甚高频全向信标 VOR、无线测距设备(DME)等,向 FMC 提供方位和航道偏离信号及距某一地面导航台的距离数据。FMC 用 VOR/DME 测得的信号与惯性基准系统来的导航数据进行综合运算,得出精确的飞机导航数据。飞机仪表着陆系统(ILS)设备将向 FMC 提供航道及下滑道的偏离信号。

(4) 发动机数据测量

FMC 进行性能管理计算需要发动机系统有关数据,可由燃油量处理器组件(FQPU)、发动机电子控制(EEC)、发动机控制组件(ECU)等提供。

FMC 从空调系统和发动机及机翼的热防冰系统(TAI)接收模拟离散信号。

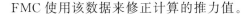

FMC 使用该数据来修正计算的推力值。

此外还有其他一些传感元件向 FMC 发送信号。

7.2.4　飞行管理系统的执行部件

FMC 接收来自各传感部件的信号后,在飞行管理计算机数据库支持下,经过各种控制算法的运算得到控制指令及精确的结果。控制指令将送往不同的系统去执行这些指令。作为执行部件主要有以下几个:

(1) 自动飞行控制系统(AFCS)

飞行控制系统是实现自动飞行的核心系统,其本身可以说是 FMCS 的一个执行机构。FMC 向飞行控制计算机(FCC)输出各种操纵指令,有目标高度、目标计算空速、目标马赫数、目标升降速度、倾斜指令等。FCC 根据这些数据进行综合运算,生成具体的姿态操纵指令,控制飞机的相应操纵面,实现自动飞行。

(2) 自动油门系统(A/T)

FMC 向 A/T 计算机输送飞机在不同工作方式下的发动机推力或转速限制值等。A/T 计算机根据这些数据产生油门位置指令,控制油门杆的位置以产生所需要的推力和飞行速度。

(3) 惯性基准装置(IRU)

IRU 主要是作为 FMS 的传感部件。但在起始校准时,它接收通过 FMC 来自CDU 的飞机当时位置的经纬度等,所以又可以将其看成是执行部件。

7.2.5　控制显示装置

操作人员通过各种控制组件来改变系统的工作状态,同时也可以将 FMS 通过综合运算后所得到的结果,以不同的方式显示出来,这些控制显示装置主要有以下几个:

(1) 控制显示组件(CDU)

控制显示器(CDU)是与机组交换信息的重要终端。机组主要通过 CDU 对FMS 进行控制,通过 CDU 键盘向 FMC 输入各种控制信息,同时也可以将输入的信息全部显示出来,以供操纵者检查、审核,并显示不同的页面内容,转换各种数据等。

控制显示器也接收和显示 FMC 输出的各种信息,且可以根据操作者的要求检索显示各种页面上的信息。

(2) 电子飞行仪表系统(EFIS)

FMC 输出有关飞行计划的飞行航路、飞机航向、航路点、导航台、机场、跑道、风向、风速等信息,并以地图显示形式出现在 EFIS 的电子姿态指引仪(EADI)和电子水平状态指示器(EHSI)的显示屏幕上。飞行员可以非常直观地通过上述显示器了解飞机飞行的详细动态情况。

(3) 马赫/空速表(MASI)

马赫/空速表是 ADC 的显示仪表,在它上面显示飞机的空速。

(4) 发动机显示和机组警告系统(EICAS)

FMCS 在 EICAS 上显示两个数值(目标推力指标和假设温度值)以及各种文字信息。

(5) 飞行方式告示牌及信息和故障灯

FMC 在飞行方式告示牌上向飞行员显示当时发动机所执行的推力限制等。一旦出现警戒信息和故障,FMC 将点亮信息和故障灯。

(6) 其他控制装置

如前所述,飞行员主要通过 CDU 对 FMS 进行控制。此外,自动飞行控制系统方式控制板 MPC 上的横向和垂直导航选择按钮也是 FMS 的控制元件。当选择了横向和垂直导航时,就把 FMC 与 FCC 连接起来,实现由 FMS 指令飞机的横向及垂直运动。

在驾驶舱内 VOR 控制板,电子飞行显示系统控制板也有一些与 FMS 工作相关的控制元件。

应当指出,不同机型飞机所采用的飞行管理系统的构型组成并不相同,但基本构架是类似的。波音系列飞机的飞行管理系统的构型基本与上述介绍的类似,但空客系列飞机的飞行管理系统的构架组成有所不同。

7.3 飞行管理系统的基本功能

飞行管理系统是现代大型客机航电系统的核心,按着 ARINC702-3《先进飞行管理计算机》中的规定,一个典型飞行管理系统应具有如下主要功能:综合导航功能、飞行计划管理功能、轨迹预测功能、飞行导引功能、性能优化功能、推力管理功能、人机接口功能等,但归纳起来可分为导航、性能计算与制导三大功能及其他显示与监控功能。

7.3.1 综合导航功能

组合来自各导航传感器的导航信息,通过信息融合获得高精度的飞机位置、速度、姿态信息,并实时计算实际导航性能 ANP(Actual Navigation Performance)。具体来说:

① 导航参数计算。针对多种导航传感并存的状况,通常采用下述组合导航模式优先级:

- ADS-IRS/全球定位系统;
- ADS-IRS/DME/DME;
- ADS-IRS/VOR/DME;

● 单纯 ADS－IRS 模式,并运用内部逻辑规则选择最佳组合模型。

根据当前选定的组合模式下导航传感器的导航信息,通过信息融合实时计算飞机的水平及垂直的最优位置、速度、姿态、航向、航迹角、风速风向等状态信息。

② 导航性能计算。根据当前选定的组合模式下各导航传感器的导航数据实时计算系统的实际导航性能 ANP,并与所需导航性能 RNP(Required Navigation Performance)值进行比较,以验证导航系统的运行状态,通过综合显示系统实时显示相关数据。实际导航性能(ANP)是 FMC 计算的位置的精确度。它是由 FMCS 在飞行的整个过程中以海里计算的。它是以海里来测量并且给出了一个环绕着计算的 FMC 位置的圆的半径。要求的导航性能(RNP)是 FMC 在一个所定义的空间中的导航性能和精度要求。它是以海里计算的并且代表了一个圆圈的半径,飞机在圆圈中的概率超过 95%。RNP 的缺省值包含在导航数据库中。

③ 无线电导航管理。实现对 VOR/DME 导航系统的管理:一方面根据飞行计划和飞机当前状态选择最佳的 VOR/DME 导航台;另一方面根据选定的导航台频率信息进行自动调谐,向 VOR/DME 导航系统发送调谐指令。

④ 针对 GPS,飞行管理系统向其提供初始位置信息以减少 GPS 接收机选星的计算时间。

⑤ 导航模式管理。提供友好的操作界面,根据用户设定和故障设定选择不同的导航传感器组合模式。

7.3.2　性能计算功能

飞机沿着预定航线飞行,飞行的纵向剖面参数如飞行速度和高度等是决定飞机飞行经济成本的重要参数。飞行管理计算机的一项重要功能就是在飞行全过程中,依据飞行计划信息、飞机性能数据(飞机和发动机性能参数)以及飞行员在 CDU 起始页所输入的有关数据、环境参数和飞机当前状态等数据进行性能计算,实现飞行剖面的最优化,并实时提供性能参数。

1. 轨迹优化的计算

主要针对巡航段飞行,根据设定的成本指数、飞机的基本数据、飞机当前状态以及大气和风参数,实时计算最优巡航高度和巡航速度,同时计算相应的爬升/下降顶点,从而获得最优的飞行剖面。

成本指数是航空公司根据本身的经济政策制定的。它与总运营成本(每飞行一分钟的成本)和燃油成本有关:

$$成本指数 = \frac{(总运营成本-燃油成本)/min}{燃油成本/kg}$$

总运营成本除燃油成本外,还包括飞机折旧费用、维护费用和飞行人员工资及经营费用。成本指数取得较小,表明以燃料成本为主;反之,表明燃油成本所占比例较小。通常航空公司取成本指数为某个中间值可保证总成本较小。

2. 飞行各阶段性能参数计算

计算起飞、爬升、巡航等飞行各阶段有关参数：

① 飞行速度计算：针对各飞行阶段计算相应速度方式下的目标飞行速度和速度限制。

② 最大和最佳高度计算：最大高度主要根据飞机重量、发动机推力、大气温度、风速和飞行方式进行计算，同时应满足特定爬升率要求。最佳高度根据航路距离、飞机重量、当时外界温度、爬升下降剖面情况和风向风速进行计算。

③ 起飞和进近参考数据计算等。

3. 推力管理计算功能

推力管理功能主要实现以下功能：

① 推力限制计算：根据当前飞机的状态信息、飞机性能数据和风、温度等环境信息计算飞机在起飞、爬升、巡航、下降等各阶段的推力限制参数。

② 推力方式控制：根据飞机的飞行状态和自动驾驶仪的工作方式实现推力模式的控制。针对推力方式，自动推力设置指定的目标推力，如最大爬升推力或慢车推力等；针对速度/马赫数方式，自动推力不断地调节推力以保持目标速度或马赫数。

③ 控制指令计算：根据自动驾驶仪的工作方式计算的目标速度，计算推力或速度控制指令，控制发动机的推力，驱动油门杆保持所需要的推力或飞机空速。

7.3.3 制导功能

1. 飞行计划管理功能

利用导航数据建立从起飞机场到目的地机场的完整航路，包括机场、航路点、航路、标准离场和进场程序；实现飞行计划的修改和编辑。编制飞行计划涉及两个与安全相关的内容：燃料的计算，以确保飞行安全抵达目的机场；遵守空中交通管制的要求，以尽量减少航班冲突。此外，还应考虑选择合适的航线、高度和速度，以及最低限度的所需燃料。

(1) 飞行计划制定与计算

根据用户通过 CDU 输入的操作信息和导航数据库提供的导航数据制定从起飞到着陆的全部飞行计划（包括主飞行计划和备用飞行计划）。提供两种飞行计划的制定方式：

① 根据用户的设定信息，利用已有固定航路、公司航路自动生成完整的航路；

② 利用现有航路点、航段和机场通过用户手动输入生成航路。

(2) 飞行计划编辑

根据用户通过 CDU 输入的操作指令，以及导航数据库数据对已制定的飞行计划实现编辑和修改，主要的编辑操作功能是：

① 离场或到场程序的插入或修改；

② 新目的地的选择；

③ 航路点的插入——下一个航路点功能或直接插入；

④ 直飞；

⑤ 等待模式的插入和修改；

⑥ 航段或不连续点的删除；

⑦ 不连续点插入；

⑧ 飞越状态修改；

⑨ 垂直修订——阶梯高度、高度限制、速度限制的插入。

（3）完整飞行计划计算生成

根据已制定飞行计划航路信息，计算整理生成完整的飞行计划，利用飞机性能数据计算完整的飞行计划参数，包括飞行计划各阶段的油量、时间和距离，以及各航路点的速度、高度、距离、累计距离、预计到达时间、航段时间、累计时间、航段油量、累计油量等参数。

2．轨迹预测功能

根据飞行计划信息及飞机性能数据，建立完整的水平和垂直飞行剖面，主要实现以下功能：

（1）水平轨迹预测

根据飞行计划提供的基本航路信息（航路点、航段信息等）计算完整的可飞水平轨迹，主要包括水平轨迹的建立、转弯半径、转弯半径的计算等。

飞机水平航迹和飞机性能关系较小，水平航迹几乎完全由水平飞行计划确定，水平航迹预测主要是水平航迹各直线段之间过渡轨迹的计算，通常的转弯形式，已在第3章中做了简短介绍，这里不再详述。

（2）垂直轨迹预测

在飞行计划和水平轨迹的基础上，利用飞机的性能模型、大气数据和飞机的操作顺序，依据作用于飞机上的推力功率等于飞机的势能和动能增加率的能量模型，利用一系列工程计算公式计算生成完整的包括起飞、爬升、巡航、下降、进近等阶段的垂直飞行剖面，以供制导和显示。主要包括爬升/下降顶点、速度变化点、巡航爬升顶点，各航路点的高度、速度、航程、时间、燃油消耗的计算等。在垂直轨迹预测计算时，通常在不考虑附加翼面使用的条件下，利用油门和升降舵两个独立的控制输入分别实现不同的计算：

① 独立控制速度和油门，实现升降率的计算；

② 升降率和油门被独立控制，实现速度计算；

③ 速度和升降率被独立控制，计算必要的推力。

3．飞行导引

根据预定航迹和飞机当前状态信息，计算水平和垂直导引控制指令，输出给自动

驾驶仪,以控制飞机按照预定航迹飞行。主要实现以下功能:

(1) 水平导引

计算并输出水平控制指令,引导飞机按照预定的水平航迹飞行。根据预定航迹中本航段各航路点的位置经纬度等信息,对比综合导航模块计算的飞机当前位置,计算本航段的偏航距、偏航角和应飞航向,同时对转弯段导引参数进行计算,经过解算得到倾斜角控制指令,输出至 FCC,控制飞机按预定飞行计划飞行。

(2) 垂直导引

计算并输出垂直控制指令和速度控制指令,引导飞机按照预定的垂直航迹飞行。根据预定航迹中本航段各航路点的位置、速度和时间限制等信息,对比飞机当前位置,计算本航段的偏差、俯仰角和目标高度、目标垂直速度,为自动驾驶仪输出垂直速率控制指令、高度控制指令及速度指令,控制飞机按预定设计的纵向航路飞行。

(3) 油门控制指令

根据自动驾驶仪的工作方式计算的目标速度,计算推力或速度控制指令,控制发动机的推力,驱动油门杆保持所需要的推力或空速。

7.3.4 监控与显示管理功能

1. 人机接口-控制显示功能

为飞行管理系统的显示和操作控制进行管理,主要有以下功能:

(1) EFIS 显示数据的管理

人机接口模块接收来自飞行管理计算机其他功能模块(飞行计划、轨迹预测、飞行导引、综合导航、性能计算等)的信息,向 EFIS 各显示模块(PFD、ND)提供显示数据。

① PFD(主飞行显示)信息:显示关于维持飞机安全和控制飞机能力的信息,包括姿态、指示空速和马赫数、修正的气压高度和气压设置、航向等信息。

② ND(导航显示):主要显示飞机相对于其环境的位置信息,提供飞机由起始点到目的地的所有导引信息,包括计划飞行航线、无线电导航台、机场、航向和空速等。

③ EFIS 显示数据的通信管理:管理 FMC 与 EFIS 显示模块的数据通信,按照EFIS 不同显示模块的通信要求和数据更新率向各模块发送数据。

(2) 控制显示装置(CDU)显示

主要显示飞机发动机系统、电气系统、液压系统的状态信息。CDU 以多功能页面检索的方式提供飞机的状态信息,同时接收机组人员输入的 FMS 控制和设定参数,作为飞行员与 FMS 进行交互的主要设备。

2. 监控功能

飞行管理系统为系统及有关设备的 BIT 检测进行管理控制。FMCS 自检和监

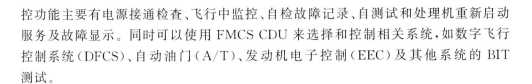

控功能主要有电源接通检查、飞行中监控、自检故障记录、自测试和处理机重新启动服务及故障显示。同时可以使用 FMCS CDU 来选择和控制相关系统,如数字飞行控制系统(DFCS)、自动油门(A/T)、发动机电子控制(EEC)及其他系统的 BIT 测试。

7.4　飞行管理系统在飞行过程中的应用

FMS 在飞机飞行过程中,以最佳飞行路径和飞行剖面操纵飞机,不但安全、可靠,而且使飞机节省了燃油,缩短了飞行时间,大大降低了飞行成本。但在飞行全过程的不同飞行阶段,具体功能应用方式不同。主要可以分成如下几个阶段:

(1) 起飞阶段

飞行员在起飞准备时,通过控制显示组件(CDU)输入飞行计划(起飞/目的地机场、航路点、进离场程序)及飞机的全重、巡航高度、储备油量、外界温度等性能数据,实现 FMS 的初始化,随后 FMC 计算飞机的最佳起飞目标推力以及飞机飞行的垂直剖面。

(2) 爬升阶段

根据飞行员的选择和 FMC 确定的目标推力和目标速度,FMS 提供最佳爬高剖面(在规定的爬升速度和规定的发动机推力下,以最佳爬高角度到达规定的高度)。FMC 还根据情况向飞行员提供分段(阶梯)爬高和爬高顶点高度的建议,供飞行员选用。

(3) 巡航阶段

FMS 根据飞机性能参数、环境信息和飞机状态信息计算最优巡航高度和速度,预测巡航阶段爬升剖面,实施水平和垂直导引,控制飞机以最佳巡航速度和最佳巡航高度飞行。

(4) 下降阶段

FMS 根据飞行员输入或存储的导航数据确定飞机开始下降的顶点。飞机在下降阶段时,由 FMS 确定最优下降速度,引导飞机按最优下降剖面飞行。

(5) 进　　近

FMS 在下降结束点,在既定高度、确定航距上,以优化速度引导飞机到跑道入口和着陆点。

图 7.2 显示飞行管理系统在飞行过程中的一种应用。其中:① 输入飞行计划和性能数据;② 实现 LNAV 和 VNAV;③ 计算最省油的速度和推力指令并遵守高度和速度限制;④ 计算爬高顶点;⑤ 以最经济速度巡航;⑥ 在电子飞行仪表上显示导航信息;⑦ 计算分段爬升;⑧ 沿计划航路连续制导;⑨ 评价和预报燃料消耗;⑩ 计算下降顶点,由巡航自动转变为下降;⑪ 自动遵守速度和高度限制;⑫ 计算下降端点;⑬ 转换到自动着陆系统。

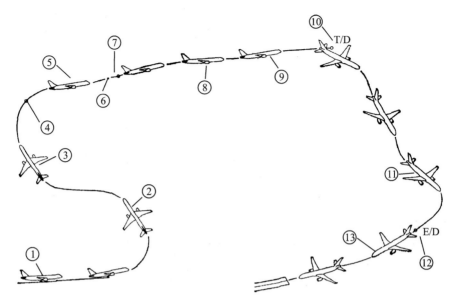

图 7.2　飞行管理系统在飞行过程中的应用

7.5　B737 – NG 飞机飞行管理系统简介

B737 – NG 飞机的飞行管理系统是在 B737 – 300/400 飞机的飞行管理系统的基础上进一步发展起来的,是一种比较完整现代的飞行管理系统,具有较完整的飞行管理系统的功能及结构。

7.5.1　B737 – NG 飞机飞行管理系统结构组成

1. 总体结构组成

B737 – NG 飞机飞行管理计算机系统与交联系统的结构如图 7.3 所示。

FMC 从其他飞机系统接收数据来计算导航和性能数据。这个数据显示在共用显示器系统上供飞行机组使用。导航和性能功能计算结果也送到数字式飞行控制系统和自动油门系统,在垂直(VNAV)和水平(LNAV)导航方式中都能提供飞机飞行路经的自动控制。FMC 显示器数据直接送到 CDS,当前位置数据直接送到大气数据惯性基准组件(ADIRU)。ADIRU 在校准期间使用当前位置。所有的其他数据通过 2 个转换继电器送到使用者系统。FMC 的输入和输出数据格式为 ARINC 429 数字数据和模拟离散(值)。

2. 飞行管理计算机(FMC)

FMC 使用来自飞机上各种传感器和存储在 FMC 中的数据为飞机的导航、性能和制导进行计算。

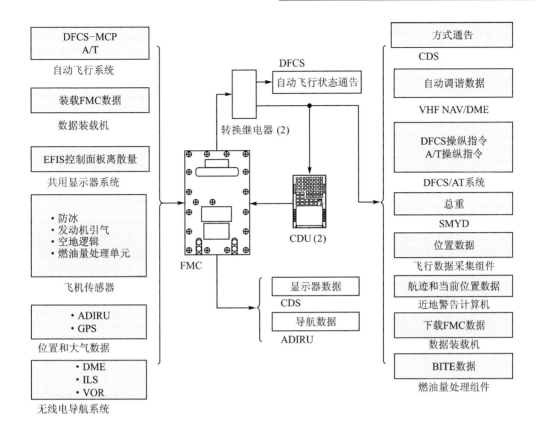

图 7.3　B737 - NG 飞机飞行管理计算机系统与交联系统

FMC 为单余度组件，其质量小于 10 kg。前面板上有两个绿色的发光二极管通过组件前面板上的开孔显示。当 FMC 有电时，电源接通 LED 亮。在电源接道后，组件通过初始测试后 FMC 有效 LED 亮。

FMC 的主要部件有处理器板、存储器板、ARINC I/O 模块、电源。

（1）处理器板

处理器板的主要部件是处理器和专用集成电路（ASIC）。完成主要飞行管理的各项计算功能。此外，还有 FMC 启动和维护程序的存储器。随机存取存储器（RAM）用于便笺存储器。处理器板 ASIC 控制实时时钟和系统复位及断电逻辑。它还控制维护 BITE 的程序。

（2）存储器板

存储器板包含用于操作飞行程序（OFP）存储的存储器。它还包括下列这些数据库：导航数据库（NOB）、机型/发动机数据库（MEDB）、软件选项数据库。在存储器板上的所有存储器都是用可擦除可编程只读存储器（EEPROM）。

（3）ARINC I/O 板

I/O 板完成 FMC 和外部系统之间通信所需要的所有功能。该板被分为离散

I/O 功能和 ARINC 429 I/O 功能。

I/O 板也包含一个 ASIC(专用集成电路),它起到 I/O 功能主控制器的作用。有 16 个 ARINC 429 输出驱动器,32 个 ARINC 输入转换器,6 个离散输出和 6 个离散输入。

当有一个 BIT 故障时,在 I/O 板上有一个 LED 灯亮。

(4) 电　源

电源来自于飞机的电源系统,为 115 V AC,单相。总输出功率为 40 W。有一个 50 μs 的保持特点,用于防止短时的电源中断。

飞行管理计算机的组成如图 7.4 所示。

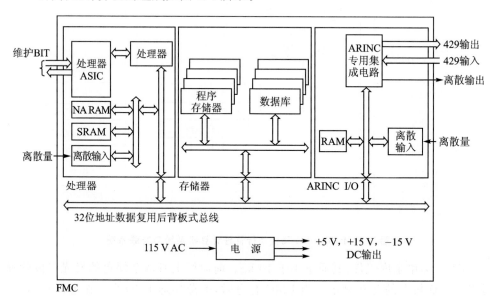

图 7.4　飞行管理计算机的组成

3. 控制显示组件

飞行机组使用控制显示组件输入飞行数据并选择显示及工作方式,也使用 CDU 做 ADIRU 的校准,并可以使用 CDU 对 FMCS 和其他系统进行测试。

飞机上有两个 CDU。它们在功能上和物理结构上都是可互换的。其外形如图 7.5(a)所示。它由下列这些分组件构成:低压电源、后连接头滤波器组件、处理器和接口电路板组件、LCD(液晶显示器)模块、背景灯组件。CDU 的前面板是主要显示屏和各种功能键,如图 7.5(b)所示。

4. 机载数据装载机

该飞机有一个机载数据装载机(ADL)和一个便携数据装载机(PDL)连接头。数据装载的功能是经由机载数据装载机实现的。当连接一个便携式数据装载机时,装载机的功能改由便携式数据装载机来实现。

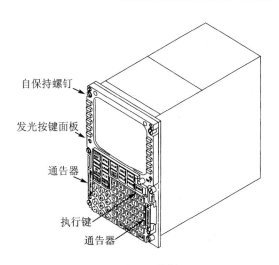

(a) CDU外形

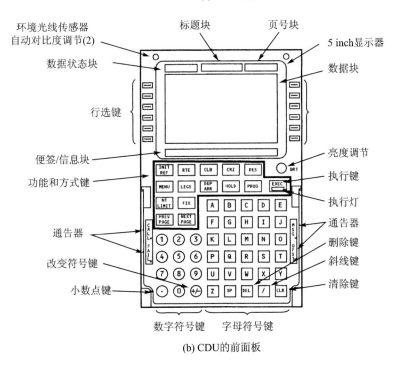

(b) CDU的前面板

图 7.5　控制显示组件

　　使用机载数据装载机(ADL)向所选择的 LRU 装载数据并从所选择的 LRU 记录数据。另外,在机上装有装载机控制面板,使用它来选择 LRU。要将数据装入 FMC,将数据装载选择器设定到 FMC 的位置,这将使数据装载机连接到 FMC。

　　为了将 OPS(操作程序软件)装入 CDU,将数据装载机选择器设定到 CDU 的位置,并且数据装载机 3 位置电门设定到 L 或 R 位(取决于哪个 CDU 要装载),这将使装载机与要装载的 CDU 相连。

机载数据装载机(ADL)是一个 ARINC 615 高速装载机。它包括一个接近门、一个磁盘驱动器、磁盘驱动器灯和磁盘驱动器弹出钮及显示器。当把前盖门打开后,可以看到它的主要结构,如图 7.6 所示。在显示器上,有下述几个信息显示:PROG(数据传输在进行)、CHNG(需要更换磁盘)、COMP(数据传输完成)、RDY(装载机已准备好工作。如果 RDY 闪烁,则 LRU 已经停止数据传输来检查数据。传输将自动继续)、XFER(数据传输失败)和 HRDW(内部装载机故障。如果 HRDW 闪烁,装载机与 LRU 之间没有通信)。

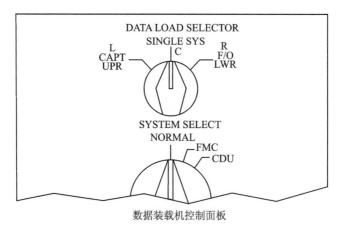

图 7.6　机载数据装载机

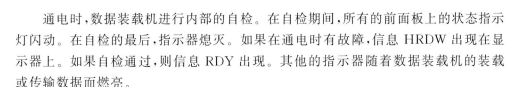

通电时,数据装载机进行内部的自检。在自检期间,所有的前面板上的状态指示灯闪动。在自检的最后,指示器熄灭。如果在通电时有故障,信息 HRDW 出现在显示器上。如果自检通过,则信息 RDY 出现。其他的指示器随着数据装载机的装载或传输数据而燃亮。

7.5.2　B737 - NG 飞行管理系统功能

1. 概　述

FMC 利用飞行机组输入数据、飞机各种系统传感器的数据以及存储在 FMC 存储器中的数据来完成导航、性能计算机及制导、显示与监控功能。

(1) 数据库

在存储器中主要存储有操作飞行程序(OFP)、导航数据库、性能缺省数据库、机型/发动机性能数据库(MEDB)和软件选项数据库。

① 操作飞行程序(OFP)是计算机软件,FMCS 使用它来实施导航、性能和制导功能。

② 导航数据库包含飞机在一个确定的航路网络上运营所必需的全部数据。包括航路点、导航台、机场数据、航路数据、标准仪表离场(S1DS)和标准终端进场航路(STAR)。

存储在 FMC 中有两个导航数据库:一个是当前的,一个是一套更新修订的。

③ 性能缺省数据库是操作飞行程序的一部分。它具有 B737 - 300/400/500 系列飞机的空气动力模型和一个作为飞机上特定发动机的燃油流量/N1 推力模型。该数据用于预测给出飞机的最佳垂直剖面的性能特征。

④ 空气动力模型包含下列这些数据:最佳高度、速度计划、工作极限、作为双/单发操作的阻力数据。燃油流量/N1 推力模型用于计算燃油流量和推力限制,作为对空调和机身防冰引气需求的修正。

⑤ 机型/发动机性能数据库(MEDB)与性能缺省数据库具有相同类型的信息和相同的功能。然而,MEDB 包含 B737 - 600/700/800 系列飞机所要求的数据。MEDB 是可通过数据库装载机装载的,它不是操作飞行程序的一部分。

⑥ 软件选项数据库具有已经被选择的软件项:跑道位置更新(跑道以 ft 为单位)、GPS 导航、GPS 直接输入、缺省 RNP、NDB(导航数据库)。

所有这些数据库都可用数据库装载机装载。

(2) 导　航

导航功能给出飞机的位置(FMC 位置)和对导航无线电的自动调谐能力。

FMCS 使用下述传感器来计算 FMC 位置:全球定位系统、导航无线电数据和 ADIRS。飞行机组可人工建立必要的航路或从公司导航数据库中选择。一旦航路被激活,它将显示在 CDS 的导航显示器上。

（3）性　能

性能功能给出飞行剖面信息和发动机目标 N1 速度。这将使飞机对于给定条件以最经济的高度和速度飞行。

FMC 使用下述信息来计算性能数据：CDU 数据（成本指数、巡航高度等）、大气数据和惯性基准信息、燃油重量、发动机引气数据和来自机型/发动机性能数据库中的飞机和发动机的信息。

经济方式是爬升、巡航和下降等飞行阶段的主要性能方式。飞行机组可以在任何时候选择其他的工作方式。

（4）制　导

制导功能向数字式飞行控制系统（DFCS）和自动油门（A/T）发送飞行路径和操纵指令。

对于水平导航（LNAV），FMC 计算航路并将其与 FMC 位置比较。如果它们不同，则 FMC 计算横滚操纵指令并传送到 DFCS。

对于垂直导航（VNAV），FMC 计算速度和垂直速度目标值并将它们送到 DF-CS。FMC 还计算 N1 推力和速度目标值并将它们送到 A/T。自动油门和自动驾驶仪跟随目标和指令以保持飞机在计算的飞行轨迹上。

在爬升和下降期间，FMCS 向 DFCS 发送速度和高度目标以维持速度和高度。在平飞期间，FMCS 向 A/T 发送速度指令以维持目标 FMC 速度。

（5）其他功能

显示功能向共用显示器系统和 CDU 传送显示数据。数据包含航路和位置信息和 N1 数据。

ALERT（提醒）功能对 FMC 的状态进行检查。当 FMC 出现故障或者有一条消息使飞行机组注意并在必要时采取行动时，它将使在自动飞行状态通告器（ASA）上的 FMC 灯亮。

FMC 的各项功能如图 7.7 所示。

2. 导航子功能

FMCS 导航子功能计算下列数据：水平位置、垂直位置和实际导航性能（ANP）。

水平和垂直位置计算的主要数据源是 ADIRU。因为 ADIRU 的数据随着时间有漂移，因此 FMC 导航功能使用来自其他传感器的数据修正它所接收的 ADIRU 数据，实际上是按 7.3.1 小节所述的优先级顺序来选择的。

（1）水平位置

该功能计算飞机位置的纬度和经度，并且使用从 GPS 数据和 ADIRU 的输入计算的位置来修正其基于 ADIRU 的惯性水平位置。

（2）垂直位置

该功能计算飞机高度和飞行路径角（FPA）。高度是从 ADIRU 惯性高度经气压高度修正而计算得来的。飞行路径角是从惯性垂直速度和 FMC 计算的地速经计算

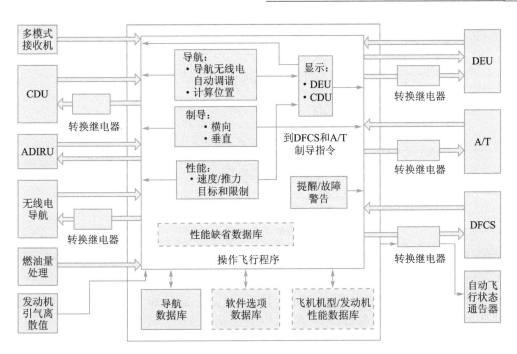

图 7.7　FMC 的各项功能

得来的。当飞机在地面上时 FPA 是零。

（3）实际导航性能（ANP）

ANP 是由 FMCS 在飞行的整个过程中以海里计算的。ANP 计算时，使用下列数据：在使用中的导航台、GPS 的可用性和精度、DME 距离数据的精度、VOR 方位数据的精度、ADIRU 漂移。

（4）导航台选择和调谐

FMC 向导航控制面板发送 4 个导航台频率，然后送到 DME 询问器。如果控制面板有故障，则 DME 询问器直接从 FMC 获得数据。

（5）导航数据库

导航数据库包含飞机在一个确定的航路网络上运营所必需的全部数据。导航数据库以两部分存放在 FMC 的 EEPROM 闪存中。有一个活动的数据主体，该数据在一个规定的有效期之前都是有效的，并且还有一套作为下一阶段有效性的数据修正。在导航数据库中包括无线电导航台、航路点、机场跑道、航路航线、进近程序及公司的航路结构等信息。

导航子功能的程序结构如图 7.8 所示。

3. 性能子功能

性能子功能为空速和发动机推力提供最佳值，从而提供最经济的垂直路径剖面。它使用空气动力和发动机模型来完成这些计算。它计算下列数据：速度目标、速度

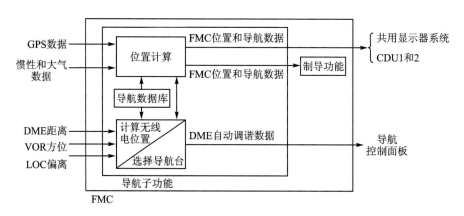

图 7.8 导航子功能的程序结构

限制、N1 目标、N1 限制和飞机总重。

(1) 速度和推力目标

性能子功能计算最佳的速度和推力目标，在飞行、巡航和下降飞行阶段，需要这些计算。对于每一飞行阶段，经济方式（ECON）是缺省的方式。

在运行的经济方式中，FMC 使用从飞行机组的输入数据（巡航高度、成本指数等）来计算最大的成本有效的飞行剖面。其他方式（最大爬升速率、长距离巡航、速度下降等）也是可行的，并且可以由飞行机组通过 CDU 进行选择。

当 VNAV 方式衔接后，速度和推力目标传送到 FMC 制导功能。然后制导功能向 DFCS 和自动油门计算机发出指令以控制飞机的垂直飞行路径。

在起飞或进近/复飞期间，速度目标没有送到 DFCS，仅仅使用目标 N1。（如果选择了发动机减推力，则为限制值或降低的值。）

(2) 速度和推力限制

性能子功能还为飞行的爬升、巡航和下降阶段计算最小的和最大的速度及推力限制，以确保飞机运行在其飞行包络线内，并防止发动机可能的调节过量。

(3) 总 重

飞机的总重由 FMCS 计算或由飞行机组人工地输入。总燃油重由燃油量处理器组件送给 FMC。飞行机组可通过 CDU 输入总重或零燃油重。

如果飞行机组输入总重，FMC 将从总重中减掉总燃油重来计算零燃油重。如果飞行机组输入零燃油重，则 FMC 将总燃油重和零燃油重相加来计算总重。

FMC 使用下述数据进行性能计算：大气数据、巡航高度、成本指数、燃油重量、发动机引气传感器数据、机型/发动机数据库有关数据。

(4) 飞行包络保护

操作飞行程序持续地对计算的性能目标与飞机的运营极限进行监控比较。如果任何性能目标超过极限，则 FMC 将性能目标限制到修正的值，并维持发动机和飞机都处在最佳性能。

性能子功能的程序结构如图 7.9 所示。

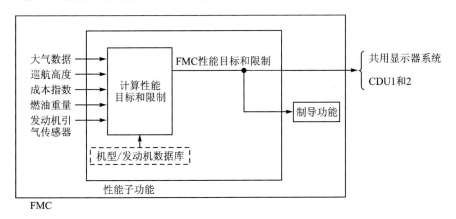

图 7.9　性能子功能的程序结构

4. 制导子功能

当制导子功能接收到一个激活的航路(水平飞行计划)和一个激活的性能计划(垂直飞行计划)时,制导子功能开始计算水平和垂直制导数据并向数字飞行控制系统(DFCS)和自动油门系统(A/T)提供制导指令。DFCS 和 A/T 使用该指令自动地制导飞机沿着一个水平的路径飞行并控制空速、垂直速度和 N1 目标/限制。制导子功能主要实现飞行计划管理、水平制导指令和垂直制导指令生成等功能。

(1) 飞行计划管理

飞行计划管理计算每一路径的大圆和转弯段。导航段是飞行计划航路点之间的大圆航迹或恒定航向段。

一个航路点以纬度、经度和高度给出。航路点来自于导航数据库或由飞行机组输入。每一航路点需要计算:预计高度、到达时间、速度、剩余燃油、航路点间的距离和航路点之间的飞行路径航道。

(2) 水平制导指令

若一个完整的航路在 FMCS 中已经被激活并且 LNAV 方式有效,则水平制导功能向 DFCS 发送水平操纵指令。

如果 LNAV 功能不是有效的并且水平制导输出没有被计算,则 FMCS 将水平制导的输出设为没有计算的数据(NCD),DFCS 将断开 LNAV 方式并转换到驾驶盘操纵(CWS)方式,在自动飞行状态通告器(ASA)上的 A/P 断开灯亮以提醒飞行机组注意这种情况。

(3) 垂直制导指令

垂直制导功能计算空速或垂直速度目标并发送到 DFCS。空速、N1 限制和方式指令也被计算并发送到 A/T 系统。

垂直制导有两个基本的方式:速度(VNAV SPD)和路径(VNAV PATH)方式。

在速度方式中，DFCS 控制飞行到一个目标 FMCS 空速，而推力被设定在 N1 爬升额定限制或慢车。速度目标和推力限制值都是由 FMCS 提供的。VNAV SPD 将显示在飞行方式通告器上（FMA）。

在路径子方式中，DFCS 控制飞机到一个目标 FMCS 垂直速度。该路径将是一个特定的速度/推力剖面。在下降中，慢车推力和经济速度将是缺省值。VNAV PATH 也显示在 FMA 上。

对于下降，一个垂直路径偏离传送到共用显示器上显示。路径偏离表示了在垂直基准路径上的基准高度与当前飞机高度之间的差别。

制导子功能程序结构如图 7.10 所示。

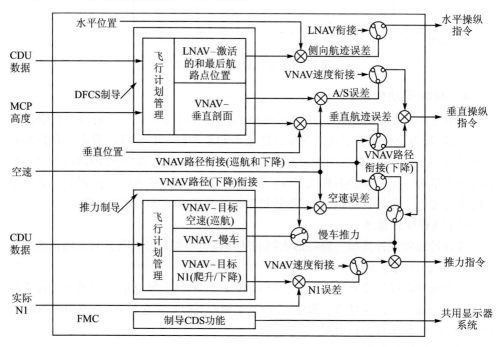

图 7.10　制导子功能程序结构

应注意，要衔接 LNAV 或 VNAV，需按压方式控制板上的 LNAV 或 VNAV 电门。MCP 然后将方式请求经由飞行控制计算机（FCC）送到 FMC 中的制导子功能。但能否真正激活 LNAV 或 VNAV，还需满足其他一些条件以及需要向 FMC 输入的数据是否能满足，如果不能满足，则相应的导航方式也不能被激活。

7.6　思考题

1. 如何定义现代飞行管理系统？

2. 现代飞行管理系统的总体结构包括哪几大部分？各组成部分的作用如何？

3. 飞行管理系统具有哪些主要功能？

4. B737 - NG 飞机飞行管理计算机结构组成如何？

5. B737 - NG 飞机飞行管理计算机的数据库包含有哪些内容？

6. 飞行管理计算机性能子功能主要完成哪些项目的计算？

7. 飞行管理计算机在制导功能中是如何产生水平及垂直制导指令的？

8. 在整个飞行过程中，通常飞行管理系统是如何工作的？

7.7　自测题

1. FMC 的功能主要包括哪些？

    A. 存储、性能、引导   B. 导航、性能、引导

    C. 导航、引导、计划   D. 导航、性能、计算极限

2. FMC 内部有哪些数据库？

    A. 性能数据库、导航数据库、软件/使用程序库

    B. 导航数据库和程序库

    C. 性能数据库和操作指令数据库

    D. 程序数据库和操作指令数据库

3. FMC 导航子功能计算什么？

    A. 横向位置、垂直位置

    B. 速度、垂直位置、实际导航性能

    C. 横向位置、垂直位置、实际导航性能

    D. 横向位置、地速、实际导航性能

4. FMC 性能计算主要确定下列哪些参数？

    A. 速度和推力目标、速度和推力限制

    B. 飞机总重、实际导航性能

    C. N1 目标、N1 限制、飞机航路角

    D. 速度目标、速度限制、地速和偏流角

5. FMC 制导功能下列哪项不正确？

    A. 飞行计划管理、飞机位置和性能计算

    B. 横向制导、垂直制导

    C. 飞行计划管理

    D. A 不正确，B 和 C 正确

6. FMC 计算飞机位置的方法哪项不正确？

    A. ADS - IRS/GPS   B. ADS - IRS/DME/DME

    C. ADS - IRS/VOR/VOR   D. ADS - IRS/VOR/DME

7. 下面说法中,正确的是什么?

    A. FMC 向 A/T 计算机提供操纵目标值

    B. FMC 向 A/T 提供发动机推力限制

    C. FMC 向 FCC 提供舵面控制指令

    D. FMC 向 FCC 提供操纵目标值

8. FMC 制导功能的指令输出到哪里?

    A. 自动驾驶仪和偏航阻尼器

    B. 自动油门计算机和惯性基准组件

    C. 自动驾驶仪及自动油门计算机

    D. 自动驾驶仪及惯性基准组件

9. FMS 在飞机进近阶段,主要完成的任务是什么?

    A. 计算飞机最佳起飞目标推力和目标速度

    B. 确定最佳巡航高度和巡航速度

    C. 确定飞机开始下降的顶点

    D. 以优化速度引导飞机到跑道上的着陆点

10. 利用数据装载机可以给 CDU 输入什么软件?

    A. 导航数据库   B. 性能数据库

    C. 操作程序   D. 飞机构型

第 **8** 章

现代民机飞行控制系统实例简介

　　自从 20 世纪 90 年代以来,世界两大航空公司,欧洲空客公司及美国波音公司,针对民航客机 21 世纪的需要,在当时航空技术发展的基础上,分别开发研制了两种现代民用客机,空客 A320 及波音 B777 飞机,其上均装备有以电传操纵系统为基础的现代民用飞机飞行控制系统,这两种飞机在全球范围内获得了广泛应用,并成为21 世纪民用飞机及其飞行控制系统进一步发展的基础。尽管这两种飞机的飞行控制系统的架构组成有所差别,但均有现代飞行控制的典型特征。本章将较系统地分别介绍这两种飞机飞行控制系统的主要构成及控制方式,由于本章所介绍的资料,已超出教学大纲要求,故仅供学习参考。

8.1　空客 **A320** 飞行控制系统主要组成和工作方式简介

8.1.1　概　述

　　空中客车 A320 飞机是为 21 世纪设计的飞机,它在当时曾有世界上最先进的飞行控制系统——完全的电传操纵。它可以让飞行员用最少的精力来完成最安全、最经济的飞行任务。

　　A320 - 200 飞机是一种中短程运输机,其最大起飞质量为 73 500 kg,燃油量为19 600 kg,最大航程为 3 000 n mile,最大旅客座位为 180 座。

　　A320 - 200 飞机具有很高的安全性和自动化程度。飞行员可以完全不用或选择部分或全部自动飞行控制系统的功能来实现对飞机的控制,通过使用自动控制系统的最高自动化等级,飞行员可以完全不用操纵飞机,只需监视飞机的飞行状态即可完成航线飞行,甚至在进近状态下,飞机也可以完成自动着陆或复飞。

　　A320 飞机第一次在主操纵舵面(升降航和副翼)采用了纯电传操纵。由于采用了电传操纵系统,比机械式驾驶盘操纵要灵活得多。由于现代计算机技术和电传技术的结合,使电传系统对飞机飞行品质的影响比迄今为止其他技术措施的影响要广泛且有效得多,以致飞机特性与飞行速度、质量及重心位置几乎没有什么关系,甚至能使不同类型的飞机彼此具有相似的飞机品质。若系统的操纵也统一化,则驾驶员就很容易从一种类型的飞机转飞另一种类型飞机。A320、A330、A340 飞机就存在这种"操纵共用性"。这样,花费最小的训练代价就能以标准飞行资格扩展到所有这3 种机型。此外,由于 A320 采用了电传操纵系统,可以实现边界控制功能,只要驾驶员遵守操作规章,就可以完全没有危险地在允许的飞行范围内飞行,这样便减轻了驾驶员的工作负担。

8.1.2　A320 飞机电传操纵系统

1. 系统组成

图 8.1 所示是 A320 飞机及电传操纵系统示意图。

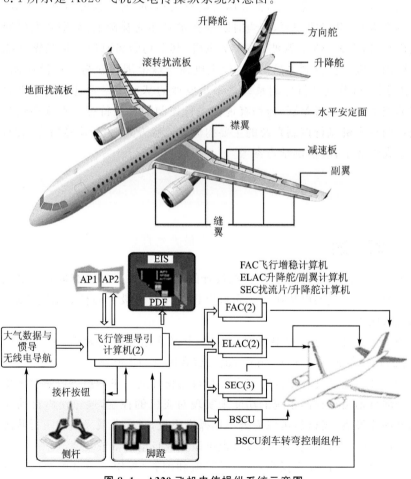

图 8.1　A320 飞机电传操纵系统示意图

（1）座舱的操纵机构

座舱的操纵机构如图8.2所示。

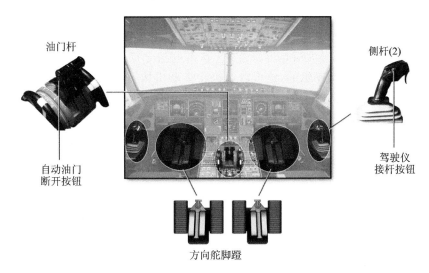

图8.2　座舱的操纵机构

每个飞行员都有一个侧杆用来人工控制俯仰及横滚,侧杆分别在两边操纵台上。每个侧杆单独地将电信号送至飞行操纵计算机。侧杆上的红色按钮为自动驾驶仪的接杆(takeover)按钮,其作用是断开 A/P 或接过另一侧驾驶杆。

两对脚蹬硬性地连接,提供方向舵的机械操纵。

在中央操纵台上的一个手柄用于操纵减速板。

中央操纵台两侧有两个机械连接的手轮,用于操纵可配平的水平安定面(THS)。

飞行员使用中央操纵台上的一个开关对方向舵进行配平。

副翼无人工配平电门。

发动机由推力杆控制,它位于中央操纵台上。推力杆手柄两侧的红色按钮用于脱开自动油门功能。

A320 飞机操纵系统的一个重要特点是采用侧杆操纵,它是世界上第一架采用侧杆操纵的民用飞机。由于取消了常规的驾驶杆,使驾驶舱宽敞舒适、视野开阔。正、副驾驶员的两个侧杆分别安装在机舱的两侧。侧杆的中央是经弹簧片由阻尼器给驾驶员提供实感。侧杆在俯仰和横向的角位移与克服弹簧力施加的操纵力成正比,侧杆将给出与侧杆角位移成比例的电信号,并加入到相应的飞行控制计算机。A320 两侧杆的电气互连逻辑关系是：当一杆不发出任何指令信号时,另一杆的操纵有全权限；当另一驾驶员向同一方向或相反方向操纵其杆时,两个驾驶员的输入以代数方法叠加,叠加的输出不超过舵面的最大偏转；驾驶员可按下并保持侧杆上的"超控按钮"（接杆按钮）来解除另一侧杆的工作,并实现完全控制,如果"超控按钮"超过

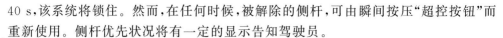

40 s,该系统将锁住。然而,在任何时候,被解除的侧杆,可由瞬间按压"超控按钮"而重新使用。侧杆优先状况将有一定的显示告知驾驶员。

(2) A320飞机的电传操纵系统

① 飞机三轴的操纵

A320飞机的纵向操纵面是升降舵,它是由电信号操纵的。平尾安定面是由驾驶员通过配平手轮机械操纵的,也可以通过在传动机构上耦合的附加伺服机构进行电操纵。机械式操纵同时也是应急操纵。

A320飞机的滚转操纵是用机翼上副翼及外侧的4块扰流片来实现的。

方向舵用于飞机的航向增稳控制,是电控的,但方向舵亦可由驾驶员通过脚蹬进行机械操纵。方向舵配平则是由方向舵配平电机来操纵的,配平电机通过一个弹簧来调节脚蹬对舵面进行操纵。

② 电传操纵计算机

升降舵和副翼、扰流片的电传操纵系统的核心是电传系统计算机。A320飞机电传操纵系统共有5台数字计算机,分成两组:

- ELAC(升降舵/副翼计算机),共2台。在非故障情况下,对升降舵、副翼和平尾安定面实现操纵。
- SEC(扰流片/升降舵计算机),共3台。在非故障情况下,对扰流片实现控制。当ELAC发生故障时,SEC对升降舵和平尾安定面进行控制(仅用SEC中的第1、2台计算机)。

为了保证电传系统的可靠性,电传系统计算机按非相似余度原理构成。其中ELAC是2余度的,采用Motorola 8000;SEC则是3余度的,采用Intel 8000。每台计算机实际上是由2台处理器组成的,且在不同时基下工作,始终实现相互监控,若其计算结果不一致,则立即判断该台计算机故障,并将该台计算机断掉。为了实现软件的非相似,软件是由两组独立人员采用4种不同的程序语言编写的。由于采取了上述的可靠性措施,5台计算机中任何一台都可控制A320飞行,使全部失去电传控制的可靠性达到了10^{-10}/每飞行小时。

在全部电子操纵失效后,还可利用平尾的机械配平和方向舵脚蹬机械操纵系统对飞机进行操纵,实现最低限度的飞行安全,安全返航,安全着陆。

此外,还有2台飞行增稳计算机FAC,提供对方向舵电动控制。

A320飞机的电传操纵系统如图8.3所示。

2. 俯仰操纵

俯仰是由两个升降舵和可配平的水平安定面(THS)控制的。升降舵最大偏转角度为机头向上30°和机头向下17°。最大可配平水平安定面(THS)偏转的角度是机头向上13.5°和机头向下4°。

每个升降舵由两个电动液压伺服传动装置驱动,每个伺服传动装置有3种控制方式:工作方式,传动装置由电动控制;阻尼方式,传动装置随舵面运动;定中方式,

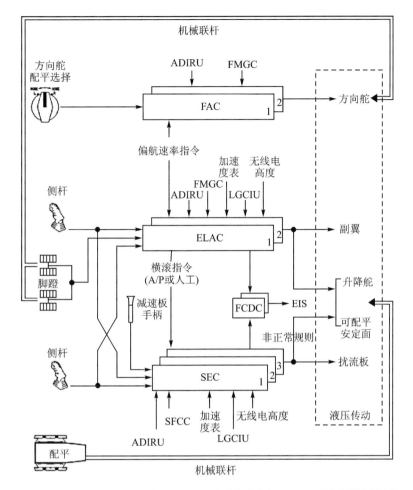

注：LGCIU—起落架控制与接口组件；FCDC—飞行数据收集器；SFCC—前缘缝翼控制计算机。

图 8.3　A320 飞机的电传操纵系统

传动装置由液压保持在中立位置。

正常工作中，一个传动装置在传动方式，另一个在阻尼方式，某些机动飞行引起第二个传动装置传动。如果工作的伺服传动装置失效，则阻尼的传动装置开始工作，而失效的传动装置自动转换为阻尼方式。如果两个伺服传动装置都不是电动控制，则将自动转换为定中方式。如果两个伺服传动装置都不由液压操纵，则它们将自动地转换至阻尼方式。在一个升降舵失效的情况下，另一升降舵的偏转角度受限制，以避免在水平安定面或机身后部施加过大的不对称载荷。

安定面由两个液压马达驱动的一个螺旋起动器驱动。这两个液压马达由 3 个电马达中的一个，或机械配平轮控制。

正常情况下，升降舵和安定面由 ELAC2 控制，左右升降舵面由各自的绿色和黄色液压传动装置操纵。可配平的水平安定面（THS）由 3 个电动马达中的第一号马达驱动。

如果 ELAC2 失效，或相关液压系统或液压传动装置失效，俯仰由 ELAC1 控制。ELAC1 通过蓝色液压传动装置控制升降舵而第 2 号电动马达操纵 THS（可配平水平安定面）。如果 ELAC1 和 ELAC2 都失效，则俯仰由 SEC1 或 SEC2（根据有关电路的状态）和 THS 马达 2 或马达 3 控制。

如果绿色或黄色液压系统有效，那么在任何时候来自俯仰配平轮的 THS 的机械操纵都有效。俯仰配平轮的机械操纵优先于电动操纵。

A320 俯仰操纵系统示意图如图 8.4 所示。

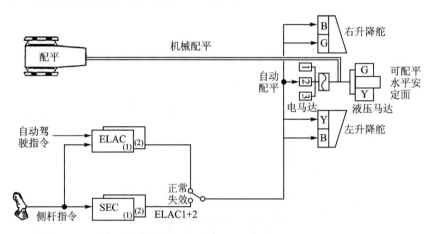

图 8.4　A320 俯仰操纵系统

3. 横滚操纵

飞机的横滚由每侧机翼上的一个副翼和 4 块（2～5 号）扰流板来控制。副翼最大偏转角为 25°，当襟翼放出时，副翼放出 5°（副翼下垂）。扰流板最大偏转角为 35°。每个副翼有两个电动控制的液压伺服传动装置。每个伺服传动装置有两种控制方式：工作方式，该传动装置由电动控制；阻尼工作方式，该传动装置随舵面运动。如果两部 ELAC 故障或蓝色和绿色液压系统低压，则系统会自动选择阻尼方式。

每块扰流板都由一个伺服传动装置来定位。伺服传动分别来自于绿色、黄色或蓝色液压系统。当相应的计算机出现故障或失去电控时，扰流板自动收至零位。

在液压供给失效的情况下，扰流板保持在失效时的偏转位置，或如果在空气动力的推动下，保持在较小的位置。当一个机翼上的扰流面失效时，另一个机翼上相对称的扰流板被抑制。

副翼通常由 ELAC1 控制，如果 ELAC1 故障，将自动地转换到 ELAC2。如果两个 ELAC 都失效，所有副翼将回到阻尼方式。

2、3、4 号扰流板除了用于横滚控制外，还用作减速板，飞行员用减速手柄来控制，但横滚控制功能有优先权。关于减速板的具体应用本书不再详细说明。

扰流板除在空中使用外,1～5号扰流板还用作地面扰流板,对此本书也不予讨论。

A320滚转操纵系统示意图如图8.5所示。

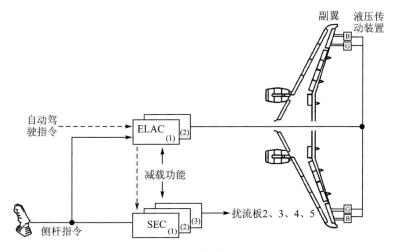

图8.5　A320滚转操纵系统

4. 偏航操纵

偏航操纵是由一个方向舵舵面来实现的。

方向舵可进行机械操纵和电动控制。方向舵可使用传统方向舵脚蹬控制。在实现偏航阻尼和协调转弯时,由ELAC计算协调转弯和偏航阻尼指令并将信号传给FAC,产生指令对方向舵实现电动控制。

方向舵由3个独立的液压作动器来操纵,液压作动器并联工作。在偏航阻尼和协调转弯自动工作时3个液压作动器由双余度的液压伺服作动器驱动,正常工作时,由绿色伺服作动器驱动,另一个黄色伺服作动器保持同步并且将在绿色伺服作动器失效时接替工作。

另外,经过行程限制通道对方向舵和脚蹬偏转进行机械限制,其大小取决于速度。每个限制器通道由其相应的FAC控制和监控。当两部FAC失效时,在缝翼伸出时,方向舵可获得最大偏转。

方向舵配平是由两个给人工感觉组件定位的电动马达完成的。在正常工作时,飞行增稳计算机1(FAC1)控制马达1(MOTOR 1)驱动配平,FAC2与MOTOR2作为备用而保持同步。在人工飞行中,飞行员可使用位于操纵台上的方向舵配平旋钮配平。

方向舵配平的最大偏转限制为±20°,配平速度为1(°)/s。方向舵除了由行程限制组件的限制外,如果使用方向舵配平,相反方向的方向舵最大偏转角度可能会减小。飞行员可用配平面板上的按钮将方向舵配平复位回零。应注意,自动驾驶接通时,FMGC 计算方向舵配平指令,方向舵配平旋钮和复位按钮不工作。A320 偏航操纵系统示意图如图 8.6 所示。

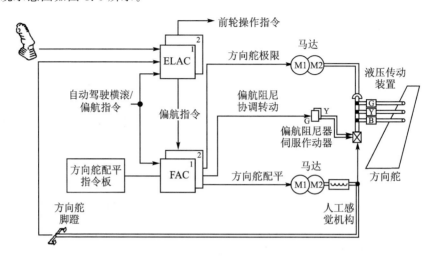

图 8.6　A320 偏航操纵系统

5. 主要操纵方式

为了保证对飞行实现安全可靠的操纵,A320 对飞机的操纵设计了 4 种工作方式,其中飞行员施加于侧杆上的力与飞机的反应之间的关系被称作操纵法则。该关系确定飞机的操纵特性,操纵法则有 3 套,是根据计算机、与计算机相关的外围设备和液压系统的状态而形成的,分别是正常法则、备用法则和直接法则。

(1) 正常操纵法则

无故障时使用的操纵法则。可实现飞机三轴操纵、飞行包线保护与机动飞行载荷减缓功能,驾驶员在任何时候都可以没有危险地使用全部飞行范围,而不会无意地超过安全限制。当发生个别故障时,仍可保持正常操纵规律,可以实现故障/工作的余度等级。

① 俯仰操纵

正常空中操纵时,依据设计的控制法则,实现侧杆控制升降舵和可配平的水平安定面(THS)以保持侧杆偏转与载荷系数成比例,并不受速度的影响,并可实现俯仰自动配平和中性速度稳定。侧杆保持在中立位置,机翼水平时,(在俯仰姿态修正后)系统保持 1g 的俯仰姿态,速度或形态改变时飞行员不必再进行配平。在人工方式和自动驾驶接通时,俯仰配平是自动的。在正常转弯时(最大 33°的转弯),只要转弯已建立,飞行员便不必作俯仰修正。

但是当实行人工配平指令、无线电高度低于 50 ft(自动驾驶仪接通时为 100 ft)及载荷系数低于 0.5g、飞机在高速/马赫数保护下时,自动俯仰配平被冻结。此外,在迎角保护或超过一定过载和大坡度转变时,水平安定面偏转也有一定限制。

在起飞和着陆拉平时,不适于上述控制法则,因为飞行员一般不预期有稳定的飞行轨迹。因此,将改变控制法则,基本上是实现侧杆偏转和升降舵偏转之间的直接联系。

此外,在纵向操纵,通过控制法则的设计还可以实现过载限制、大迎角保护以及高速保护和俯仰姿态保护等功能。

② 水平操纵

飞行时,正常法则通过侧杆提供副翼,扰流板(除 1 号外)及方向舵(转弯协调)的联合操纵。因此,系统协助飞行员控制横滚和航向,同时限制横滚率、坡度角、转弯协调及飘摆阻尼。

空中的控制法则是飞行员侧杆的偏转与飞机横滚率成比例,侧杆在止点位时达到最大 $15(°)/s$ 的横滚率。在正常飞行包线内,超过 $33°$ 坡度角时,飞行保持正螺旋稳定性。如果在坡度角大于 $33°$ 时,松开侧杆,坡度角自动回至 $33°$,在 $33°$ 坡度角以内时,如果侧杆在中立位置,横滚姿态保持不变。如果飞行员使用最大的水平侧杆偏转,坡度角最大可达到 $67°$。

此外,在颠簸条件下,利用副翼和 4 号、5 号扰流板的适当偏转控制,可以实现减轻机翼结构载荷的功能。

(2) 备用操纵法则

当发生一定故障组合后,将自动切换到备用操纵规律。此时,纵向操纵,包括自动配平在内的俯仰操纵保持不变,飞行中仍然遵循载荷因素需求法则,只是内在保护较少(降级的保护)。但在着陆进近(起落架放下时),转换为直接操纵,即侧杆与升降舵偏转成比例。滚转备用操纵规律是直接操纵,也就是直接由操纵杆和副翼/扰流片的电信号传动进行操纵。偏航方面,转弯协调功能失效,只有偏航阻尼功能可用,但操纵权限降低,方向舵偏转限制为 $±5°$,允许的飞行范围被限制在 $Ma≤0.77$。

(3) 直接操纵法则

在发生另一类更严重的故障时,操纵亦转换为直接操纵。俯仰操纵是升降舵偏转与操纵杆偏转成比例。在所有形态里,最大升降舵偏转随重心而变化,并且没有自动配平,飞行员必须使用人工配平。无保护功能,但有超速和失速警告。横滚操纵是驾驶杆指令与操纵面成比例。根据缝翼/襟翼形态,系统自动设定增益。偏航为机械操纵,由飞行员用方向舵脚蹬操纵,偏航阻尼和转弯协调功能失效。

(4) 机械式的应急操纵

当电源发生暂时的完全故障时,临时失去 5 台电传计算机,此时侧杆已不可用,只可用人工俯仰配平操纵盘和脚蹬机械操纵飞机,操纵状况亦可显示给驾驶员。空客认为这种可能性极小,所以目的不是精确地飞行,而是保持飞机姿态安全稳定,从而赢得时间重新设置系统,以回复丧失的系统,然后紧急着陆。

8.1.3 A320 飞机自动飞行控制

1. 自动飞行控制系统组成

A320 飞机的自动飞行控制系统的主要功能是导航、飞行计划管理、性能预测和优化、自动驾驶/飞行指引(AP/FD)和 A/THR(自动油门)控制、飞行包线和速度计算以及显示管理。该系统又称为飞行管理引导系统(FMGS),将自动驾驶与飞行管理组合成一个系统。

FMGS 提供飞行时间、里程、速度、经济剖面和高度的预测。它减轻了驾驶员的工作负荷,提高了效率,并消除了许多通常由飞行机组执行的常规操作。FMGS 主要由下述组件构成:

- 2 台飞行管理和引导计算机(FMGC);
- 2 部多功能控制和显示组件(MCDU);
- 1 个飞行控制组件(FCU);
- 2 个飞行增稳计算机(FAC);
- 推力杆;
- EFIS。

FGMS 各部件与电传系统及全权限数字发动机控制器(FADEC)和其他机上部件的连接关系如图 8.7 所示。

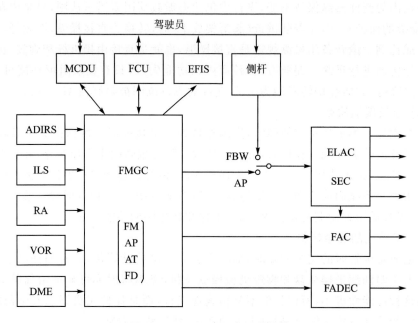

图 8.7 A320 AFCS 各组件综览

（1）飞行管理和引导计算机（FMGC）

每个飞行管理和引导计算机（FMGC）分为两个主要部分：飞行管理（FM）部分和飞行引导（FG）部分。后者实现自动驾驶指令、飞行指引指令以及自动推力指令生成；前者实现导航和导航无线电的管理、飞行计划管理、性能的预测和优化、显示管理等飞行管理的功能。

每部 FMGC 都有自己的数据库。各自的数据库可独立地向相应的 FMGC 加载数据，或独立地将数据从一部 FMGC 复制到另一部上。每部 FMGC 包含下列主要数据库：导航数据库、飞机性能数据库、磁差数据库。此外，还包含有航空公司修改信息（AMI），也称作 FM Airline Configuration File（飞行手册航空公司构型文件），以及飞行员存储的单元，允许飞行员生成 20 个航路点、10 条跑道，或者 20 个导航点和 5 条航路。

（2）多功能控制和显示组件（MCDU）

MCDU 是一个液晶显示器（LCD），前面板是主要显示屏和各种功能键，MCDU协助机组完成下述工作：

- 按横向和垂直轨迹以及速度剖面来定义一个完整的飞行计划；
- 显示、选择和/或修改机组所需的各种飞行管理信息；
- 选择飞行管理（FM）的具体功能（飞行计划修改、备用飞行计划等）；
- 显示来自其他外围设备的信息。

（3）飞行控制组件（FCU）

FCU 位于遮光板上，如图 8.8 所示。它是飞行员和 FMGC 之间的短期交互界面。它由一个自动驾驶仪控制板和两个 EFIS 控制板组成。FCU 有 2 个通道，每一个都可以独立控制中央面板。如果一个通道失效，则另一个也能控制所有功能。

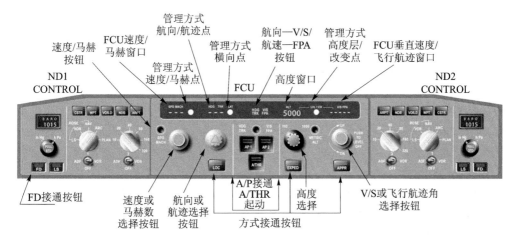

图 8.8　飞行控制组件（FCU）

FCU 协助机组完成下列工作：

- 接通（和断开）自动驾驶和自动油门；

- 选择所需的引导方式；

- 需要人工选择时，显示和选择各种引导目标（速度、航向、航迹、垂直速度等）。

（4）飞行增稳计算机（FAC）

FAC 控制方向舵，实现飞行增稳，完成下述功能：

- 偏航阻尼、方向舵配平和方向舵限制；

- 飞行包线、速度计算；

- 低能量警告功能；

- 风切变探测功能。

（5）全功能数字式发动机控制（FADEC）

全功能数字式发动机控制（FADEC）和机组之间的主要接口是油门杆；电子飞行仪表系统（EFIS）的两个主飞行显示器（PFD）和导航显示器（ND）的目视窗口显示 FMGS 的有关信息。主飞行显示 PFD 将几种常规的飞行仪表指示集中到一块彩色显示屏上，以提供飞行数据的集中参考，导航显示 ND 可选择 5 种不同的彩色导航罗盘显示的信息，用飞机位置作为飞行计划导航数据（横向和垂直信息）的基准点。这两种显示器与第 3 章介绍的类似。

（6）FMGS 工作方式

FMGS 有 3 种工作方式：

- 正常形态双方式。此时每个 FMGC 同步工作。

- 每个 FMGC 独立工作方式。如果出现较大差异（如飞行计划不一致、数据库不一致等），系统自动选择这种降级方式，两部 FMGC 分别工作，驾驶舱内同一侧数据相连。

- 单方式，如果一部 FMGC 失效，则系统自动选择这种降级方式，余下的 FMGC 负责所有工作。

（7）FMGS 的基本工作原理

在驾驶舱准备时，机组通过 MCDU 输入预先计划的从起飞地到目的地的航路，该航路包括标准离场（SID）、航路飞行、航路点、标准进场、进近、复飞和可以从导航数据库中得到的备用航路。

系统将据此定义出一个垂直剖面和一个速度剖面，并将空中交通管制（ATC）要求和性能的标准纳入考虑。

FMGS 将连续计算飞机的位置，由于有飞机的性能数据及导航数据库，因此，可以使飞机沿着预定的航线，按垂直及速度剖面飞行，这种引导称为"管理方式"。如果飞行员想临时改变飞行参数（速度、垂直速度、航向等），则可以用 FCU 进行选择，FMGS 将按人工选择的目标引导飞机，这种引导称为"选择方式"。"选择方式"总是优先于"管理方式"。

2. 飞机飞行引导

A320 飞行管理引导系统的飞行引导部分可分为飞行指引仪（FD）、自动驾驶仪（AP）和自动推力（A/TH）。AP/FD 俯仰方式可以控制目标速度/马赫数或垂直轨迹；A/THR 方式可以控制固定推力或目标速度/马赫数。AP/FD 和 A/THR 不能同时控制目标速度/马赫数，因此，AP/FD 俯仰方式和 A/THR 方式按如下方式合为一体实现控制：

- 如果 AP/FD 俯仰方式控制垂直轨迹，则由 A/THR 方式控制目标速度/马赫数；
- 如果 AP/FD 俯仰方式控制目标速度/马赫数，则 A/THR 控制推力；
- 如果 AP/FD 俯仰方式没有接通，则 A/THR 转换为控制速度/马赫数方式。

从上述规定可见，AP/FD 的俯仰方式决定了相应的 A/THR 方式。

飞行引导功能有两种工作方式：

- 管理方式——依机组人员输入到多功能控制显示装置中的数据形成横向、垂直、速度剖面操纵飞机飞行，相应的引导指令由飞行管理部分计算；
- 选择方式——由机组人员选择目标值操纵飞机，该目标值在 FCU 的显示窗口里显示。

这两种工作方式可以依一定的规则选择确定。

(1) 飞行指引仪

飞行指引（FD）仪把飞行管理引导计算机的引导指令显示在两个主飞行显示器上，它允许飞行员人工地依照飞行管理引导计算机的指令飞行或当自动驾驶接通后，检查飞行管理引导计算机的指令。

在正常运行时，FD1 在 PFD1 上显示 FMGC1 指令，FD2 在 PFD2 上显示 FMGC2。FD 使用各自同侧的 FMGC。

① PFD 上的显示

在 PFD 上的显示如图 8.9 所示。主要包括：

- FD 俯仰和横滚杆表示俯仰和横滚指示。
- 在着陆和起飞低于 30 ft 且航道可用时，垂直指令杆被偏航指令杆所代替，以提供地面上的水平指令。
- 与飞行航径矢量（FPV）相关的飞行航径指引（FPD）符号。

FCU 上的航向-垂直速度/航迹/航迹角按钮可使机组选择两种类型中的任一基准和显示。

在电子飞行仪表（EFIS）控制面板上的 FD 按钮可用来显示或取消 FD 指令杆。

② FD 指令杆的作用（在 FCU 上选择的 HDG V/S）

如果垂直方式接通，则俯仰指令杆显示。它提供垂直方式中所需要的俯仰指令。

如果水平方式接通，则横滚指令杆显示。它提供水平引导中所需要的横滚指令。

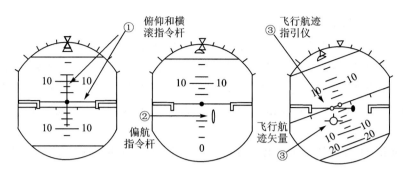

图 8.9　PFD 上的显示

③ 飞行航径指引仪(FCU 上选择的 TRK FPA)

该显示作为飞行指引仪指令的备用方法。

飞行航径矢量(FPV)符号显示实际飞行的航迹和飞行航径角。

飞行航径指引仪(FPD)符号显示机组如何切入所需的垂直和横向飞行轨迹。当机组使 FPV 和 FPD 符号重叠时,飞机按所需轨迹飞行。

④ 偏航杆

在 RWY 方式(起飞时)、FLARE 和 ROLL OUT(着陆时)方式时,偏航杆显示。

(2) 自动驾驶仪

① 自动驾驶仪(AP)功能

自动驾驶仪主要的功能如下:

● 保证使飞机在其重心附近的稳定;

● 获取并跟踪飞机的飞行航径;

● 控制飞机实现自动着陆或复飞。

② 自动驾驶仪产生的指令

● 指令俯仰、横滚和偏航的飞行操纵面的位置;

● 在着陆过程指令前轮位置。

上述指令需传给电传操纵系统的升降舵/副翼计算机(ELAC)、扰流板/升降舵计算机(SEC)和刹车转弯操纵控制组件。

③ 自动驾驶仪的接通和脱开

(a) 自动驾驶仪接通

如果飞机已经离地至少 5 s,并且所要求的相关系统应满足的条件已满足,则通过按下飞行控制板(FCU)上 AP1 和 AP2 按钮,即可接通 AP1 和 AP2(所要求的条件在飞行员手册中均有详细的描述,本书不予说明)。

应注意,起飞时,低于 100 ft 不能接通 AP。AP 的接通将增加断开侧杆控制器和方向舵踏板所需的力。AP 接通时,FCU 上相应的按钮亮,同时 PFD 的 FMA 上显示 AP1 (或 AP2),则说明 AP 已接通。

（b）自动驾驶仪脱开

对于机组人员来说，脱开 AP 的标准方法是按压侧杆上的接杆（takeover）按钮。此外，飞行机组按压 FCU 上相应的 AP 按钮，或飞行机组施加在侧杆上或方向舵踏板上的力超出了一定的界限，或飞行机组移动俯仰配平轮超过了一定的界限时均可脱开 AP。

当 AP 在一些规定的控制方式或工作状态（如出现故障或接通条件不满足）下，AP 也会自动脱开，这些具体的规则在手册中均有详细论述，在此也不加以说明。

当 AP 脱开时，相应的 FCU 按钮灯熄灭，且 AP1（或 AP2）从 PFD 的 FMA 上消失。

同时系统也会向机组发出相应的警告。

（3）AP/FD 的工作方式

① AP/FD 的垂直方式

垂直方式是沿纵轴操纵飞机的引导。要从 FCU 上已选定的高度飞往另一目标高度，需完成两个操作：在 FCU 上通过 ALT 旋钮确定和显示一个新的目标高度，并且还应接通开放爬升/下降方式，或接通爬升/下降方式，或选择一个垂直速度（V/S）且接通垂直方式，或选择加速方式。

（a）爬升（CLB）

CLB 方式确保垂直管理引导飞机飞 FCU 上选择的高度。通常，垂直航道可以包括起飞阶段、爬升阶段和巡航阶段；CLB 方式在起飞、复飞、爬升和巡航阶段中预位，并在爬升和巡航阶段中接通。它根据管理目标速度或选择的目标速度并考虑速度限制、高度限制引导飞机爬高。在该方式下，AP/FD 控制目标速度或马赫数，A/THR 则处于最大爬升推力。

在满足规定条件时，可以实现 CLB 方式的预位、接通和断开。

（b）开放爬升（open CLB）

开放爬升是一种选择方式，它使用 AP/FD 俯仰方式保持选择的或管理的速度马赫数，当自动推力有效时，则保持最大爬升推力。开放爬升方式接通时，通过升降舵控制飞机俯仰姿态和保持目标速度/马赫数。通过自动推力控制或飞行员人工控制来保持推力。开放爬升方式允许高度层改变到 FCU 选择的高度而不考虑所有的高度限制。

（c）下降（DES）方式

下降方式确保飞机沿经过计算的理论下降剖面飞行。该剖面是从巡航高度层下降顶点开始下降到减速点，在该点处开始减速，在最后下降航道上高于地面 1 000 ft 时达到进近速度。

下降剖面的计算以管理的下降速度剖面为基础，考虑横向和垂直飞行计划数据、风数据，但不考虑等待航线。

下降剖面图在内部又可划分为以下几部分：

- 重新加压阶段，它允许在下降期间满足客舱重新增压速度。飞行员可以在性能巡航（PERF CRZ）页面上输入最大客舱速率（缺省值为−350 ft/min）。
- 慢车轨迹阶段，AP/FD 控制速度，A/THR 在慢车上的计算是从下降顶点/或重新加压阶段末端到最初的垂直限制，该限制不能以慢车推力执行。
- 几何轨迹阶段，AP/FD 控制垂直航道，自动推力控制速度。该阶段从最初的限制开始直到减速点。

DES 方式的下降剖面如图 8.10 所示。

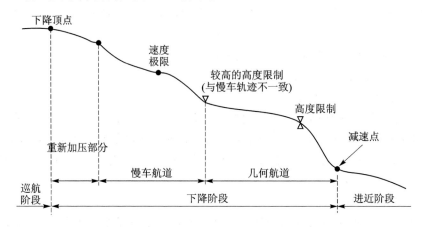

图 8.10　DES 方式的下降剖面

（d）开放下降（open Des）

该方式是一种选择方式。该方式用 AP/FD 俯仰方式保持空速/马赫数（选择的或管理的），而自动推力（如果有效）方式保持慢车推力，推力亦可由飞行员人工保持。开放下降方式允许高度层改变到 FCU 上选择的高度而不考虑所有的高度限制。

（e）高度保持（ALT/ALT CST）

ALT 方式保持给定的高度，该目标高度可以是在 FCU 上选择的高度，也可以是由 FM 输出的高度限制。无论何时，飞机爬升或下降接近目标高度，ALT 方式都会自动预位。

在 ALT 方式下，保持的高度就是在该方式接通时存储的高度，它不受高度窗参考数据变化或气压修正变化的影响。当 ALT 保持方式接通时，FMA 显示绿色的 ALT，此时目标高度是 FCU 上选定的高度，或者 FMA 显示绿色的 ALT CST 高度。如果 AP 已接通，而 FD 在 FCU 选择的高度上，在这之前 ALT 已接通，则 AP 将会：

- 如果当前飞机处于所选择高度的 250 ft 内，则获取并保持 FCU 的高度；
- 如果飞机所处高度已超过了 FCU 的高度 250 ft，则会控制飞机改平，如图 8.11 所示。

（f）高度捕获（ALT ∗ − ALT CST ∗）

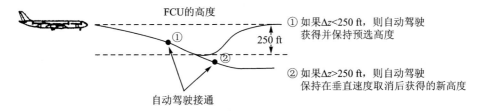

图 8.11　ALT 接通时的控制

ALT * 方式引导飞机去捕获飞行控制组件选择的高度或在 ALT CST * 情况下由飞行管理(FM)提供的高度。一旦获得该高度,则接通高度保持方式。

在该方式下,系统首先实行高度预位控制。系统的垂直速度 V/S 是依飞机当时高度和目标高度之间的差值形成的,且与自动推力上的速度有关。当飞机达到规定的高度切入区时,高度捕获方式接通,该捕获区是由飞机的垂直速度定义的。当高度偏差小于 20 ft 时,系统自动转到高度保持方式。

(g) 垂直速度-飞行航径角(V/S – FPA)

它是一种选择方式。它捕获并保持垂直速度或显示在 FCU 窗口里的航迹。该方式是 AP/FD 的基本方式,当接通 AP 且无其他方式预先接通时,将自动进入该方式。

在该方式下,FMGC 的俯仰方式将引导飞机到达目标的 V/S(FPA),相应的自动推力方式为速度或马赫数方式。V/S 引导优先于速度引导,也就是说,如果选择的目标垂直速度或航迹角过大,则 FMGC 将操纵飞机达到目标垂直速度或航迹,但飞机要加速或减速。

(h) 加速(Expedite)方式

加速方式用于爬升或下降,是使飞机以最大垂直梯度达到所需高度的一种开放方式。

如果在 FCU 上选择的高度高于飞机所处的高度,则加速爬升方式(Exp CLB)接通。

当处于加速爬升方式时,飞机管理引导计算机与俯仰方式共同获得并保持自动设置的目标速度,而推力则可由推力方式中的自动推力设置,也可由人工设置。

在加速下降方式时,FMGC 与俯仰方式一起获得并保持速度/马赫数(340/0.8),而推力可由自动油门推力方式设置,也可由人工设置。

在接通加速方式时,速度限制、高度限制和速度极限被忽略。

在垂直引导方式中还包含各种工作方式的转换控制,如开放爬升、加速爬升向垂直速度/飞行航径角的转换,从垂直速度/航径角方式向开放爬升方式的转换等,在此不再详述。

② 横向导引方式

(a) 航向或航迹(HDG – TRK)

该方式提供横向引导以控制飞机按机组人员选择的航向或航迹飞行。目标值显示在飞行控制组件的航向/航迹窗口里面,航向/航迹的基准值是由有关的旋钮(航向—垂直速度/航迹—飞机航径角)选择的。

在起飞或复飞后,如果不按飞行计划飞行,则可在 FCU 上通过旋动 HDG/TRK 选择旋钮预调 HDG 或 TRK。

(b) 导航(NAV)

导航方式是按飞机管理引导系统中限定的飞行计划提供横向控制的管理方式,引导飞机按无航迹误差进行飞行。如果多功能控制显示组件(MCDU)中有横向飞行计划,则导航方式可以预位或接通。

除了上述两种方式外,横向方式还包括有多种与起飞、进场着陆、复飞相关的方式,这些方式将在常用导引方式中分别叙述。

③ 自动驾驶/飞行指引常用方式

AP/FD 常用方式是指与横轴和纵轴相关的一些方式。常用方式主要有以下几种:

(a) 起　飞

与 SRS(速度基准系统)垂直方式相应的跑道/跑道横向方式组合在一起,这两种方式可以同时接通,但可分别断开。这种起飞方式可用于起飞滑跑期间以及在空中供飞行指引仪使用。在离地 5 s 后可用于自动驾驶仪。

速度基准系统(SRS):提供俯仰引导,操纵飞机按速度基准系统引导方式规定的速度沿一条轨迹飞行。

俯仰引导方式保持:在正常发动机形态下,使飞机速度为 $V_2 + 10$ n mile/h;如一台发动机不工作或处于慢车功率,则使飞机以当前速度或 V_2 中比较大的速度为准。此外,俯仰引导法则还包括在起飞期间减小飞机抬头的姿态保持法则(若遇风切变,则保持 18°或 22.5°);飞机航迹角保护,保证飞机最小爬升梯度为 120 ft/min。

跑道方式:包括可能的子方式是在起飞滑跑和开始爬升阶段(最大到 30 ft 无线电高度),如果 LOC 信号有效,提供横向引导指令,控制飞机在 LOC 的中心线上。飞机升空后(高于 30 ft 无线电高度),跑道跟踪方式提供连续的横向引导,此时依存储的数据引导飞机在跑道中心的延长线上。在跑道方式时,FD 提供偏航指令杆显示在 PFD 上。如果起飞跑道没有仪表着陆系统(ILS),则跑道方式不可使用。

(b) 进　近

机组可选择两种进近:ILS 进近或非 ILS 进近(VOR/DME、VOR、NDB 等)。飞行员将这些进近方式输入到 MCDU 的进场页面。用 FCU 上的进近(APPR)按钮预位接通输入计划里的引导方式:

● 如果是 ILS 进近,则引导方式为 G/S 和 LOC;

● 如果是非 ILS 进近,则引导方式为 APPNAV(进近导航)和 FINAL(五边)。

1) ILS 进近

ILS 进近方式包括下列方式:

● 垂直方式和横向方式。垂直方式又包括 GS＊(切入)和 G/S(跟踪)方式。横向方式又包括 LOC＊(切入)和 LOC(跟踪)。

● 常用方式,其中包括 LAND(着陆)、FLARE(拉平)和 ROLL - OUT(滑跑)。

一旦按下进近(APPR)按钮并符合接通条件,这些方式将自动排序。

在 ILS 进近期间,速度由自动油门(A/THR)来保证,速度目标值可以是选择的,也可以是管理的。进近速度在 700 ft 无线电高度被存储,以保证在 FM 失效时也能稳定进近。

典型 ILS 进近轨迹如图 8.12 所示。

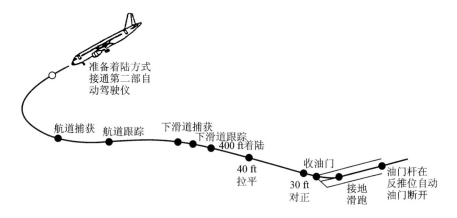

图 8.12　典型 ILS 进近轨迹

着陆能力:每一部 FMGC 根据计算机或传感器或功能的可用性,计算自己的着陆类别,着陆能力分为 CAT Ⅰ、CAT Ⅱ、CAT Ⅲ 单通道、CAT Ⅲ 双通道。FMGC 监视大多数系统并在 FMA 上显示相应的着陆能力。

2) 非 ILS 进近

非 ILS 进近方式提供飞机横向和垂直引导,控制飞机沿着 FM 计算的最后下降剖面下降到最低下降高度(MDA)或最低下降标高(MDH)。非 ILS 进近用于非精密进近,包括五边(FINAL)垂直方式和进近导航(APPNAV)横向方式。

在该方式下,飞机下降到低于 MDA 50 ft 时,AP 自动断开。如果没有输入 MDA,则在 400 ft AGL (Above Ground Level),自动驾驶仪脱开,FD 方式转换到基本方式 HDG V/S 或 TRK FPR。

典型非 ILS 进近轨迹如图 8.13 所示。

(c) 复飞方式(GA)

复飞是把 SRS 垂直方式和 GA TRK(复飞航迹)横向方式组合在一起的控制方式。在复飞时,SRS 引导法则与 SRS 起飞法则相似,但目标速度取为 GA 接通或 V_{APP} 时飞机速度中较大的速度值。GA TRK 横向方式引导飞机沿该方式接通时的航迹飞行。

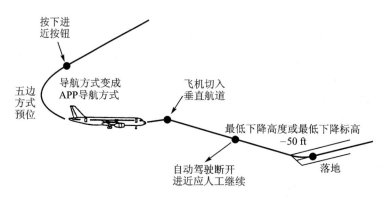

图 8.13 非 ILS 进近轨道

3. 自动推力控制

A320 飞机自动推力（A/THR）是 FMGS 的一个功能，它包括两个独立的 A/THR 指令，每部 FMGC 一个。每个指令都可通过两个发动机接口组件和两个电子发动机控制器（LAE 发动机）或两个发动机控制组件（CFM 发动机）同时控制两台发动机的推力。只有一部 FMGC 控制工作的 A/THR，它被称为主 FMGC。

推力控制有下述两种方式：自动油门系统工作时实现自动控制油门；用油门杆实现人工控制。油门杆的位置确定自动油门是否预位、工作和断开。

（1）自动油门

自动油门工作时具有下列功能：

● 在推力工作方式时保持一定的推力；

● 在 SPD/MACH（速度/马赫数）工作方式时，控制飞机的速度或马赫（可以是选择的，也可是 FMGC 管理的）；

● ALPHA FLOOR（α 平台）工作方式时提供推力保护，防止迎角过大。

自动油门可以单独使用或与 AP/FD 一起使用：

● 单独使用时，自动油门控制速度；

● 与 AP/FD 一起使用时，自动油门方式与俯仰方式联系起来。

自动油门工作时，飞行引导（FG）根据垂直方式指令推力，但它不能将推力调到大于手柄所设的推力。如果将推力手柄放到工作范围，则已预位的自动推力系统自动启动。超过工作范围，推力手柄直接控制推力。

油门总是由主 FMGC 控制。

（2）推力手柄

机组用推力手柄来完成下列工作：

● 人工选择发动机推力；

● 预位和启用自动推力（A/THR）；

● 接通反推；

- 接通起飞和复飞方式。

自动推力脱开后,可由推力手柄直接控制推力:每一个手柄位置对应一个给定的推力。一共有 5 个卡位:

- TO GA——最大起飞推力;
- FLX MCT——最大连续推力(或起飞时的 FLX 推力);
- CL——最大爬升推力;
- IDLE(慢车)——正推和反推的慢车推力;
- MAX REV——最大反推推力。

当推力手柄在 IDLE 位时,飞行机组可拉起推力手柄,越过 IDLE 止动位并选择反推推力(这里没有类似的反推卡位)。

4. 飞行管理功能概述

A320 FMGS 的飞行管理部分包含导航、飞行计划、性能优化和预测、显示管理等功能。

(1) 导航的基本功能

① 位置计算

每部 FMGC 通过一个混合惯导位置以及一个计算的无线电台位置,或一个 GPS 位置,计算出飞机本身的位置(称为 FM 位置)。FMGS 通过考虑每个定位设备预计的精确度和完整性来选择最精确的位置。如果 GPS 数据有效且测试成功,则 GPS/惯导就是基本的导航方式,否则要使用导航台加上惯导或仅用惯导。其中混合惯导位置是 FMGC 从 3 部惯导中的每一部接收一个位置信号并计算出一个平均值,称其为"混合惯导位置"。如果其中一部 IRS 发生非正常偏移,则 MIX IRS(混合惯导)位置使用一种计算法则来确定。该计算法则减小了偏移 IRS 对 MIX IRS(混合惯导)位置的影响。

每部 IRS 计算一个混合 IRS/GPS 位置,该位置被称为 GPIRS 位置。因此,每部 IRS 可以单独选择其 GPS 源,以使 GPS 数据可用性最大化。在每部 FMGC 接收到的 3 个 GPIRS 位置中,FMS 根据灵敏度和优选原则选择其中的一个 GPIRS。

FMS 按下列次序进行选择:

- 同侧的 GPIRS 位置;
- GPIRS 3;
- 另一侧的 GPIRS 位置。

如果 GPIRS 数据不符合以水平完整性限制(HIL)和失效卫星自动探测为基础的完整性标准,那么 FMS 将拒绝 GPS 方式,而使用无线电位置更新。

而无线电位置则是每部 FMGC 使用自己同侧的导航设备来计算自己的无线电位置的。导航设置可在 MCDU 相应的导航设备页面上进行选择。导航设备可以是 DME/DME、VOR/DME、LOC、DME/DME‐LOC、VOR/DME‐LOC 等。ILS 进近过程中,借助 LOC 波束,使用 LOC(航向道)来更新水平位置。在 GPS/IRS 方式

中，LOC 也可用于快速更新。如果一个或多个导航设施失效，则每部 FMGC 可使用异侧的导航设施来计算 VOR/DME 或 DME/DME 无线电位置。

② 精度评估

FMGS 不断地对计算出的飞机位置进行偏移量预测，并计算出一个预计的位置误差，该误差是导航方式的函数。通常可以使用的导航方式有 IRS‑DME/DME、IRS‑VOR/DME、仅 IRS、GPS/IRS。当飞机位置偏差不超过适当的标准时，精确度为"高"；当超过适当的标准时，精度为"低"。精确度是高还是低则根据预计的误差指出 FM 位置的精确性，所以飞行员必须定期检查位置的精确度。

③ 无线电导航调谐

该功能主要用于显示和计算无线电位置。用于显示的调谐有 3 种方法：FMGC 自动调谐、经 MCDU 的人工调谐和无线电管理面板（RMP）进行人工调谐（如果 2 个 FMGC 或 2 个 MCDU 失效时）。用于计算位置的调谐由 FMGS 自动调谐。人工调谐优先于自动调谐。

④ 惯导系统校准

FMGS 使用离港机场的参考点来校准 IRS。在机组输入公司航路或始发机场和目的机场后，数据库可自动调出这些坐标。机组可人工将参考坐标调到停机门位。正常校准需 10 min，在时间有限时，可通过快速校准来更改位置，快速校准需 3 min。

（2）飞行计划的基本功能

飞行员通过 MCDU 将飞行计划输入到 FMGS。主要包括：横向飞行计划，即将要飞的横向轨迹；垂直飞行计划，即垂直轨迹，包括速度和高度剖面。FMGS 有 2 种飞行计划：现用飞行计划（主要用于垂直和横向导航、MCDU 和 ND 的显示、无线电自动调谐、性能预测和燃油计划）；备用飞行计划（主要用于显示，也可用于改航，准备下一飞行航段以及起飞之前准备第二套离场程序）。

① 横向飞行计划

每一个横向飞行计划均由下述同样的要素组成：

● 离场（包括起飞跑道、标准仪表离场、航路过渡）；

● 航路（航路点和航路）；

● 到场（包括航路过渡、标准进场、所选进近的着陆跑道、复飞）；

● 备用飞行计划。

这些要素由航路点和航路点之间的航段定义。航段自动相互连接。若两个航路点之间没有航段定义，则为不连续飞行计划。不连续飞行计划预测每个航路点之间将按直飞航段飞行。

在定义离场或进场程序后，FMGS 会自动将相应的各类航段串起来。这些航段属于特殊航段，例如 DME 弧线航段、等待航线或 180°转弯、到固定航段的航道、航向航段、人工航段。这些航段飞行员是不能建立的，它们是飞行员所选的存储在离/进场程序中的一部分。飞行员只能建立人工定义的地理点之间（导航设施、机场、航路

点)的直飞航段。

飞行计划可以在地面或在飞行中依照 ATC 的不同指令经横向修订程序来进行修改。

② 垂直飞行计划

垂直飞行计划分为下面几个飞行阶段：飞行前—起飞—爬升—巡航—下降—进近—复飞—完成。除飞行前和完成外，其他阶段都与速度和高度剖面有关。每一个阶段都有一个给定的速度目标剖面。FMGS 为每一阶段计算出一个最优速度作为关键参数和性能标准。

经济速度是管理的速度剖面的基础。经济速度可以用 3 种方法进行修正：一是飞行员在 MCDU 上预选下一阶段的速度；二是在 FCU 上为现阶段选择一个速度或马赫数；三是在 MCDU 的相应页面上输入具体数据(速度限定或速度权限)。

垂直限制(高度、速度、时间)既可以存储于数据库中，也可以人工输入到飞行计划中。为达到巡航目的，对分段爬升或分段下降进行定义。例如机组计划爬升到更高高度或下降到更低高度，可在任一航路点输入一个新的高度进行垂直修改。当所有垂直数据定义完时，FMGC 计算出从起飞到着陆的垂直剖面和管理的速度/马赫数剖面。

(3) 性能优化和预测的基本功能

优化主要通过速度优化来减小飞行成本。优化功能主要计算下列项目：

● 起飞、进近和复飞速度；
● 爬升和下降阶段的优化目标速度；
● 巡航阶段的优化目标马赫数；
● 最佳巡航阶段的高度层；
● 从巡航高度层下降到目的地机场的优化下降剖面。

这些项目的计算依赖于飞行员在横向和垂直飞行计划以及修正程序时输入的数据。

起飞速度是在飞行前和起飞阶段用数据中存储的性能和起飞重量计算；在进近阶段，进近速度由性能和预测的着陆重量或在进近阶段过渡时的当时重量计算；复飞速度使用性能和总重计算。

爬升和下降阶段的优化目标速度依总重、成本指数、巡航高度层、风和温度以及性能因素来进行计算。

经济速度是指在无时间限制或速度限制时的给定成本指数的最优速度。成本指数是指燃油成本和时间成本，而不是指节油，它既能满足限制要求，又能满足速度包线。经济爬升和经济下降速度在开始相关的飞行阶段前计算得出，并在该阶段被冻结。经济下降速度用于计算最优下降剖面和相应的下降顶点。在没有启动下降阶段时，飞行员可以预选一个速度或马赫数来代替最佳下降速度，并可利用该速度计算新的下降剖面和下降顶点。

优化目标巡航马赫数是作为最佳速度计算的，并在考虑当前天气条件和飞行计划的修改而连续进行更新。

最佳巡航飞行高度是确保在给定飞行计划、成本指数和全重的情况下，使费用减至最低程度而求得的飞行高度。在巡航中，它不断地被更新。

成本指数是飞行时间成本（CT）和燃油成本（CF）之比，即 $CI=CT/CF$（kg/min）。若 $CI=0$，则为最小燃油消耗，$CI=999$，最短时间。成本指数通常由航空公司运行部门来确定。

预测主要是指 FMGC 为主飞行计划和备用飞行计划计算出的预测，结果显示在 MCDU 和导航显示器 ND 上。进行上述计算时，FMGC 使用当前飞机的状态（总重、重心、位置、高度、速度、AP/FD 接通方式、时间、风和温度）。在 MCDU 上显示的预测，是假定飞机沿着预先计划的横向和垂直飞行计划引导飞行；显示在 ND 上的预测是假定飞行将以当前的工作方式（选择或管理的）飞行。如果飞机没有按飞行计划飞，MCDU 上的预测假定：飞机将飞向计划航路；FMGC 管理的方式将立即恢复。如果飞机没有以预先计划的速度飞行，预测将假定所选速度应一直保持，直到出现下一个速度极限/速度限制或下一个爬升阶段或下降阶段时为止，此后速度控制将转为经济速度（最优速度）。当垂直飞行计划、横向飞行计划、机组输入的天气预报情况、成本指数、速度控制方式改变时，预测将要刷新。

为了获得最佳预测，应输入飞行各航段，或在巡航段的航路点上风的数据。

（4）显示管理功能

显示管理系统的主要任务是将导航、性能和引导信息显示在 MCDU、EFIS 导航显示器（ND）以及 EFIS 主飞行显示器（PFD）上。

在 MCDU 上主要显示位置和精度信息：调谐出的导航设施；横向和垂直飞行计划（航路点、限制等）；预测的速度、时间、高度和风等；燃油预测和管理（预测机上燃油量、附加燃油量）；性能数据。

在 EFIS 导航显示器（ND）上显示由 FM 产生的下述信息：飞机位置；飞行计划（备用、现用、临时飞行计划）；主飞行计划的横向偏差；调谐的导航台原始数据；风的资料，各种可选择项，如航路点、导航设施、机场、NDB、限制等（这些项可在 EFIS 的控制板上进行选择）；所选的进近类别；其他有关信息的显示。

5. 飞行增稳概述

如前所述，A320 飞机上装有 2 台飞行增稳计算机（FAC），实现下述功能：

● 偏航功能；

● 飞行包线功能；

● 低能告警功能；

● 风切变探测功能。

FAC 使用以下独立通道实现上述功能：

● 偏航阻尼器；

- 方向舵配平；
- 方向舵行程限制；
- 飞行包线保护。

当 AP 断开时，每个 FAC 与电传系统中升降舵/副翼计算机连接，当一部 AP 接通时，FAC 与 FMGC 相接。当通电时，两个 FAC 自动接通，每一个 FAC 可以通过飞行操纵顶板上的按钮断开或复位。当它断开（FAC 按钮断开位）但仍然有效时，FAC 的飞行包线功能仍然在工作。如果两个 FAC 都有效，FAC1 控制偏航阻尼器、方向舵配平、方向舵行程限制，而 FAC2 处于备份状态。FAC1 通过 FD1 控制飞机在飞行包线内，FAC2 通过 FD2 进行控制。如果在 FAC1 上探测出失效时，FAC2 自动接管相应的通道。

（1）偏航功能

① 偏航阻尼

偏航阻尼功能确保偏航命令的完成，实现稳定和自动协调转弯。当自动飞行（AP 接通）时，它还可确保在起飞和复飞时，对于发动机失效的恢复提供帮助（短期偏航补偿）。在 AP 接通时，FMGS 发送指令到 FAC，以保持在进近中的偏航阻尼，以及在滑跑方式中为对准跑道而进行偏航控制。

② 方向舵配平

方向舵配平功能确保：

- 完成飞行员人工从配平旋钮输入的配平指令。
- 当 AP 接通时，完成 FMGS 的配平指令；在所有 FG 飞行引导方式中对发动机失效的恢复提供帮助（长期偏航补偿）；当方向舵脚蹬的偏移超过配平 $10°$ 时，断开自动驾驶仪。

在 AP 接通时，方向舵配平旋钮不起作用，主 FMGC 给 FAC 发出指令以确保方向舵配平功能。

③ 方向舵行程限制

该功能确保方向舵偏移的限制。依据下列规则，方向舵的最大偏移量是速度的非线性函数，如图 8.14 所示。这种限制的目的是为避免结构的高负荷。如果两个 FAC 都失去方向舵行程限制，则方向舵偏移限制值将在第二个 FAC 失效时冻结。

（2）飞行包线功能

飞行包线功能主要实现 PFD 上速度刻度管理以及 α 平台保护。

① PFD 速度刻度管理

在 PFD 上的速度刻度由 FAC 控制。当两个 FAC 工作时，FAC1 给 PFD1 提供数据，FAC2 给 PFD2 提供数据。若一个 FAC 失效，另一个 FAC 会自动给两个 PFD 提供数据。FAC 分别计算最大最小速度和机动速度。最大最小速度主要包括：VSW（失速告警速度）、VLS（最小可选速度）、VFE（最大襟翼放出速度）和下一个形

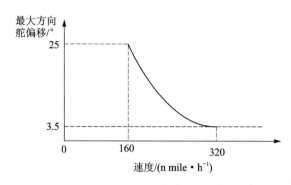

图 8.14　方向舵行程限制函数

态的 VFE、VMO/MMO(最大使用速度/最大使用马赫数)、VLE(最大起落架操纵速度)等。机动速度主要包括 O(绿点)速度、S(最小收缝翼)速度、F(最小收襟翼)速度。此外,FAC 还计算速度趋势。FAC 所计算的各种速度除根据需要显示在 PFD 上外,还送给 FMGC,用于各种引导方式的限制。

FAC 速度计算的基本原理是:首先 FAC 计算出飞机的全重;当飞机低于 14 500 ft 和 250 n mile/h,依飞机的当前的迎角、速度/马赫、高度、推力和重心来计算。若飞机超过上述数值,它依飞机的备忘全重计算,并依 FAC 中设置的燃油消耗模式更新。然后,FAC 依确定出的全重和飞机当前形态计算飞机的失速速度。最后,FAC 计算飞机各种最小/机动速度。各种最大、最小速度的精度随 FAC 计算飞机全重的精度而变化,全形态的 V_{LS} 正常精度大约为 ± 3 n mile/h。

②α 平台保护

当飞机迎角很大时,α 平台保护自动设置 TOGA 推力,此时 FAC 发出一个信号触发 α 平台方式,进而设置发动机为 TOGA 推力而不管油门杆在何位置。α 平台从飞机离地到进近到 100 ft 无线电高度均可使用。但在给定的失效组合时将失效。

(3) 低能警告功能

低能警告是每 5 s 重复一次的音响告警,用来提醒飞行员,飞机能量已低于临界值,应加大油门用俯仰控制恢复正的飞行航迹角。低能警告由 FAC 依下述输入信号计算:飞机形态;水平减速率和飞行航迹角。如果系统已选择了复飞或已处于 100 ft 无线电高度以下,或 2 000 ft 无线电高度之上,或 α 平台已工作,或电传系统处于备用或直接控制律工作时,或两个无线电高度表均失效时,不能进行低能告警。

(4) 风切变探测功能

FAC 一旦遇到风切变条件,FAC 就会发出红色警告信息(声响和显示)。在起飞时,从离地到上升到 1 300 ft 以前,着陆时,从 1 300 ft 到 50 ft 这种飞行条件下,风切变探测功能起作用。

风切变探测的原则是,只要飞机预测的能量下降到预定的最小安全能量临界值

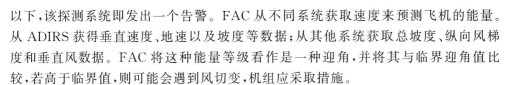

以下,该探测系统即发出一个告警。FAC 从不同系统获取速度来预测飞机的能量。从 ADIRS 获得垂直速度、地速以及坡度等数据;从其他系统获取总坡度、纵向风梯度和垂直风数据。FAC 将这种能量等级看作是一种迎角,并将其与临界迎角值比较,若高于临界值,则可能会遇到风切变,机组应采取措施。

在风切变情况下,要按照 FD 从 SRS(速度基准系统)接收的俯仰指令来操纵飞机。飞行员必须马上把推力加到复飞推力,然后按俯仰指令来执行最佳改出机动飞行。

8.2　波音 B777 飞行控制系统主要组成和工作方式简介

8.2.1　概　述

B777 飞机是美国波音飞机公司制造的一种中、远程宽体运输机。飞机全长超过 70 m,高 18.4 m,最大起飞重量可达 350 多吨,最大实用升限为 43 100 ft 气压高度,最大飞行速度可达 350 n mile/h(马赫数为 0.89)。目前主要在运行的 B777 机型包括:B777 - 200,最大航程约 8 000 km;B777 - 200ER,最大航程约 12 000 km;B777 - 300ER,最大航程约 14 000 km;B777LR,最大航程约 15 800 km;B777F,最大航程约 13 800 km。

飞机采用了传统外型布局,下单翼外挂两个发动机吊舱,水平安定面/升降舵以及垂直安定面/方向舵位于机尾。前三点式起落架。为了增加低速下升力以进行起飞和着陆,大翼上除了外侧副翼和襟副翼外,还安装了增升装置:每侧有外侧后缘襟翼、内侧后缘襟翼和克鲁格襟翼各 1 块以及 7 块前缘缝翼。每侧大翼上还有 7 块扰流板,以帮助空中操作和着陆减速。B777 飞机的飞行操纵面如图 8.15 所示。其中,2 个升降舵和 1 个活动的水平安定面实现俯仰控制;2 个襟副翼和 2 个副翼,14 块扰流板实现横滚控制,在正常方式时,襟副翼都是用来控制横滚的;偏航由唯一的一个方向舵控制,方向舵几乎与垂直尾翼一样高。方向舵的下段有铰接部分,该部分的转动角度是主舵面的 2 倍,从而提供了附加的偏航控制能力。

B777 的飞行控制系统主要由 3 大部分构成:电传操纵系统(主飞行操纵系统)、自动飞行控制系统和自动油门系统。

8.2.2　B777 飞机主飞行操纵系统

1. 系统组成

B777 飞机主飞行操纵系统是电传操纵系统。它的基本组成框图如图 8.16 所示。

B777 飞机的驾驶舱采用传统式布局,两名驾驶员并排坐于驾驶舱前部,每人有一套操纵装置:操纵盘/杆、脚蹬踏板、手轮(在地面用于控制前轮和主轮转弯,系机

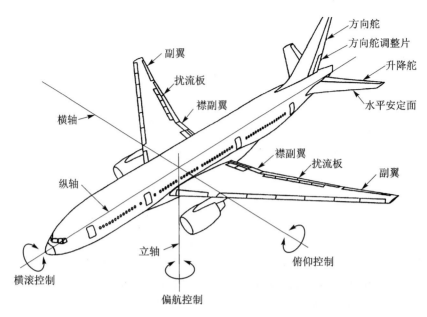

图 8.15　B777 飞机气动操纵面布局

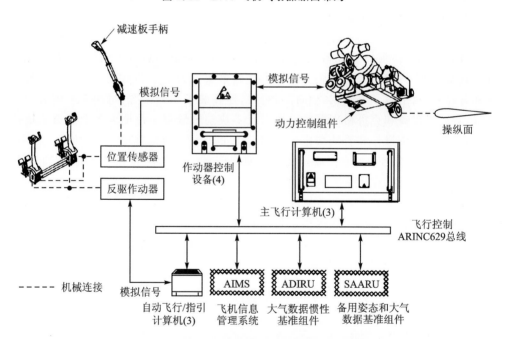

图 8.16　B777 飞机主飞行操纵系统组成框图

械连接)。中央操纵台机长一侧有减速板手柄。两套操纵装置机械连动,一名驾驶员可实时修正另一名驾驶员的动作。最重要的是,操纵装置与飞机飞行操纵面是通过电信号连接的,即主操纵系统是电传操纵系统。

电传操纵系统主要由以下部件组成：

- 主飞行计算机(Primary Flight Computer，PFC)；
- 作动器控制电子装置(Actuator Control Electronics，ACE)；
- 动力控制组件(Power Control Unit，PCU)；
- 杆位置传感器(Position Transducers)；
- 感觉系统(Feel Units)；
- 配平作动器(Trim Actuators)；
- 自动驾驶反驱动伺服器(A/P Backdrive)；
- 减速板作动器(Speed Brake Actuator)；
- 主飞行计算机断开电门(PFC Disconnect Switch)；
- 飞行控制 ARINC 629 总线。

在人工操纵时，由驾驶员控制的操纵盘、操纵脚蹬板以及减速手柄的移动，由多套相应的位置传感器所感应，并将其转变成模拟电子信号，这些信号被送到 4 套作动器控制电子装置，并被作动器控制电子装置转化为数字信号，通过 629 总线发送到主飞行计算机(PFC)。

主飞行计算机通过飞行控制总线与飞机系统交换数据，它接收大气数据惯性基准组件(ADIRU)、备用姿态和大气数据基准组件(SAARU)以及飞机信息管理系统(AIMS)的信号。根据设计好的控制法则以及飞行包线保护功能进行计算，产生相应的控制指令。计算所得数字指令信号从主飞行计算机通过总线再发送到作动器控制电子装置(ACE)。

作动器控制电子装置将这些指令信号转换为模拟信号，并将它们发送到动力控制组件(PCU)和安定面配平控制模块(STCM)。动力控制组件控制每一个飞行操纵面。每个扰流板由一个动力控制组件控制；每个副翼、襟副翼和升降舵由两个动力控制组件控制；方向舵由三个动力控制组件控制。每个动力控制组件包括一个液压作动器，一个电子液压伺服阀和位置反馈传感器。两套安定面配平控制模块控制着水平安定面驱动马达和制动装置的液压动力。

当自动驾驶仪工作时，主飞行计算机从所有 3 个自动飞行/指引计算机(AFDC)接收自动驾驶指令，并依控制法则产生相应的控制指令通过 ACE 及 PCU 控制相应舵面。与此同时，主飞行计算机还通过 AFDC 给反驱动作动器提供反驱动信号，反驱动作动器移动操纵盘、操纵杆、脚踏板同步于自动驾驶指令。这样，驾驶舱操纵装置的相应移动给机组人员提供一个能见的信号。

(1) 主飞行计算机

电传操纵系统有 3 个完全相同的、可互换的主飞行计算机(PFC)，每个主飞行计算机有 3 个独立的通道，每个通道的 CPU 制造商和批号都是不一样的，并且每个通道软件虽用同一语言编写，但用不同的编译器编译以提供软件的非相似性。所有通道都具有相同的软件和能力。每个通道包括 1 个输入信号监视器、1 套控制法则、

1 个交叉通道监视器、1 个主飞行计算机输出选择器。

　　每个 PFC 从所有的控制数据总线接收数据,但只向同侧的数据总线发送数据。每个 ACE 通过所有的飞行控制总线从所有 3 个 PFC 接收数据。每个 ACE 处理来自同侧 PFC 的控制数据。如果数据不可用,则这个 ACE 就处理来自备份 PFC 的控制数据。当数据不可用或进行数据表决时,ACE 会一直使用来自其他 PFC 的数据。ACE 只通过自己同侧的总线发送数据,如图 8.17 所示。

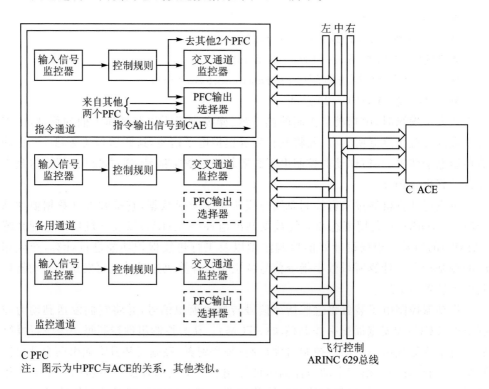

图 8.17　主飞行计算机通道结构及功能

　　每个 PFC 的 3 个通道可以成为指令通道、备用通道和监控通道中的任何一个。

　　指令通道把指令输出信号发送到飞行控制 ARINC 629 总线。指令通道同时还有通道的监控功能以便发现和隔离备用通道和监控通道的故障。备用通道只传送测试数据,一旦指令通道失效,其任务由备用通道取代;监视通道主要执行监控功能以及通道余度管理任务。余下的 2 个通道中任意一个再次发生故障都将导致该 PFC 输出断开。

　　在系统加电测试后,每部主飞行计算机即开始进行通道选择程序,程序将自动设置每部 PFC 中各通道的功能,每部 PFC 选择不一样的通道作为指令通道。在每次飞行结束重新加电时,每部 PFC 中各通道的功能将进行改变,以减少潜在的隐性故障出现的机率。

每个 PFC 从位于驾驶舱中机长和副驾驶的杆位移传感器获得输入信号。每边都有双重和三重的传感器提供输入信号。每个通道的输入信号监控器使用中位数表决和平均数来设置需要使用的输入信号。中位数表决法选取两侧的信号值作比较，选出中位值。输入信号监控器然后对来自机长侧和副驾驶侧的中位值进行平均。这种数据选取方法让相互独立的处理软件使用同样的输入信号，又能过滤掉超出范围的信号。

每个通道都有一套控制法则计算推荐的指令输出信号，指令通道将推荐指令发送给另外 2 个 PFC。

交叉通道监控器对 3 个 PFC 产生的推荐指令输出信号的有效性进行检查。如果一个交叉通道监视器发现了一个 PFC 通道故障，它将暂时中止该通道的数据在飞行操纵 ARINC 629 总线上传输，并在飞行中让该失效通道重新工作 4 次，如果此时该通道还是不能无故障地运行，监控器就锁定这个失效通道，使它不再工作。

如果指令通道失效，交叉通道监视器会将它切断，并令备用通道执行指令通道的功能。如果第 2 通道也有问题，则这台主飞行计算就将被关闭。

每个 PFC 都有一个主飞行计算机输出选择器来提供一组共同的主飞行计算机指令输出信号供作动器控制电子装置（ACE）使用。主飞行计算机输出选择器从所有 3 个主飞行计算机获得推荐的指令输出信号，然后通过中位值表决方法选择最后的输出信号，并将其传送到相应的 629 总线上供 ACE 使用。这种输出选择器确保每个 PFC 提供完全相同的输出。

3 套主飞行计算机提供了飞机上总共 9 个通道，当没有故障时，主飞行计算机的有效性表示为 3－3－3 的通道构型，当一部主飞行计算机有一个通道失效时，该机的有效性为 2，如果存在第 2 通道故障或全部 3 个通道都故障，则该主飞行计算机关闭，此时它的有效性为 1 或 0。

在每种主飞行计算机有效性构型的组合下，主飞行显示系统及操作方式都有相应的显示和变化。当仅有一个主飞行计算机通道失效，构型为 3－3－2 时，系统正常工作，也没有驾驶舱指示。

（2）作动器控制电子装置

作动器控制电子装置（ACE）是一个信号变换器并且实现电传操纵系统的直接操纵方式。主要的功能如下（见图 8.18）：

● 模拟/数字转换器；
● 数字/模拟转换器；
● 直接方式选择逻辑；
● 直接方式的指令计算；
● 动力控制组件（PCU）闭环控制；
● 激磁电源。

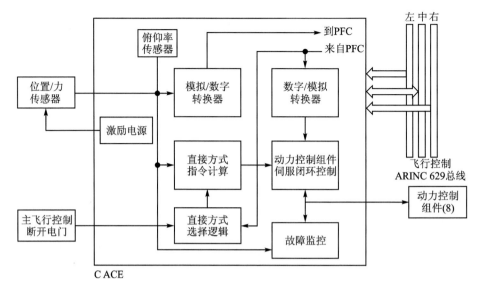

图 8.18　作动器控制装置

① 模拟/数字转换器

来自杆位移和杆力传感器的模拟信号输入到模拟/数字转换器,并将其转换为数字格式。发送模拟信号的传感器主要有操纵盘、操纵杆、方向舵脚踏、减速板手柄。此外,用于直接操纵方式控制法则计算的俯仰速率传感器所产生的模拟输出信号也送入模拟/数字转换器,转换为数字信号,并传送给主飞行计算机,为电传操纵系统次要工作模式提供信号。数字信号通过 629 总线发送给其他系统。

② 数字/模拟转换器

来自 629 总线的数字信号送到数字/模拟转换器,将其转换成模拟信号,并被发送到动力控制组件的伺服控制回路控制操纵面。

③ 直接操纵方式选择逻辑

直接操纵方式是驾驶员不通过主飞行计算机,直接通过 ACE 控制动力控制组件操纵气动舵面的一种操纵方式。

驾驶员可以人工地通过主飞行计算机断开电门将 ACE 转换到直接操纵方式。此外,当来自 3 个飞行控制总线上的数据不可用,或者当内部监控器发现故障时,主飞行计算机将自动把 ACE 转换为直接方式,ACE 内部的控制逻辑将执行指令。

④ 直接操纵方式的指令计算

在直接操纵方式时,为了使俯仰通道具有一定的操纵品质,利用俯仰速率传感器测量的飞机俯仰角速率作为反馈信号,构成控制增稳系统,依据驾驶盘和俯仰速率传感器的输入信号,按照 ACE 硬件内含的控制法则产生相应的指令信号直接控制动力控制组件实现对升降舵的操纵。

对航向和滚转,则依驾驶员的操纵信号,通过一定的处理,直接产生控制指令送往动力控制组件,实现对相应舵面的操纵。

⑤ 动力控制组件的伺服回路的闭环控制

ACE 接收动力控制组件的位置反馈信号,并与它本身所产生的指令信号综合处理后,产生对动力控制组件的控制指令。该伺服回路在电传操纵系统所有工作方式时均工作。

除以上功能外,ACE 还实现对动力控制组件的故障监控,并为驾驶舱中杆力传感器提供激磁电源。

(3) 动力控制组件

动力控制组件为操纵各种气动舵面提供动力。全机共有 29 个动力控制组件。如前所述,每一个动力控制组件包括一个作动器、一个电液伺服阀和位置反馈传感器,并与作动器控制电子装置一起形成闭环伺服回路。当位置反馈传感器信号等于指令位置时,作动器控制电子装置就终止对动力控制装置的控制指令,相应的气动舵面将停止在所指令的位置,如图 8.19 所示。

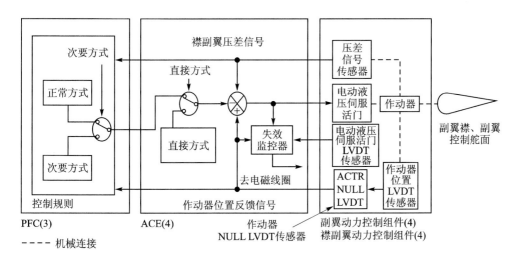

图 8.19　ACE 伺服环路功能简图

(4) 其他部件

电传操纵系统的主要信号源是大气数据和惯性基准组件(ADIRU)。它由多个大气数据模块、环形激光陀螺、加速计和处理器组成,具有容错能力。备用的姿态/大气数据基准组件(SAARU)为电传系统提供信息的备份。ADIRU 及 SAARU 通过629 总线与主飞行计算机交换信息。

飞机信息管理系统(AIMS)综合实现某些功能。对 PFC 来说,它提供了座舱显示的接口,同时也可以实现与没有接到飞行关键总线上的其他飞机系统交换信息。此外,它还包含有一个机载的维护系统以实现初始检测和显示维修信息。

2. 主要工作模式

电传操纵系统有 3 种操纵方式：正常方式、次要方式和直接方式。

(1) 正常工作方式

人工飞行时在正常方式下，4 套 ACE 接收飞行员操纵输入信号，并把这些信号发送给 3 台 PFC。PFC 核实这些信号并与来自其他飞机系统的信息一起计算出操纵面指令。这些指令又被发回到 ACE，4 套 ACE 把增强的信号传给飞行操纵面作动筒。

自动驾驶仪接通时，自动驾驶系统向 PFC 发送指令。PFC 产生操纵面指令，然后按前述同样方式将指令分发给 ACE，并送给 PCU 去操纵相应的操纵面。同时，自动驾驶指令还移动飞行员操纵杆来提供自动驾驶是如何飞行的指示。只有在正常方式时才能使用自动驾驶。

主飞行操纵系统在正常方式下工作时提供飞行包线保护。飞行包线保护系统通过触觉、听觉和视觉提示来提醒机组了解包线裕度，从而减少意外超出飞机飞行包线的可能性。包线保护功能并不降低飞行员操纵的权限。保护功能主要包括失速保护、超速保护、横滚坡度角保护。此外，在正常方式时，系统还具有推力不对称补偿、偏航阻尼、阵风抑制和自动减速板等功能。

① 正常俯仰控制

正常方式飞机的俯仰操纵特性与常规飞机类似，但飞行品质有所改进，与常规飞机不同的是，在空中驾驶杆不直接控制升降舵位置。驾驶杆指令 PFC 产生一个俯仰机动。PFC 自动控制升降舵和安定面位置以产生指令性的机动飞行。PFC 不断监控飞机对飞行员指令的反应，同时不断调整升降舵和安定面位置来执行这些指令。PFC 的操纵面指令自动使飞机的俯仰对推力改变、起落架形态改变和颠簸的反应尽量降到最小。

PFC 也对襟翼和减速板的形态改变以及 30°及以下坡度的转弯提供补偿。PFC 自动控制俯仰以保持一条相对稳定的飞行航径。这就消除了飞行员用驾驶杆来补偿这些因素的需求。要做 30°及以下坡度的转弯，飞行员就不必向后拉杆来保持高度，要做大于 30°坡度的转弯，飞行员就得向后拉杆。空速变化时，要求飞行员使用驾驶杆或改变配平来提供常规俯仰控制特性保持稳定的飞行航径。

② 主俯仰配平控制

主俯仰配平由每个驾驶盘上的两个俯仰配平电门控制。必须同时使用两个电门才能控制配平的改变。自动驾驶接通时主俯仰配平电门受到抑制。俯仰配平不会移动驾驶杆。

在正常方式下，主俯仰配平在地面的操作与空中不同。在地面，飞行员使用俯仰配平电门直接改变安定面位置。在空中，俯仰配平电门不直接改变安定面位置，而是向 PFC 输入信号以改变配平基准速度。配平基准速度指不动驾驶杆时飞机最后稳定的速度。驾驶杆上的力配平为零时，飞机在不动驾驶杆的情况下保持恒定速度。

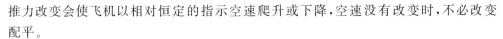

推力改变会使飞机以相对恒定的指示空速爬升或下降,空速没有改变时,不必改变配平。

飞行员输入配平信号时,PFC自动移动升降舵以改变配平,然后移动安定面使之与升降舵形成流线。当推力和形态改变时,安定面可能也会自动移动使安定面与升降舵保持流线。

除了正常俯仰配平外,还有一套备用俯仰配平。备用俯仰配平由操纵台上的两个备用俯仰配平手柄控制,必须同时移动两个手柄才能改变配平。手柄改变配平基准空速(正常方式),同时也直接移动安定面(所有方式)。备用俯仰配平手柄通过操纵钢索与安定面配平控制组件(STCM)相连,然后与安定面机械连接。在所有飞行操纵方式下,备用俯仰配平指令都优先于驾驶盘俯仰配平指令。

自动驾驶接通时,移动备用俯仰配平手柄不会脱开自动驾驶,但会移动安定面。在失速、超速保护期间移动备用配平手柄会移动安定面,但不会改变驾驶杆上的力。

③ 俯仰包线保护

(a) 失速保护

失速保护可以提供机组对接近失速或失速姿态的认识,从而减少意外超出失速仰角的可能性。

失速保护把速度限制在飞机可配平的速度内。当飞机的速度降低到仅有有限的机动裕度时,会抑制抬头方向的配平,从而限制配平基准速度。该配平抑制速度在低高度时约为最小机动速度,在高高度时可比最小机动速度低10~20节。飞行员必须以大于平常的力量连续向后带杆,才能保持空速低于配平抑制速度。

(b) 超速保护

超速保护把速度限制在飞机可配平的速度内。在VMO/MMO,超速保护限制配平基准速度,因此机头下俯方向的配平被抑制,飞行员必须连续向前推杆才能保持空速高于VMO/MMO。使用备用俯仰配平手柄不会减小驾驶杆上的力量。

④ 正常方式横滚控制

横滚操纵与常规的飞机相似。副翼和襟副翼操纵面的位移与驾驶盘的移动量成比例。驾驶盘转动数度后扰流板开始放出以增强横滚操纵。驾驶盘上的力量随着操纵位移的增加而增加,驾驶盘上的力量并不随空速的变化而变化。副翼在大速度时锁定。

⑤ 副翼配平

两个副翼配平电门位于操纵台上,同时按压两个电门即可改变配平。使用副翼配平时会转动驾驶盘。

⑥ 坡度角保护

坡度角保护减少由于外部干扰、系统失效或飞行员动作不正确而超出坡度包线的可能性。当飞机坡度超出包线,驾驶盘上的力量就将飞机的坡度控制在30°之内。驾驶盘最大移动量总是控制操纵面最大偏转。

⑦ 正常方式偏航控制

偏航控制与常规飞机类似。方向舵舵面的位移与方向舵脚踏板的移动成比例。脚蹬移动量增加,脚踏力也增大。空速改变并不改变脚踏力。随着空速的增大,方向舵调节器自动减少方向舵偏移度(对一定量的脚踏输入),以防止高速时方向舵舵面偏移度过大而使垂尾承受力过大。

⑧ 推力不对称补偿系统

推力不对称补偿系统(TAC)能明显地减少由于一发失效而引起的非指令性飞行航径改变。TAC不间断地监控发动机数据以确定每台发动机的推力水平。若两发的推力水平相差10%或以上,TAC就自动增加舵量,使偏航降到最小。

离地前,TAC不会完全补偿失效一侧的发动机,飞行员仍可通过飞机横滚/偏航的变化感觉到一台发动机失效。这些横滚/偏航的变化与没有TAC的飞机相比要小得多。离地后,TAC尝试完全补偿失效的发动机。

用舵量与发动机推力差成比例。方向舵的移动通过方向舵踏板来反驱并显示在方向舵配平指示器上。发动机失效后,飞行员可使用额外的方向舵配平、驾驶盘输入、副翼配平或接通自动驾驶仪来配平飞机。

⑨ 偏航阻尼

在正常方式时,偏航阻尼提供转弯协调和航向的飘摆阻尼,同时阵风抑制功能可减少水平阵风的影响和改进水平活动能力。此操作并不影响方向舵脚蹬或驾驶盘的活动。

⑩ 方向舵配平

在所有的飞行操纵方式下,都采用人工方向舵配平。有两种方向舵配平速度:一种是慢速方向舵配平;另一种是快速配平,人工配平取消电门可使人工设置的方向舵配平回零。

正常工作方式时,信息关系如图8.20所示。

(2)次要工作方式

当PFC由于内部故障或缺少飞机其他系统所需的信息而不能支持正常工作方式时,PFC将自动转到次要方式。此时,ACE继续接收飞行员操纵输入信号,并将其送给3台PFC。但PFC使用简化的控制法则来产生飞行操纵面指令。这些指令也同样送给ACE,并以正常方式同样的方法送给操纵面作动器。次要方式中使用的简化的PFC操纵法则会影响飞机的操纵品质。所有飞行操纵面都工作。在某些空速时升降舵和方向舵的灵敏度更高。

在次要方式时,自动驾驶、推力自动补偿、自动减速板、包线保护和阵风抑制功能不能工作,偏航阻尼不工作或降级。

次要工作方式时信息关系如图8.21所示。

(3)直接工作方式

当ACE探测到3台PFC均失效或者ACE与PFC失去联系时,ACE自动转到

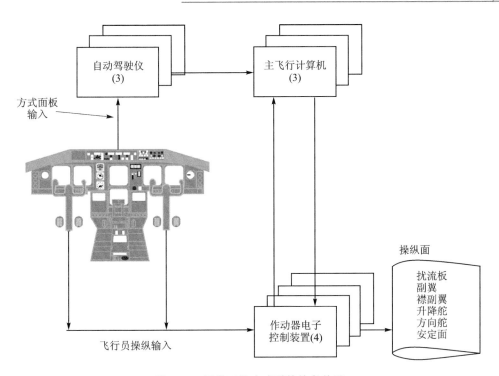

图 8.20　正常工作方式时的信息关系

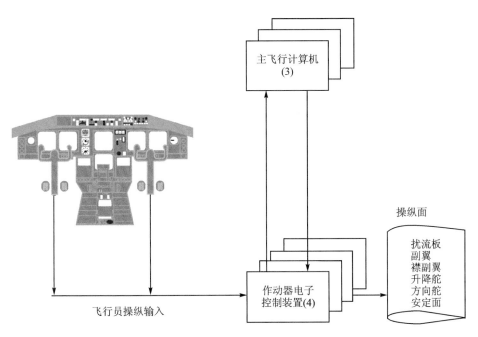

图 8.21　次要工作方式时的信息关系

直接方式。直接方式也可以人工选择,即把主飞行计算机脱开电门放到断开位。在直接方式时,PFC 不再产生操纵面指令。ACE 接收到的飞行员输入信号直接发送给操纵面作动筒。直接方式提供飞机继续安全飞行和着陆的所有操纵。飞机的操纵品质与次要方式时大致相同。在俯仰回路中,由于在 ACE 中含有俯仰速率陀螺,因此仍然可以形成俯仰闭环增稳回路。与次要方式类似,上述的附加功能此时均不能工作。

直接工作方式时信息关系如图 8.22 所示。

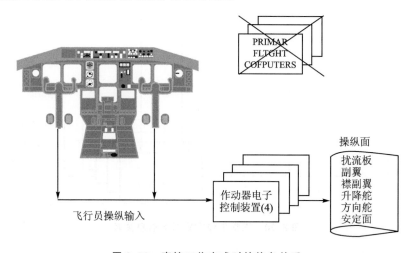

图 8.22 直接工作方式时的信息关系

(4) 备用机械操纵

万一电气系统完全切断,从驾驶舱到安定面及所用扰流板的机械操纵仍可使飞行员直飞到电气系统重新起动。

8.2.3 B777 飞行自动驾驶仪/飞行指引仪工作方式

自动飞行控制系统包括自动驾驶/飞行指引仪系统(AFDS)和自动油门系统。方式控制面板(MCP)和飞行管理计算机(FMC)控制 AFDS 和自动油门系统来执行爬升、巡航、下降和进近。

自动驾驶/飞行指引仪系统包括有 3 套自动驾驶飞行指引仪计算机(AFDC)和一块方式控制板(MCP)。系统信息关系如图 8.23 所示。

MCP 提供对自动驾驶、飞行指引仪、高度警戒和自动油门等系统的操纵,MCP用来选择和启动 AFDS 方式并建立高度、速度、爬升/下降剖面图。AFDS 并不直接控制飞行操纵面,自动驾驶通过电传飞行操纵系统控制升降舵、副翼、襟副翼和扰流板。只有在自动驾驶进近和着陆时才增加自动驾驶的方向舵指令,自动着陆后滑跑阶段是由自动驾驶来控制前轮转弯的。

飞行员通过 MCP 上选择电门来选择所需的工作方式,方式接通由 PFD 相应的

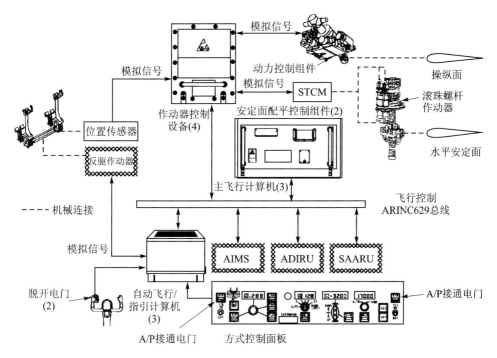

图 8.23　AFDS 与其他系统信息关系

方式显示来反映。

　　大多数方式都可按一次就接通。仅少数方式（水平导航、垂直导航、航道、进近）需要预位。除了 APP 方式外，其他方式都可以通过选择另一种方式脱开。所需的空速、马赫数、航向、航迹、垂直速度、飞行航径角和高度可以在 MCP 上选择。除了垂直速度和飞行航经角外，其他参数都可在自动驾驶和/或飞行指引仪接通前预先调好。

1. 横滚方式

有下述几种横滚方式：

（1）LMAV（水平导航）

● LNAV（预位）：参数达到要求时，LNAN 预位接通。

● LNAV（接通）：高度高于 50 ft，并且在现用航段约 2.5 n mile 范围内接通。

（2）HGD（航向）

● HDG SEL（航向选择）：飞机转向或保持 MCP 航向/航迹窗调置的航向。

● HDG HOLD（航向保持）：AFDS 保持当前航向。转弯时，AFDS 保持横滚机翼水平后的航向。

（3）TRK（航迹）

● TRK SEL（航迹选择）：飞机转向或保持 MCP 航向/航迹窗调置的航迹。

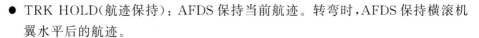

- TRK HOLD(航迹保持)：AFDS 保持当前航迹。转弯时，AFDS 保持横滚机翼水平后的航迹。

(4) LOC(航道)

- LOC(预位)：在一定范围内和与航道夹角 120°内 AFDS 捕获航道。
- LOC(接通)：AFDS 跟随所选的航道飞行。

(5) TO/GA(起飞/复飞)

- 在地面，2 部飞行指引仪都关闭时，把任一飞行指引仪电门放到 ON 位时显示 TO/GA 方式；或空速大于 80 节时，按压任一 TO/GA 电门就显示 TO/GA 方式。离地时 TO/GA 横滚引导就变为现用。
- 在空中，襟翼不在收上位或捕获了下滑道时，TO/GA 预位。TO/GA 预位无飞行方式信号牌。空中按压 TO/GA 电门就接通 TO/GA 方式。横滚操纵指示提供保持接通方式时的地面航迹的指引。

(6) ROLLOUT(滑跑)

- ROLLOUT(预位)无线电高度低于 1 500 ft 时出现该方式显示，低于 2 ft 时接通。
- ROLLOUT(接通)：接地后，AFDS 使用方向舵和前轮转向来保持飞机在航道中心线上。

2. 俯仰方式

有以下几种工作方式：

(1) TO/GA(起飞/复飞)

- 在地面，2 部飞行指引仪都关闭时，把任一飞行指引仪电门放到 ON 位时显示 TO/GA 方式；或空速大于 80 节时，按压任一 TO/GA 电门就显示 TO/GA 方式。指引仪的 PFD 俯仰杆指示起始仰角为 8°。离地时 TO/GA 俯仰引导变为现用。
- 离地后 AFDS 控制俯仰姿态以保持下列速度：
  - V_2+15 节或抬头(俯仰姿态大于 2°)时的空速+15 节的目标速度，以较高者为准；
  - 如果当时的空速超出目标速度 5 s，目标速度就重调到当时空速或 V_2+25 节，以较低者为准；
  - IAS/MACH 速度窗的速度大于目标速度时，则保持 IAS/MACH 窗的速度。
- 在空中，当襟翼没收上或捕获了下滑道时 TO/GA 预位。

如果开始复飞，指令空速为 MCP 上的 IAS/MACH 速度窗的速度或当时空速，以二者中较大的一个为准，但最大速度不超过 IAS/MACH 速度窗的速度加 25 节。主 EICAS 发动机显示器上出现 GA 作为推力限制。

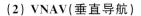

(2) VNAV(垂直导航)

按压 VNAV 电门可预位垂直导航方式。VNAV 在 400 ft 启动并提供俯仰指令来保持 FMC 计算的空速/航径:

- VNAV SPD 垂直导航速度(接通):AFDS 保持 FMC 速度,该速度显示在 PFD 上和/或 CDU 的 CLIMB 或 DESCENT 页面上。如果选择了速度干预,用 MCP 上的 IAS/MACH 选择器来人工调速。
- VNAV PTH 垂直导航航径(接通):AFDS 用俯仰指令来保持 FMC 高度或下降航径。如果 MCP 高度窗保持调置为当时的巡航高度且飞机离下降顶点 2 min 内,则 CDU 草稿行上显示 RESET MCP ALT(重调 MCP 高度)信息。
- VNAV ALT 垂直导航高度保持(接通):当 VNAV 剖面和 MCP 上的高度有冲突时,飞机改平,俯仰方式信号牌变为 VNAV ALT(垂直导航高度)。飞机保持高度。要继续爬升或下降,改变 MCP 上的高度并按压高度选择器或改变俯仰方式。
- 如果需要提前下降,则可选择 FLCH、V/S 或 FPA 下降到低于 VNAV 下降航径。在下降期间,如果 VNAV 已预位并且随后飞机下降航径切入到 VNAV 下降航径上,VNAV 启动 VNAV PTH 方式。

(3) V/S 垂直速度(接通)

按压 MCP 上的 VS/FPA 电门,打开垂直速度窗以显当时的垂直速度。俯仰指令保持 VS/FPA 窗所选的爬升率或下降率。

(4) FPA(飞行航径)

接通时俯仰指令保持 VS/FPA 窗所选的飞行航径角。

(5) FLCH SPD(高度层改变速度)

按压 MCP 的 FLCH 电门打开 IAS/MACH 显示窗(若空白)。俯仰指令保持 IAS/MACH 显示窗的速度或马赫数。

(6) ALT(高度保持)

可以采用两种方法接通:按压 MCP 上的高度保持电门;或从 V/S,FPA,FLCH 爬升或下降中捕获选择的高度。

(7) G/S(下滑)

接通时 AFDS 跟踪 ILS 系统下滑线。

(8) FALRE(拉平)

做自动着陆时,无线电高度 1 500 ft 以下 FLARE 显示。做自动着陆时,拉平在无线电高度 60~40 ft 之间启动。FLARE 在接地时停用并平滑地把前轮放下到跑道上。

8.2.4　B777 飞机自动油门系统

自动油门系统提供从起飞到着陆整个飞行过程的推力控制。通过 MCP 和 CDU

来控制自动油门的操作。MCP 提供方式和速度选择,CDU 允许飞行员进行 FMC 基准推力限制选择。当 VNAV 方式为现用时,FMC 选择自动油门方式和目标推力值。

自动油门有三种状态: OFF、ARMED(预位)或现用。当 A/T 预位电门在 OFF 位时,自动油门关。当 A/T 电门在 ON 位且自动油门方式不显示时,自动油门预位。当 A/T 预位电门在 ON 位且有自动油门方式显示时,自动油门为现用。现用的自动油门方式有以下几种:

- IDLE——自动油门把推力杆调到慢车位;
- HOLD——推力杆自动油门伺服机构调到慢车位;
- THR——自动油门提供以保持俯仰方式所需的垂直速度;
- THR REF——推力调到 EICAS 上显示的选择的推力限制;
- SPD——自动油力保持 PFD 显示的选择速度;该油速可由 MCP 上的 IAS/MACH 选钮设置或由 FMC 设置。

自动油门可在飞行指引仪关且自动驾驶不接通的情况下进行操作。自动驾驶不接通但一部或两部飞行指引仪在 ON 位并且自动油门为现用时,关断两部飞行指引仪会使自动油门转为 SPD 方式。自动油门保持 IAS/MACH 窗的速度。

人工着陆期间,若现用的自动油门方式为 SPD,或自动油门现用时俯仰方式为 VNAV,则在 25 ft 无线电高度推力减到慢车,且自动油门方式转为 IDLE。如果在 A/P 接通时,在 TO/GA、FLCH 方式,自动油门不会自动收回。

自动油门预位后未接通(A/T 方式不显示)时,可以自动启动来提供失速保护。

自动油门预位后未接通时,若俯仰方式为 ALT、V/S、FPA、VNAV ALT、VNAV PTH 或 G/S,或者无现用的俯仰方式,并满足一定条件时,自动油门自动启动。若速度减小到接近失速,自动油门自动启动在 SPD 方式,并前推油门来保持最小机动速度或 IAS/MACH 窗上调置的速度,以较大者为准。A/T 方式为 HOLD 时,自动油门将不支持失速保护。

人工操纵油门杆不会使自动油门脱开。人工调置油门杆后,自动油门系统重调油门杆位置以符合接通的方式。在 HOLD(保持)方式时自动油门不再重调油门杆。

除了在会导致自动油门自动接通的情况下,按压任一自动油门断开电门可人工断开自动油门系统。要使自动油门断开,可由人工将两个 A/T ARM(自动油门预位)电门放到 OFF 位,或单独将左边或右边的 A/T ARM 电门放到 OFF 位,也可人工断开自动油门。将一个或两个 A/T ARM 电门放到 OFF 位可防止受影响的自动油门启动任何方式。

8.2.5 B777 飞机飞行管理功能概述

1. 飞行管理系统说明

飞行管理系统(FMC)在管理导航、飞行中性能优化、自动燃油监控和驾驶舱显示方面给予飞行机组帮助。自动飞行功能管理飞机水平飞行航径(LNAV)和垂直

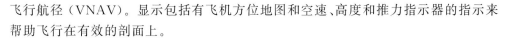

飞行航径（VNAV）。显示包括有飞机方位地图和空速、高度和推力指示器的指示来帮助飞行在有效的剖面上。

飞行机组向 CDU 输入所需的航路和飞行数据。然后 FMS 使用导航数据库、飞机位置和支持系统的数据为人工和自动飞行航径控制计算指令。

FMS 自动调谐导航无线电和调置航道。FMS 导航数据库为飞行航路、SID、STAR 等待航线和程序转弯的自动飞行提供必要的数据。巡航高度和穿越高度限制用来计算 VNAV 的指令。系统能计算和指令横向偏置计划航路。

FMC 使用飞行机组输入的飞行计划数据、飞机系统的数据和 FMC 导航数据库里的数据来计算飞机的当前位置和飞机最佳飞行剖面所需要的俯仰、横滚和推力指令。FMC 传送这些指令至自动油门、自动驾驶和飞行指引仪。地图和航路数据送到导航显示（ND），EFIS 控制面板用来为 ND 的显示选择需要数据。方式控制面板用来选择自动油门、自动驾驶和飞行指引仪的工作方式。

有 3 部 CDU 供飞行机组控制 FMC。如果 2 部 FMC 失效，CDU 也有能力提供备用显示、通信及导航。中央 CDU 是左和右 CDU 的备份，一旦左或右 CDU 失效，中央 CDU 自动接替失效 CDU 的工作。使用备用导航时，仅左和右 CDU 调谐导航无线电。

2. 飞行管理计算机

在正常情况下，一部 FMC 完成飞行管理计算任务而另一部 FMC 进行监控，如果发生故障，则第二部 FMC 会代替第一部 FMC。

（1）FMC 数据库

FMC 包括 3 个数据库：性能数据库、导航数据库和航空公司可修改的资料（AMI）。

性能数据库向机组提供性能数据，并向 FMC 提供计算俯仰和推力指令所需要的数据。全部所需的资料都能在 CDU 上显示。数据库包括飞机阻力和发动机特性、最大和最佳高度、最大和最小速度。

导航数据库包括航图上可找到的绝大部分数据。这些数据可以显示在 CDU 或 ND 上，数据库包括 VHF 导航设备位置、机场、跑道、其他航空公司选择的数据，如 SID、STAR、进近和公司航路、过渡高度。

FMC 有 2 组导航数据，每组有效期为 28 天。每组都与航图的修改周期相同。FMC 使用现用组的数据进行导航计算。导航数据库的内容定期更新并在当前数据过期之前传输到 FMC。

航空公司可修改的资料内容包括航空公司规定的数据。如果 FMC 探测到新的 AMI 数据载入后 AMI 值有冲突，就显示草稿行信息 CHECK AIRLINE POLICY（检查公司政策）。

（2）推力管理

推力管理功能根据飞行机组方式控制面板上的输入或 FMC 指令作出的反应对

自动油门进行操纵。在 THRUST LIM(推力限制)页面上可以选择基准推力限制。VNAV 接通时,FMC 可以给出自动油门指令。推力管理主要实现:

- 计算基准推力限制和推力调置,或遵循 FMC 推力调置;
- 指令油门杆;
- 探测和传感自动油门失效;
- 通过发动机电子控制指令推力平衡。

推力限制即为 N1 限制。推力均以 N1 为基准。

VNAV 现用时,基准推力限制自动地转到相应的飞行阶段。推力调置可以在 THRUST LIM(推力限制)页面选择。基准推力限制显示于 EICAS 上的 N1 指示上方。

① 减推力起飞

减推力起飞降低 EGT 并延长发动机的寿命。

减推力起飞分为减功率起飞、假设温度减推力起飞两种方式。

减功率起飞使用两个预设的功率,减功率的百分比可以从最大起飞推力到最大批准的减功率之间以 1% 为增量确定。减功率的性能数据由飞机飞行手册(AFM)提供。推力调置参数被认为是起飞限制。因此,除非在紧急情况下,不应更进一步前推油门杆,一发失效后进一步增加推力可能会导致方向失控。使用 FMC 根据选择的减功率或可变起飞功率状况计算的起飞速度。

输入比实际温度更高的假设温度可以减小起飞推力。允许的最大推力减量为批准的额定推力的 25%。如果存在影响刹车的情况,如跑道有雪水、雪或冰,或有潜在的风切变,则不要使用假设温度减推力。假设温度的减推力调定值不是限制值,假设温度减推力可以消除。如果出现了需要额外增加推力的情况,则机组可以人工使用全推力。

② 减功率爬升

使用假设温度减推力起飞或用减功率起飞会影响减功率爬升的自动选择。若推力减量在 10% 之内,FMC 会自动选择最大爬升推力。若起飞推力减量或功率减量在 10%~20% 之间,则会选择 CLB1。若起飞推力减量或功率减量为 20% 或以上,则选择 CLB2。在地面,当起飞选择完成之后,飞行员可以操控自动减功率爬升的选择。

使用减功率爬升推力可降低发动机的维护成本,但会增加整个航程的燃油消耗。在爬升进程中达到一定高度后,减功率爬升逐渐消失变为全功率爬升。

③ 燃油监控

FMC 从油量系统或人工输入中接收油量数据。油量值作为计算的、人工或传感的油量显示在 CDU 的性能起始页面上,作为总加和计算的油量显示在 CDU 进程页面第 2 页上。总加的值和传感的值数据相同,名称不同。

对于性能计算,FMC 通常使用计算的值。在发动机起动前,计算的值自动调置到与油量指示系统的值一致。发动机起动后 FMC 收到正向燃油流量信号时,计算的值就与油量系统无关了,并且按油量输出率减少。

在空中放油时,计算的值调置到与油量系统值相等。当完成空中放油后,计算的值与油量指示系统脱开并且按油量输出率减少。该油量值作为计算值显示在性能起始页面,作为计算值显示在 CDU 进程页面第 2 页上。

若飞行机组输入油量值,则行标题变为人工,且人工输入值代替计算的值。跟计算的值一样,人工输入的燃油流量按油量输出率来更新。

如果燃油流量数据无效,计算的值也无效。FMC 使用油量指示系统油量来做性能计算。在这种情况下,在 CDU 性能页面上行标题变为传感,而在进程页面第 2 页上显示总加值。

(3) 失去 FMC 电源

FMC 工作需要连续电源。电源中断后重新接通时,FMC 自动重新启动。

重新启动后,显示在 CDU 的 PERF INIT 页面上的性能数据必须重新输入,先前使用的航路仍然保留,但必须重新启动。

机组必须修改现用航路点以启动 LNAV。选择所需的现用航路点并且直飞或切入到该航路点的航道可启动 LNAV。

(4) FMC 失效

① 一部 FMC 失效

失去一部 FMC 后草稿行显示信息 SINGLE FMC L(一部 FMC 左)或 SINGLE FMC R(一部 FMC 右),并有 EICAS 咨询信息 FMC MESSAGE(FMC 信息)显示。转换到 FMC 单通道工作不需机组采取动作。如果 LNAV 和 VNAV 先前为接通状态,则仍保持接通并且保留所有飞行计划和性能数据。

② 两部 FMC 失效

如果两部 FMC 失效,则 LNAV 和 VNAV 方式失效。显示 EICAS 咨询信息 FMC。CDU 向 ND 提供航路数据,并且其中一部 CDU 向自动驾驶提供 LNAV 引导。在方式控制面板上可以重新选择 LNAV。

两部 FMC 失效可能会抑制自动油门系统,如果自动油门可以使用,则它可以与任何有效的自动驾驶横滚和/或俯仰方式一起使用。

3. 飞行管理系统的使用

首次接通电源时,FMS 处于飞行前阶段。当完成了一个阶段后,FMS 自动按下列顺序转到下一阶段:飞行前、起飞、爬升、巡航、下降、进近和飞行完毕。

(1) 飞行前

飞行前,机组把飞行计划和舱单数据输入 CDU。一些数据可由数据链输入。飞行计划定义从始发站到目的地的飞行航路并初始化 LNAV。飞行计划和舱单提供初始化 VNAV 的性能数据。

要求的飞行前数据包括起始位置、性能数据、飞行航路和起飞数据。

　　选择性的飞行前数据包括导航数据库选择、STAR、航路 2、备降机场、SID、推力限制和风。

　　飞行前从 IDENT 页面开始。如果未显示 IDENT 页面,则可从 INIT/REF IN-DEX 页面上的 IDENT 提示选择。目视提示帮助飞行机组选择合适的 CDU 飞行前页面。飞行前页面可按任何顺序人工选择。

　　在每一个飞行前页面上输入和检查必要的数据后,按压右下行选键选择下一页。当选择 ROUTE 页面的 ACTIVATE 后,执行(EXEC)灯亮。然后按压 EXEC 键即激活航路。

　　可用离场/进场(DEP/ARR)页面来选择 SID。选择所需的 SID 之后,可能会出现航路不连续。根据情况决定是否连接航路并执行修改,这一步应在 LEGS 页面上完成。

　　完成所有要求的飞行前输入后,TAKEOFF REF 页面上的 PRE - FLT 行标题被虚线代替,THRUST LIM 提示在下一页行选键位置显示。

　　(2) 起　飞

　　起飞阶段从选择 TO/GA 开始直到正常选择爬升推力时的减推力高度。在起飞前可以预位 LNAV 和 VNAV,以便在适当的高度接通。

　　(3) 爬　升

　　爬升阶段从减推力准备爬升的高度开始直到爬升顶点(T/C)。爬升顶点(T/C)是指飞机到达 PERF INIT 页面上输入的巡航高度的位置。

　　(4) 巡　航

　　巡航阶段从 T/C(爬升顶点)开始,直到下降顶点(T/D)。巡航可包括分段爬升和航路下降。

　　(5) 下　降

　　下降阶段从 T/D(下降顶点)或 VNAV 下降页面变为现用时开始直到进近阶段开始。

　　(6) 进　近

　　当飞过进近程序中的第一个航路点或当目的地机场跑道变为现用航路点且待飞距离少于 25 n mile 时,进近阶段开始。

　　(7) 飞行完毕

　　发动机关车后 30 s,飞行完毕阶段清除现用的飞行计划和载荷数据。某些飞行前数据字段初始化为默认值,为下一次飞行做准备。

第 **9** 章

民用飞机飞行控制发展展望

9.1 引 言

20 世纪初叶,莱特兄弟实现了动力飞机的首次飞行,又于 1912 年,由美国的爱莫尔·斯派雷(Eimer Sperry)研制成功了第一台可以保持飞机稳定平飞的电动陀螺稳定装置——自动驾驶仪以来,到 20 世纪末,飞机的飞行控制系统分别经历了电气式、液压式以及模拟电子式、数字电子式硬件实现历程,功能上从实现三轴稳定到航迹控制,以及进一步随着飞行器设计技术发展,又利用飞行控制系统实现了对飞机性能的改善,采用了阻尼器、增稳和控制增稳系统。对大型民用飞机来说,飞机的飞行控制系统又逐步发展为集飞行导引控制、自动推力、自动着陆、告警通告等为一体的复杂系统,并且以提高乘坐舒适性、减轻飞行员工作负担,提高飞行任务适应能力和效率为设计目标,实现可以接收飞行员手动设置、飞行管理系统发送指令和相关传感器输入信号等,自动控制飞机按设定的姿态、飞行路径和空速飞行的能力。

从 20 世纪 70 年代开始,在微电子技术发展的基础上,以及从飞机设计的中性稳定或静不稳定构型和新的主动控制飞机结构模态概念的出现中,产生了两个具有划时代意义的飞行控制的新概念,即电传飞行控制系统及主动控制技术(Active Control Technique,ACT)。这两项新技术的出现,对飞机及飞行控制系统的发展产生的影响一直延续至今。数字电传及主动控制技术,首先在军用飞机得到了广泛应用,但从 20 世纪 80 年代后期,开始在空客 A320 上得到应用,之后在 20 世纪 90 年代在波音 B777 飞机上也得到应用。本世纪初投入运行的空客 A380 以及波音 B787 为代表的大型民用客机的飞行控制系统又展现了许多新的特点和某些新的发展前景。

本章在简短介绍空客 A380 以及波音 B787 飞行控制系统的一些特点的基础上,将根据所见到的一些资料,分析和介绍未来大型民用飞机飞行控制的发展某些趋势。本章内容对了解大型民用飞机飞行控制的发展是有益的,但已超出教学大纲要求,故仅供学习参考。

9.2 空客 A380 及波音 B787 自动飞行控制系统简介

9.2.1 A380 自动飞行控制系统简介

空客 A380 是欧洲空客工业公司研发生产的四发 550 座级的超大型远程宽体客机。该机翼展 79.8 m,机身长 72.75 m,机高 24.08 m,最大起飞重量 560 000 kg,最大使用马赫数 0.89,最大航程 14 816 km,实用升限 13 100 m。A380 采用了更多先进的新型金属和复合材料,改进了气动布局,使用了新一代发动机、机翼,减轻了飞机重量,减少了油耗,降低了运营成本。

(本节所述内容主要摘自参考文献[14])

1. 空客 A380 的电传飞行控制系统

空客 A380 是通过电传操纵飞行的,电传飞行控制可分成两类:一类为主飞行控制系统,主要控制滚转、俯仰和航向三轴运动以及全部辅助功能;一类为通过控制后缘襟翼及前缘缝翼的高升力控制系统(略)。

(1) 主飞行控制系统的组成

主飞行控制系统主要由下述各部件组成:

① 3 台主计算机系统(Primary computers,PRIMs):每个 PRIM 完成 3 种工作方式下控制律的计算,该计算机完成飞行控制、飞行导引和飞行包线功能,3 台主飞行控制和导引计算机实现主—从—从工作方式。

② 3 台辅助计算机(Secondary computers,SECs):SEC 只能在直接工作方式下提供对飞机的全面控制。

PRIM 和 SEC 飞控计算机采用了非相似的硬件和软件,使得系统容错能力更强。

③ 2 台飞行控制数据集中器(Flight Control Data Concentrators,FCDCs):收集数据并发送到控制与显示系统(Control and Display System,CDS)以便在 PFD,E/WD(Engine/Warning Display)和 SD(System Display)上进行显示;同时发送数据到飞行警告系统(Flight Warning System,FWS)以及中央维修系统(Central Maintenance System,CMS)。

④ 一套电子备份控制模块(Backup Control Module,BCM):在 PRIM 及 SEC 完全失效时对飞机进行控制,从而避免了飞机进入机械备份。

⑤ 飞机驾驶舱操纵杆系。

整个系统的结构如图 9.1 所示。

⑥ 飞行操纵面伺服系统。

A380 有三种类型伺服控制器。

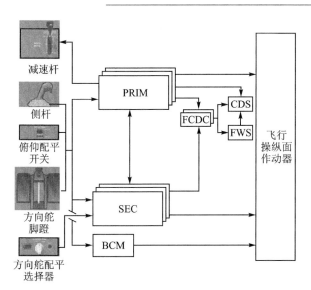

图 9.1　A380 飞机主飞行系统架构

① 常规传统伺服控制器：包括一个作动筒、一个液压部件和一个伺服阀，仅在有液压源供应时方可工作。

② 电动静液作动器（Electro - Hydrostatic Actuators，EHA）（见图 9.2）：包括一个作动筒、一个液压部件和一个电液发生器，电液发生器接收计算机的控制指令，控制作动筒活塞杆的移动方向和速度，EHA 工作完全与飞机液压源供应无关，无需液压油供应，只要有电源供应就可以工作。

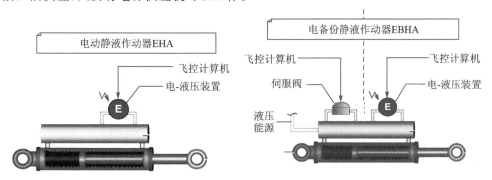

图 9.2　A380 飞机主飞行系统的新型伺服作动器

采用 EHA 取代传统作动器成为新型舵面效应机构。这是通过电导线以电信号传输的方式完成的，而现行机载液压作动系统则通过遍布机身的液压管路里的油液来传递效应。研究表明，飞行控制舵面采用一体化电动作动器后，由于没有了遍布机身的液压管路，加上一体化作动器易形成容错能力，使飞机具有一系列优点：可靠性更高，维修性更好，效率更高，飞机性能提高，同时由于燃油减少且飞机出勤率大为提高，可大量节省费用。

③ 电备份静液作动器（Electrical Backup Hydraulic Actuators，EBHAs）（见图 9.2）：这是传统伺服控制器与 EHA 的组合，在正常状态下，它作为传统伺服作动器工作，当出现液压源故障时，EHA 开始工作。

EBHA 作为液压系统的备份，简化液压能源系统，同时增加液压系统的工作可靠性。EBHA 与 EHA 相比，其结构相当，保持了原 EHA 系统的简洁结构，具有易于实现优化控制、维修方便等优点。同时，在 EHA 结构基础上增加的常规液压系统接口，使得 EBHA 能接受来自常规液压系统的驱动。这样，在常规液压系统正常工作时，EBHA 本地电机和泵并不工作，而是通过常规液压系统的压力油液驱动进行工作。只有当常规液压系统出现故障，系统失效或供压不正常时，EBHA 才在本地电机和泵驱动下工作，保证主要飞行控制舵面的正常操纵。因此，从提高液压能源系统可靠性来看，EBHA 具有明显的优势。

（2）电传系统运行

① 计算机的功能

PRIM 和 SEC 计算机完成下述两种功能：

- 解算功能：依据机组或导引指令计算出舵面的偏转指令，并发送给其他计算机。
- 执行功能：实现对舵机的伺服控制，并监控舵面是否精确地达到了所指定的位置。

3 个 PRIM 中一个定为主控机，主控机 PRIM 完成解算功能，并把它所产生的指令发送给其他的计算机。3 个 PRIM 和 3 个 SEC 完成对各自指定操纵面的舵机执行功能。作为主控 PRIM 解算功能的一部分，它还通过检查飞机的响应是否与计算的飞机目标相一致，实现自我监控。如果检测发现主控机有故障，则该主控 PRIM 就将计算功能分配给另一个 PRIM，但该 PRIM 依据自身故障情况，决定是否继续完成执行功能。如果 3 个 PRIM 全部失效，则每个 SEC 完成各自的解算和执行功能，SEC 没有主控计算机。A380 电传系统正常控制下的操纵方式如图 9.3 所示。

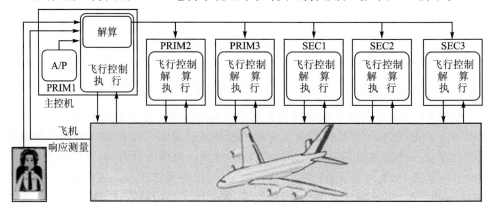

图 9.3　A380 电传系统正常控制下的操纵方式

② 系统运行控制方式

A380 飞机电传系统有 3 种不同的控制法则等级。

（a）正常控制方式

在该种控制方式下，实施正常操纵法则。正常操纵法则是指设计者为保证飞机在所有飞行阶段具有最佳的操纵品质及保证乘坐舒适性要求所设计的纵向及横侧向的操纵法则。通常，在不同飞行阶段，操纵法则不同。在正常控制方式下，还可以实现各种飞机姿态的保护功能，如迎角保护、过载限制、高速保护和姿态保护等。在这种控制方式下，允许实现自动驾驶各种方式控制飞机飞行。

应注意，即使传感器、电子系统、液压系统或 PRIM 存在有单个故障时，仍可保持正常控制方式，也就是单个故障不会引起系统失去正常控制方式的控制能力。

（b）备用控制方式

若系统出现某些故障，则进入备用控制方式。在这种控制方式下，俯仰正常操纵法则仍可实施，但要依据故障类型和个数以及飞行速度和飞机构型而定，控制性能有所降低。横侧向的操纵法则，依据故障类型和个数以及飞行速度和飞机构型，可有下述两种情况：一种是实施横侧向正常操纵法则，但依据故障类型和个数以及飞行速度和飞机构型，控制性能有所降低；另一种情况是，滚转轴按直接控制方式，而航向实施专门的备用操纵法则（航向由脚蹬移动成比例控制方向舵实现控制，但仍实现协调转弯和利用航向角速度实现稳定）。在备用控制方式下，防护功能丢失，但依故障状况，有些防护功能仍可保持。依据故障状况，自动驾驶仪仅保持某些控制方式。

（c）直接控制方式

在一定的故障条件下，系统进入直接控制方式。直接控制方式，俯仰由侧杆偏移成比例控制升降舵实现控制，没有自动配平，但仍有角速度反馈保持稳定。滚转轴控制由侧杆直接连接副翼实现，航向轴采用备用操纵法则。在这种控制方式下，不能实现自动驾驶仪控制，所有防护功能均失效，但有常规失速和超速声响告警。

除了上述利用飞行控制计算机实现的 3 种控制方式外，电传系统还有一种利用 BCM 实现的电备份控制。当所有 PRIM 及 SEC 或它们的供电有故障时，电备份控制模块控制飞机。电备份控制模块仅控制和监控下述舵面：水平安定面、内侧升降舵、内侧副翼和上下方向舵，此时对三轴仅实现俯仰阻尼、航向阻尼和滚转直接链控制。

2. A380 飞机自动飞行系统（AFS）架构

空客 A380 飞机的自动飞行系统与以往的 A320、A330、A340 型号飞机也有显著区别。A380 飞机自动飞行系统（AFS）架构如图 9.4 所示。图中包括：

① 3 台主飞行控制和导引计算机（PRIM）：可以实现自动驾驶、飞行指引和自动推力等导引功能，以及飞行包线保护和飞行操纵控制功能。

② 3 台飞行管理计算机（FMC）：共同操纵 2 套飞行管理系统（FMS），这 2 套系统并行工作，分别位于不同的飞行管理计算机中，另一台飞行管理计算机作为备份。

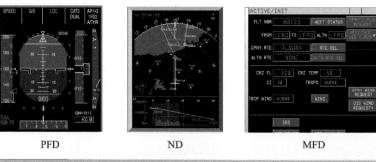

PFD   ND   MFD

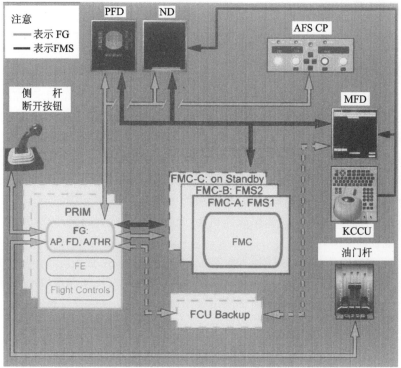

图 9.4　A380 飞机自动飞行系统架构

③ 多种自动飞行系统的人机接口

● 1 个自动飞行控制面板（AFS CP）——飞行导引系统的主要人机接口；

● 2 个多功能显示器（MFD）——飞行管理系统（FMS）的主要人机接口；

● 2 个导航显示器（ND）——主要显示飞行计划及相应的导航信息；

● 2 个主飞行显示器（PFD）——显示的内容为主要飞行方式、飞行指引目标及指引指令等；

● 2 个侧杆及其上的自动驾驶脱开按钮；

● 2 个油门杆及其上的自动油门断开按钮；

● 1 个键盘和光标控制组件 KCCU（用于 FMS）。

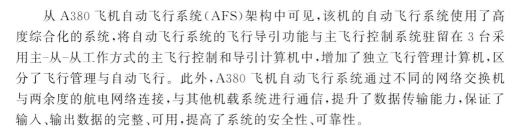

从 A380 飞机自动飞行系统(AFS)架构中可见,该机的自动飞行系统使用了高度综合化的系统,将自动飞行系统的飞行导引功能与主飞行控制系统驻留在 3 台采用主-从-从工作方式的主飞行控制和导引计算机中,增加了独立飞行管理计算机,区分了飞行管理与自动飞行。此外,A380 飞机自动飞行系统通过不同的网络交换机与两余度的航电网络连接,与其他机载系统进行通信,提升了数据传输能力,保证了输入、输出数据的完整、可用,提高了系统的安全性、可靠性。

3. A380 飞机自动飞行系统控制与管理简介

(1) 飞行导引

由飞行员或飞行管理系统设置目标值,提供水平和垂直导引。通过自动飞行系统控制面板设置的速度、航向、航迹、高度、垂直速度、飞行航迹角目标值进行短时控制。为此飞机导引系统要控制:

- 自动驾驶仪,通过计算的俯仰、滚转和航向指令提供对飞机的导引;
- 飞行指引,飞行员可以通过显示在 PFD 上的导引指令,手动操纵飞机飞行或在接通 A/P 时监控飞机的飞行;
- 自动油门产生指令,通过全权限数字发动机控制器控制发动机。推力管理系统架构可分为推力管理层、自动推力层、控制显示层和发动机控制层。

实际飞行导引有两种方式:

- 人工选择导引——飞行员通过自动飞行系统控制面板手动选择和设置导引目标,这些目标将直接送到导引系统实现控制。
- 自动管理导引——FMS 根据飞行计划计算导引目标,然后发送到飞机导引系统。

导引系统的工作方式分为横侧向方式、纵向方式及油门方式,可通过控制 AF-SCP 或油门杆来接入。

(2) 飞行包线系统

计算飞机正常飞行包线,检测异常飞行条件(风切变,低能量)。

(3) 飞行管理系统

通过飞行管理系统将飞行计划转换为目标值进行长时控制,飞行管理系统提供飞行计划和导航信息,计算并优化性能数据,并向飞行员显示相关信息。

FMS 的工作模式分为 3 种:

① 双重模式:飞行管理计算机 FMC - A 和 FMC - B 上的两套 FMS 都正常工作,此时 FMC - C 作为备份。通过控制面板上的开关选择一套为主控系统,另一套为副控系统,两套系统相互交换、比较和综合数据。备份系统不进行数据计算,仅仅接收主控系统发来的数据更新。当有一台 FMC 失效后,备份 FMC 就会接管该套 FMS。

② 独立模式:当主控与副控两个系统对一些重要数据的计算结果不一致时,两个系统将停止交换数据,进入独立工作模式,此时,机组可以通过开关选择其中的一

个 FMC 实施控制。

③ 单一模式：当两个 FMC 均失效时，就会损失一套 FMS，从而只有一套 FMS工作。

9.2.2　B787 自动飞行控制系统简介

B787 是航空史上首架超远程中型客机，是美国著名飞机制造商波音公司于2009 年 12 月 15 日推出的全新机型。B787 飞机基本型机身长 56.69 m，翼展 60.17 m，高度 17 m，最大起飞重量 227 930 kg，最高巡航马赫数 0.89，满载航距 13 620 km，实用升限 13 106.4 m。B787 的最大特点是大量采用先进复合材料、超低燃料消耗、较低的污染排放、高效益及舒适的客舱环境。

（本节所述内容主要摘自参考文献[15]）

1. B787 飞机自动飞行系统（AFS）架构

B787 飞机自动飞行系统是在 B777 飞机自动飞行控制系统的经验基础上发展延伸而来的，并进行了全面的优化设计。B787 飞机自动飞行控制系统的基本结构如图9.5 所示，该图表示了自动飞行控制系统的主要构成部件以及与机上相关传感器和各种显示告警设备的相互信息关系。

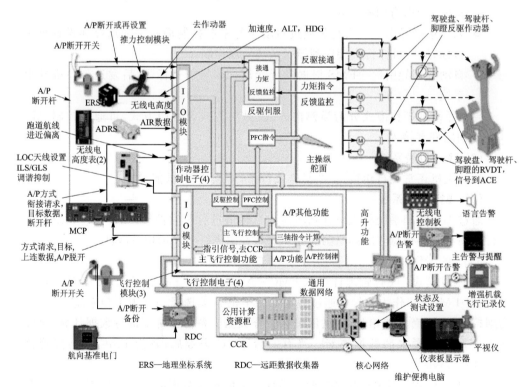

图 9.5　B787 自动飞行控制系统结构示意图

从图9.5中可见,系统构架与B777飞机自动飞行系统有很大差别,其主要特点是:

① B787AFCS将3余度的飞行控制模块及4余度的作动器控制电子(ACE)模块统一置于4余度的飞行控制电子(FCE)组件中,同时将主飞行控制功能与自动驾驶/飞行指引功能和高升力控制功能均由驻留在其内部的软件功能模块实现,取消了B777AFCS中专用的主飞行控制计算机与自动驾驶仪/飞行指引计算机之分,实现了硬件的集成化。

总之,与B777相比,B787飞机飞行控制系统的设备集成度更高。B787飞机将B777飞机的15个组件集成到了4个FCE设备架上,电路卡数量由B777的169个下降到53个,因此降低了成本,减轻了重量,缩小了设备空间,减少了导线和接头的数量,提高了系统的可靠性。

自动飞行控制系统中的关键部件——飞行控制电子(FCE)组件是4余度的,在每一个飞行控制电子(FCE)组件中都有一个飞行控制模块(FCM)、作动器电子控制(ACE)和一个电源控制模块(PCM),如图9.6所示。其中电源控制模块(PCM)为飞行控制电子(FCE)组件不间断地提供正常28 V DC供电,并且在电源故障情况下,提供备份电源。在飞行控制模块中的飞行控制规律得到了增强和提升,从而提高了系统性能,并减轻了重量。

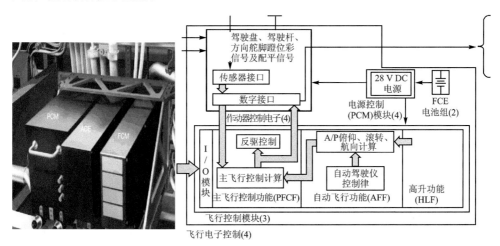

图9.6　飞行控制电子(FCE)组件

② 另一个重要特点是,B787飞机自动飞行控制系统使用通用数据网络(CDN),提高了数据的传输量和传输速率。飞行导引信号就是通过通用数据网络传输到CCR,然后再传输到PFD及HUD上显示给飞行员。在B787飞机上的数据将通过核心网络(CORE NETWORK)、通用计算资源(CCR)和空地数据链进行传递。

B787飞机的通用数据网络(CDN)采用ARINC 664协议和标准,是一个高度完整的双向光纤和铜缆网络,用来管理飞机机载系统之间的信息流。该通用数据网络基于民用以太网技术,并通过调整使其适用于航电环境,使它具有完整性和确定性,支持系统集成商将这一网络用于数据关键性程度极高的系统。通用数据网络能显著改进目前的数据总线,提供扩展的连接性,具有更快的数据传输速度,与点到点的拓扑网络相比,还能极大地降低飞机重量。

2. B787 飞机的电传操纵系统

B787 飞机的电传操纵系统是在 B777 飞机电传操纵系统经验及技术的基础上发展起来的,简化结构如图 9.7 所示。

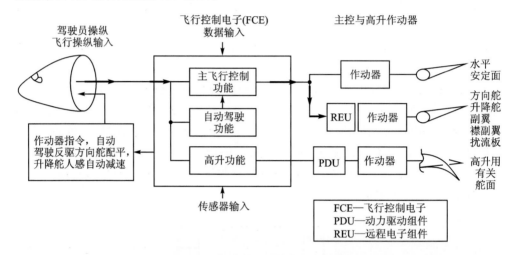

图 9.7　电传操纵系统简化结构图

与 B777 类似,B787 也存在有多种工作方式,主要有:

① 正常工作方式:系统可实现设计的各种功能,且具有最高等级的系统性能和飞行品质。

② 次要工作方式:在失去了正常工作方式所需要的惯性数据后自动进入该工作方式,此时飞行品质是可接受的,只是某些功能不能运行。

③ 直接工作方式:该工作方式可自动进入,也可由飞行员选择进入,在此种工作方式时,舵面并不受飞行软件控制,而是直接由操纵杆系的电信号进行控制,但有飞机姿态角速率反馈信号进行闭环补偿,仍可保证飞机飞行品质与次要工作方式类似。

3. B787 飞机的推力管理系统

推力管理系统是自动飞行系统中的重要分系统,B787 飞机的推力管理系统的结构示意图如图 9.8 所示。该图表示了推力控制与自动飞行控制系统及发动机系统的相关部件和机上主要传感器、显示告警装置的信息关系。B787 飞机的推力管理系统的重要特点是,该系统没有单独设置推力管理计算机,推力管理功能软件完全驻留在公共计算资源(CCR)中,以软件功能模块实现推力管理功能,主要包括推力等级确定、推力电子配平、自动油门的衔接/断开控制、伺服控制及速度控制、BITE 及故障监控功能等,并且指令也通过通用数据网络(CDN)进行传输。

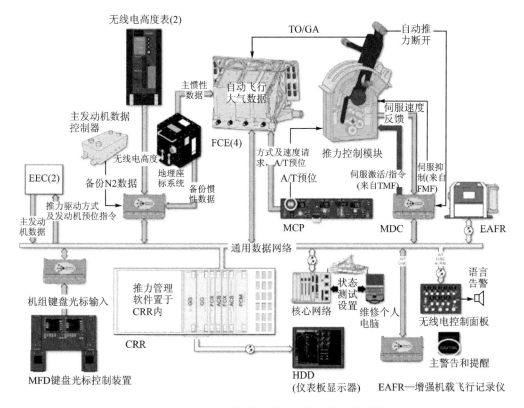

图 9.8 B787 飞机的推力管理系统的结构示意图

9.3 民用客机飞行控制系统发展趋势

下一代大型客机发展的主要设计要求是安全性、经济性、环保性和舒适性,世界上两大民用客机研发公司——波音公司和空客公司都制定了下一代民用飞机的发展战略和设计思想。为满足飞行器技术发展的新需求,现代民用飞行器本身也具有下述新的技术特征,即飞行包线向着更高、更快的趋势发展;飞机布局向着非常规先进布局(无尾、变体和分布式推进等)方向发展;飞机结构向着更多采用整体加强的复合材料和灵巧材料方向发展。源于飞机技术发展的新需求,民机飞行控制将面临新的机遇与挑战。

9.3.1 发展高度综合化自动飞行控制系统架构

随着最近投入商业运行的空客 A380 及 B787 大型民用客机的飞行控制系统架

构的研究,可以看到未来的大型民用客机应大力发展高度综合化的飞行控制系统体系架构。传统的飞机航电系统的设计都是基于联合式结构的,即每个航电功能都有自己独立的、专用的容错计算机资源,联合式结构具有故障遏制的优点,但是它会增加系统的体积、重量、设计成本和维护成本。

现役最先进的民用飞机均将自动飞行控制系统与其他机载系统集成在同一硬件中,体现了高度综合化的特点和发展趋势。随着计算机技术的发展,民用飞机逐步向综合化、模块化航电技术(MA)迈进,使多种航电功能可以共享同一硬件平台。MA已成为下一代飞机航电结构中最重要的概念之一。B787飞机飞行控制系统的设备与B777相比,集成度更高。B787飞机将B777飞机的15个组件集成到了4个FCE设备架上,电路卡数量由B777的169个下降到了53个。A380飞机与空客公司以往的A320、A330、A340型号飞机有显著区别,使用了高度综合化的系统,取消了独立飞行管理导引计算机和飞控数据集中计算机,将自动飞行系统的飞行导引功能与主飞行控制系统驻留在3台采用主—从—从工作方式的主飞行控制和导引计算机中,将飞控数据集中功能驻留在核心处理输入、输出C模块中(CPIOM - C),增加了独立飞行管理计算机,区分了飞行管理与自动飞行。

高度综合化使系统重量、体积、导线和接头、备件等数量减少,增加了系统的可靠性,使系统具有更大的灵活性,便于功能扩展,降低了系统全寿命周期成本。

高度综合化自动飞行控制系统架构清晰,利于扩展,既节约费用,又提高了系统的功能可靠性和兼容性。

高度综合化使系统灵活性增强,可通过航电网络与不同的系统接口连接。

高度综合化,采用集中管理,有利于分析、检查、测试和维修,提高了工作效率;项目费用合理,虽然研发投入较大,但系统技术指标可靠,有足够余量满足后续扩展,减少了维修工作,节省了管理费用。

尽管高度综合化会耗费大量的计算机资源,但随着科技进步,尤其是电子技术的发展,控制系统的运算能力、处理能力都将显著提高。自动飞行控制系统在功能和实现上高度综合化,可与其他机载系统共用硬件资源,以软件功能模块的形式存在。另一方面,民用飞机的机载系统功能、架构越来越复杂,取消独立设备,使软、硬件高度综合化,将成为系统发展的趋势。

9.3.2 不断采用新技术与新型设备实现飞行控制系统更新

随着现代科学技术的迅猛发展与进步,新技术与新设备也开始广泛用于民用飞机飞行控制系统的硬件实现中。

1. 发展多电或全电飞机

现代民机设计正在朝全电或多电方向迅速发展,多电飞机的实质是用电力系统部分取代次级功率系统,在飞行控制系统中采用电力作动技术,高直流电压网络,缩小和取消集中式液压系统,广泛采用电力作动器和功率电传技术,这将使系统的维修

性、灵活性大为提高,重量也会大幅度降低。

另外还有一些不同于传统电液作动器的新型作动器,诸如机电作动器(EMA),以及已在 A380 飞机上应用的电动静液压作动器(EHA)和电备份静液压作动器等都得到了航空界的广泛关注,有了广阔的应用前景。A380 飞机采用新型作动器(EHA 和 EBHA)使系统减少了一个液压源,减轻重量的同时,增加了伺服控制的非相似余度和可存活概率。

2. 采用新的网络通信系统

随着飞机内部电子系统综合程度的不断提高和通信信息量的不断增加,传统的 ARINC429 或 629 总线已不能满足要求,正像在 B787 飞机上那样,使用通用数据网络(CDN)进行信息传输,CDN 采用光纤以太网,完成通用核心系统(CCS)内部以及与其他系统间的通信,提升了数据传输能力,保证了输入、输出数据的完整、可用,提高了系统的安全性、可靠性。

3. 电传与光传系统技术将获得普遍应用

21 世纪将是广泛采用 FBW 的时代,随着光纤传输技术的发展所能提供的低成本应用,小飞机的飞行自动化已经展现了可喜的局面。在 FBW 不断改进和扩大应用中,许多新的技术与概念,例如主动控制/随控布局中许多功能和技术,通过在军用飞机上应用的经验积累,将会逐步移植和应用到民用飞机的飞行控制中。

9.3.3　实现飞行控制系统的主动容错技术

众所周知,发展民用客机最为重要的是保证飞机飞行控制系统的高可靠性和高安全性。目前,通常都以高等级的硬件余度实现系统故障的诊断和容错,主要采用的是容错技术包括冗余、非相似余度、隔离、动态重构和应急备份等技术。目前所采用的方法虽已取得一定的成效,但也存在一些问题,特别是过多的硬件冗余,会导致机载设备过多,重量增加,系统复杂性增加,成本提高,维修困难等问题。因此,目前研究和发展了利用故障检测与重构技术减少硬件余度的飞控系统的余度结构和配置方案,包括利用传感器信息重构方法提供传感器信号的解析余度,降低传感器的硬件余度,利用飞机操纵面的控制冗余(飞机上多种不同操纵面的操纵控制作用有些是互补的。例如,升降舵差动偏转可以产生滚转力矩,副翼的对称偏转可以产生俯仰力矩等)降低舵机/执行机构的余度等,这种控制重构和信息重构与飞控系统适当综合可以形成新的主动容错控制系统,将硬件余度和解析余度结合,在适当降低或保持原硬件余度的基础上可以有效地提高飞控系统的可靠性。

当前,对于大型民机的电传飞行控制系统,飞控计算机的故障失效可以采用备份系统代替,但执行机构系统(含操纵面)和传感器的余度尚存在不足和技术瓶颈,严重时会影响飞行安全,主动容错技术可以补偿这种不足,有效提高余度系统的故障/工作等级和飞行安全。

主动容错技术,在大型民用飞机的飞行控制系统中尚未得到全面应用,但利用解析冗余概念进行故障检测及控制律重构已在空客 A380 飞机上得到一定的应用。例如,在电传系统实现横侧向控制律时就采用了侧滑角测量信息与估计信息的混合,与之前的电传操纵空客飞机相比可以更好地控制侧滑。又如,A380 飞机在实现舵面振荡故障检测时,也利用了解析冗余的概念。可以期望,通过努力,主动容错技术必将会在未来大型民用飞机飞行控制的发展中得到应用。

9.3.4　发展和实现新型控制理论与系统的应用

1. 现代控制理论方法与控制概念的应用

在传统控制理论和控制概念的基础上,近几十年又发展了许多新的控制理论与控制概念,诸如最优控制、多变量控制、自适应控制、神经网络控制等,采用一些现代控制理论方法设计飞行控制中不同的具体系统,可以获得较好的控制品质,有些方法过去多年在军用飞机上得到了实验验证。期望在解决飞行控制的某些难题中,一些新的控制理论方法可以在民机各种控制系统设计中得到应用,从而获得更好的系统性能。

在具体控制系统的制导与控制策略设计中考虑实现多目标综合设计(包括操纵品质、乘坐品质、载荷减缓、抗疲劳等综合目标)也是现代民用客机飞控系统设计期望解决的问题。

2. 具有新型多种控制效应器的飞行控制系统

对于未来民用飞机而言,依据气动布局、结构、推力构型的变化形成各种不同的创新异构的控制效应器,诸如灵巧材料变形控制、分布式推进控制,主动重心控制、非常规多气动操纵面等,这些新型控制效应器与常规气动操纵面结合使用,可以有效地满足未来新气动布局飞机的控制性能。针对多种控制效应器对飞机的控制,继续采用传统的相互解耦方法进行控制系统设计难以获得满意的结果,实际上也是无法进行设计的。因此,必须研究和应用新的控制理论方法,诸如多控制作用的控制分配复合控制、解耦控制以及重构控制等理论与方法,也将形成不同于现代常规飞行控制系统的结构与分类。

3. 发展主动重心控制技术的应用

主动重心控制技术是通过管理燃油系统或其他机载设备实现飞机重心位置的主动控制,用于实现飞行过程中重心和气动焦点的匹配,有效提升飞机的飞行性能和安全性能。

主动重心控制技术源于 20 世纪,首先在"协和号"飞机上得到应用,"协和号"机的燃油管理系统不仅管理和监控燃油消耗顺序,而且可根据需要传输燃油来调整飞机重心的位置,从而帮助解决因飞机超声速飞行时气动焦点大幅度后移造成很大的负俯仰力矩问题。为此,在机身前后设有平衡油箱,超声速飞行时向后油箱传输燃

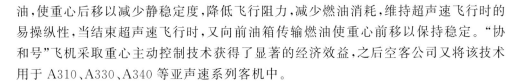

油,使重心后移以减少静稳定度,降低飞行阻力,减少燃油消耗,维持超声速飞行时的易操纵性,当结束超声速飞行时,又向前油箱传输燃油使重心前移以保持稳定。"协和号"飞机采取重心主动控制技术获得了显著的经济效益,之后空客公司又将该技术用于 A310、A330、A340 等亚声速系列客机中。

9.3.5　发展和实现控制、决策与管理一体化的系统功能

对于民用客机而言,减轻驾驶员的负担是永恒的设计挑战。对于未来民用飞机气动、结构布局和推力特性进一步复杂化及在对飞机飞行性能要求不断提高的情况下,尽管有人驾驶飞机,飞行员处理不确定性的能力强,但是,"信息爆炸"正在挑战飞行员的承受能力,这些都要求飞行控制系统提供驾驶员智能决策辅助,包括认知辅助、决策辅助和执行辅助,适时、适量地提供信息,适时、正确地提供决策支持,适时、正确地指导驾驶操纵。

在飞行控制技术的发展进程中,自动控制替代了飞行员的"操纵"能力,使飞行员从传统意义上的"操纵"向"管理"角色转变。随着飞行控制技术的进一步发展,飞行控制系统的控制功能将从底层不断向高层转移,从常规控制拓展为控制、决策与管理,从而驱动有人驾驶的民用飞机向具有智能决策的有人驾驶的民用飞机方向发展。

附　　录

1. 本书及民机飞行控制中常用英文缩写术语索引

A

A	Amber	琥珀色
A/C	Aircraft	飞机
A/D	Analog/Digital	模/数
A/THR	Autothrust	自动推力
AC	Alternating Current	交流电
ACCLRM	Accelerometer	加速度计
ACE	Actuator Control Electronics	作动筒控制电子设备
ACTR	Actuator	作动筒
ACQ	Acquire	捕获
ADC	Air Data Computer	大气数据计算机
ADI	Attitude Direction Indicator	姿态指引仪
ADI	Air Data Indicator	大气数据指示器
ADIRU	Air Data/Inertial Reference Unit	大气数据惯性基准组件
ADL	Airborne Data Loader	机载数据装载器
ADRS	Air Data Reference System	大气数据基准系统
ADS	Air Data System	大气数据系统
AFS	Automatic Flight System	自动飞行系统
AHRU	Attitude Heading Reference Unit	姿态航向基准组件
AIL	Aileron	副翼
ALT	Altitude	高度
ALT ACQ	Altitude Acquire	高度获得

ALT HOLD	Altitude Hold	高度保持
ALTM	Altimeter	高度表
ANN	Annunciator	通告牌（器）
ANP	Actual Navigation Performance	实际导航性能
AOA	Angle-of-Attack	迎角
AP	Autopilot	自动驾驶
AP/FD	Autopilot/Flight Director	自动驾驶/飞行指引
APPR	Approach	进近
ARM	Arm	预位
A/S	Airspeed	空速
ASA	Autoflight Status Annunciator	自动飞行状态通告器
ASI	Airspeed Indicator	空速指示器，空速表
ASM	Autothrottle Servo Motor	自动油门伺服马达
ATA	Air Transport Association of America	美国航空运输协会
ATC	Air Traffic Control	空中交通管制
A/T	Autothrottle	自动油门
ATS	Autothrust System	自动推力系统
ATT	Attitude	姿态
AUX	Auxiliary	辅助的
AUTO	Automatic	自动
AVNCS	Avionics	航空电子
AWY	Airway	航线
AZ	Azimuth	方位

B

B	Blue	蓝（色）
BARO	Barometric	气压的
BITE	Built-In Test Equipment	机内自检设备
BOV	Bias Out of View	指令杆消失
BSCU	Braking/Steering Control Unit	刹车/转弯控制组件
BTN	Button	按钮
BYDU	Back-Up Yaw Damper Unit	备份偏航阻尼器

C

C.G.	Center of Gravity	重心

CAPT	Captain	机长
CAUT	Caution	注意,警戒
CAS	Calibrated Air Speed	调整空速,计算空速
CCS	Common Compute System	共用计算系统
CDU	Control Display Unit	控制显示组件
CH	Channel	通道
CG	Center of Gravity	重心
CGCS	Center of Gravity Control System	重心控制系统
CLB	Climb	爬升
CMD	Command	指令
CONT	Controller	控制器
CPU	Central Processing Unit	中央处理器
CRS	Course	航道
CTL	Control	控制
CWS	Control Wheel Steering	驾驶盘操纵

D

DAC	Digital to Analog Converter	数/模转换器
DC	Direct Current	直流
DCP	Display Control Panel	显示控制面板
DEG	Degree	度
DES	Descent	下降
DEU	Display Electronics Unit	显示电子组件
DFCS	Digital Flight Control System	数字式飞行控制系统
DFDR	Digital Flight Data Recorder	数字式飞行数据记录器
DH	Decision Height	决断高度
DIFF	Differential	差,差动的
DIR	Direction，Direct，Director	方向,指引,指示器
DISC	Disconnect	脱开
DIST	Distance	距离
DMA	Direct Memory Access	直接读取存储器
DME	Distance Measuring Equipment	测距仪
DN	Down	向下
DRVR	Driver	驱动器
DSI	Discrete Input	离散输入
DSO	Discrete output	离散输出

DSPL	Display	显示
DU	Display Unit	显示组件，显示器
DVD-ROM	DVD-Read only Memory	只读存储器

E

EADI	Electronic Attitude Director Instrument	电子姿态指引仪
ECOM	Economy Mode	经济方式
EDU	Electronic Display Unit	电子显示组件
EEC	Electronic Engine Controls	发动机电子控制
EFCS	Electrical Flight Control System	电子飞行操纵系统
EFIS	Electronic Flight Instrument System	电子飞行仪表系统
EGT	Exhaust Gas Temperature	排气温度
EICAS	Engine Indicating and Crew Alerting System	发动机指示和机组警告系统
ELAC	Elevator Aileron Computer	升降舵副翼计算机
ELEV	Elevation，Elevator	升降,升降舵,(机场)高度
EMCU	Electric Motor Control Unit	电动马达控制组件
EPCS	Engine Propulsion Control System	发动机推力控制系统
EPR	Engine Pressure Ratio	发动机压力比
EWD	Engine/Warning Display	发动机/警告显示

F

F/O	First Officer	副驾驶
FAA	Federal Aviation Administration	美国联邦航空局
FAC	Flight Augmentation Computer	飞行增稳计算机
FADEC	Full Authority Digital Engine Control	全权数字式发动机控制
FANS	Future Air Navigation System	未来空中导航系统
FBW	Fly By Wire	电传操纵
FCC	Flight Control Computer	飞行控制计算机
FCPC	Flight Control Primary Computer	主飞行控制计算机
FCU	Flight Control Unit	飞行控制组件
F/D	Flight Director	飞行指引仪
FD	Flight Deck	驾驶舱
FDAF	Flight Data Acquisition Function	飞行数据采集功能
FDBK	Feedback	反馈
FG	Flight Guidance	飞行制导,飞行导引

FL	Flight Level	飞行高度层
FL	Flight Line	航线
FLP	Flap	襟翼
FM	Flight Management	飞行管理
FMA	Flight Mode Annunciator	飞行方式通告牌
FMC	Flight Management Computer	飞行管理计算机
FMF	Flight Management Function	飞行管理功能
FMGS	Flight Management and Guidance System	飞行管理和指引系统
FMS	Flight Management System	飞行管理系统
FPA	Flight Path Angle	飞行路径角
FW	Failure Warning	失效警告
FWC	Flight Warning Computer	飞行警告计算机
FWD	Forward	前

G

G	Green	绿(色)
GA	Go-Around	复飞
G/S	Glide Slope	下滑道
GPS	Global Positioning System	全球定位系统
GS	Ground Speed	地速

H

HDG	Heading	航向
HDG SEL	Heading Selector	航向选择
HLD	Hold	保持
HSI	Horizontal Situation Indicator	水平位置指示器
Hz	Hertz (frequency/cycles per second)	赫兹
HUD	Head Up Display	平视显示

I

I/O	Input/Output	输入/输出
IAS	Indicated Airspeed	指示空速
ICAO	International Civil Aviation Organization	国际民航组织
IFSAU	Integrated Flight System Accessory Unit	综合飞行系统附件组件
ILS	Instrument Landing System	仪表着陆系统
IMU	Inertial Measurement Unit	惯性测量单元

IN	Inch	英寸
INST	Instrument	仪表
IR	Inertial Reference	惯性基准
IRU	Inertial Reference Unit	惯性基准组件
IVS	Inertial Vertical Speed	惯性垂直速度

L

L	Left	左
LA	Linear Accelerometer	线性加速度计
LAT	Lateral	横向的
LCD	Liquid Crystal Display	液晶显示器
LE	Leading Edge	前缘
LOC	Localizer	航向道
LONG	Longitude	经度
LNAV	Lateral navigation	水平导航
LRU	Line Replaceable Unit	航线可更换件
LT	Light	灯光/亮度
LVDT	Linear Variable Differential Transducer	线性可变差动传感器
LVL	Level	高度层,量,(液面)高度,等级
LVL CHG	Level Change	高度层改变

M

MA	Master	主
MAX	Maximum	最大的
MCDU	Multipurpose Control & Display Unit	多功能控制显示组件
MCL	Maximum Climb	最大爬升
MCP	Mode Control Panel	方式控制面板
MFD	Multi-Function Display	多功能显示器
MIN	Minimum	最小的,最低的
MLA	Maneuver Load Alleviation	机动载荷减缓
MLS	Microwave Landing System	微波着陆系统
MMO	Maximum Operating Mach	最大使用马赫数
MSA	Minimum Safe Altitude	最低安全高度
MSL	Mean Sea Level	平均海平面高度
MTBF	Mean Time Between Failure	平均无故障时间

N

N	North	北
NAV	Navigation	导航
NCD	No Computed Data	无计算数据
ND	Navigation Display	导航显示器
NDB	Non-Directional Beacon	无向信标
NSS	Neutral Shift Sensor	中立位移传感器

O

OC	On Course	在航道上
OFP	Operational Flight Program	操作飞行程序
OHU	Optical Head Unit	头顶投影装置
O/P	Output	输出
OP	Operational	操作性的,工作的
OSS	Over Station Sensor	过台传感器
OVSP	Overspeed	超速

P

P/B SW	Pushbutton Switch	按钮电门
PCU	Power Control Unit	动力控制组件
PDU	Power Drive Unit	动力驱动组件
PFC	Primary Flight Computer	主飞行计算机
PFCU	Primary Flight Control Unit	主飞行控制组件
PRESS	Pressure	压力
PRIM	Primary	主要的
PROM	Programmable Read Only Memory	可编程只读存储器
PSU	Power Supply Unit	电源组件
POSN	Position	位置
PTH	Path	轨迹
PWR	Power	动力,电源

Q

Q	Pitch Rate	俯仰率
QNE	Sea Level Standard Atmosphere Pressure	海平面标准气压

| QNH | Sea Level Atmospheric Pressure | 海平面气压 |

R

R	Red	红(色)
R	Right	右
RA	Radio Altimeter，Radio Altitude	无线电高度表,无线电高度
RAD	Radio	无线电
RAM	Random Access Memory	随机存取存储器
REF	Reference	基准,参考
RF	Radio Frequency	无线电频率
RH	Right Hand	右侧
RMP	Radio Management Panel	无线电管理面板
RNG	Range	距离,范围
RNP	Radio Navigation Point	无线电导航点
RNP	Required Navigation Performance	所需导航性能
ROM	Read Only Memory	只读存储器
RST	Reset	复位
RUD	Rudder	方向舵
RVDT	Rotary Variable Differential Transducer	旋转可变差动传感器
RWY	Runway	跑道

S

S	South	南
SAT	Static Air Temperature	大气静温
SEC	Secondary	辅助的,次要的
SEC	Spoiler Elevator Computer	扰流板升降舵计算机
SEL	Select	选择
SG	Signal Generator	信号发生器
SID	Standard Instrument Departure	标准仪表离港
SIG	Signal	信号
SLT	Slat	缝翼
SMYDC	Stall Management Yaw Damper Computer	失速管理偏航阻尼器计算机
SPD	Speed	速度
SPLR	Spoiler	扰流板

SRS	Speed Reference System	速度基准系统
STAB	Stabilizer	安定面
STAR	Standard Terminal Arrival Route	标准进港航路
SSTU	Side Stick Transducer Unit	侧杆传感组件
STBY	Stanby	备用的，备份的
STRG	Steering	转弯
SURF	Surface	操纵面/舵面
SW	Switch	电门，开关
SW	Stall Warning	失速警告

T

T/C	Top of Climb	爬升顶点
T/D	Top of Descent	下降顶点
TAS	True Airspeed	真空速
TAT	Total Air Temperature	大气总温
TCAS	Traffic Alert and Collision Avoidance System	防撞系统
TE	Trailing Edge	后缘
THR	Thrust	推力
THS	Trimmable Horizontal Stabilizer	可配平的水平安定面
TKE	Track Angle Error	航迹角误差
T/L	Throttle Lever	油门杆
TLA	Throttle Lever Angle	油门杆角度
TMA	Thrust Mode Annunciator	推力方式通告牌
TMC	Thrust Management Computer	推力管理计算机
TMSP	Thrust Mode Select Panel	推力方式选择板
TO	Takeoff	起飞
	Takeoff Roll	起飞滑跑
TO/GA	Take-Off-Go-Around	起飞/复飞
TRA	Throttle Resolver Angle	油门解算器角度
TRK	Track（angle）	航迹（角）

U

| UHF | Ultra High Frequency | 超高频 |

V

V/S	Vertical Speed	垂直速度
V1	Critical Engine Failure Speed	关键发动机失效速度
V2	Takeoff Safety Speed	起飞安全速度
V3	Flap Retraction Speed	襟翼收起速度
V4	Slat Retraction Speed	缝翼收起速度
VCTU	Variable Control Trim Unit	可变控制和配平组件
VDC	Voltage Direct Current	直流电压
VDEV	Vertical Deviation	垂直偏离
VERT	Vertical	垂直的
VFTO	Final Takeoff Speed	最终起飞速度
VHF	Very High Frequency	甚高频
VLS	Lower Selectable Speed	较低可选速度
VMAX	Maximum Allowable Airspeed	最大允许空速
VMO	Maximum Operating Speed	最大使用速度
VOR	VHF Omnidirectional Range	甚高频全向信标
VR	Rotation Speed	抬前轮速度

W

W	Weight	重量
W	White	白(色)
WARN	Warning	警告
WD	Warning Display	警告显示
WPT	Waypoint	航路点

X

XDCR	Transducer	传感器

Y

Y	Yellow	黄(色)

Z

Z	Zone	区域

2. 自测题参考答案

第 1 章

题号	1	2	3	4	5	6	7	8	9	10
答案	D	A	A	C	D	C	C	D	D	D
题号	11	12	13	14	15					
答案	A、C、D	C	A	C	D					

第 2 章

题号	1	2	3	4	5	6	7	8	9	10
答案	D	A、B、C	A	D	A	B	A	B	C	B
题号	11	12								
答案	C	B								

第 3 章

题号	1	2	3	4	5	6	7	8	9	10
答案	A、B、D	B	A、C、D	A、B、C	B	D	A	C	B	A
题号	11	12	13	14	15	16	17	18	19	20
答案	C	C	A、B	B	A	B	B	D	C	C
题号	21	22	23	24	25					
答案	B、C	A、D、E	D	C	B					

第 4 章

题号	1	2	3	4	5	6	7	8	9	10
答案	D	A	A	A	C	D	D	B	C	D
题号	11									
答案	A									

第 5 章

题号	1	2	3	4	5	6	7	8	9	10
答案	D	A	D	A、D	D	C	B	A	A	D
题号	11	12	13	14	15	16				
答案	B	C	B	B	A	A				

第 6 章

题号	1	2	3	4	5	6	7	8	9	10
答案	D	C	D	B	A、B	A	B	A	C	A
题号	11	12								
答案	A、B、C、D	D								

第 7 章

题号	1	2	3	4	5	6	7	8	9	10
答案	B	A	C	A	A	C	A、B、D	C	D	C

参考文献

[1] 中国民用航空局飞行标准司.商用驾驶员执照理论考试知识点(试行).2016.

[2] 华翼天场.民航飞行人员执照航线运输理论考试习题集(内部参考资料).第三次修订,2016.

[3] 徐亚军主编.民航飞机自动飞行系统[M].成都:西南交大出版社,2013.

[4] 张明廉主编.飞行控制系统[M].北京:航空工业出版社,1994.

[5] 冯华南,高金源.民用飞机飞行控制系统(讲义)[M].北京:北京航空航天大学,2000.

[6] 申安玉,申学仁,李云保.自动飞行控制系统[M].北京:国防工业出版社,2003.

[7] 陈宗基,张 平,等.民机飞行控制系统设计的理论与方法[M].上海:上海交通大学出版社,2015.

[8] 波音公司.B777飞机维护手册.2016.

[8] 空中客车工业公司.A320飞行机组操作手册.2011.

[10] 中国南方航空公司.D6－27370－81B－GUN(波音737－71B/-71B2/-81B/-81Q等自动飞行使用手册).2016.

[11] 波音公司.B737－600/700/800/900培训手册.1998.

[12] 数字式飞行控制系统(PPT文件).(百度文库).2004.

[13] 波音公司.B737－800 Aircraft Mainternance Manual.2011.

[14] 空客公司.A380 Flight Deck and Systems Briefing for Pilots Issue(客户资料).2006.

[15] 波音公司.B787 Dreamliner airplane systems ebook(讲课资料).2007.

[16] 中国民用航空局.《中国民航平视显示器(HUD)应用路线图》草案 V1.3.

[17] 周其焕.民用飞机自动飞行控制系统的发展(下)[J].航空电子技术,2002,33(1).

[18] 柯劼,王兴波,魏强.民用飞机高度综合化自动飞行控制系统研究[J].软件导刊,2015,14(7):90-92.

[19] 宗军耀,郑智明.民用飞机推力管理系统架构浅析[J].科技展望,2014,(10).

[20] 马银才,张兴媛.航空机载电子设备[M].北京:清华大学出版社,2012.